[美] 丽莎·泰勒
[美] 西雅图种植协会 著

钱峰 黄婉君 译

长江出版传媒
湖北科学技术出版社

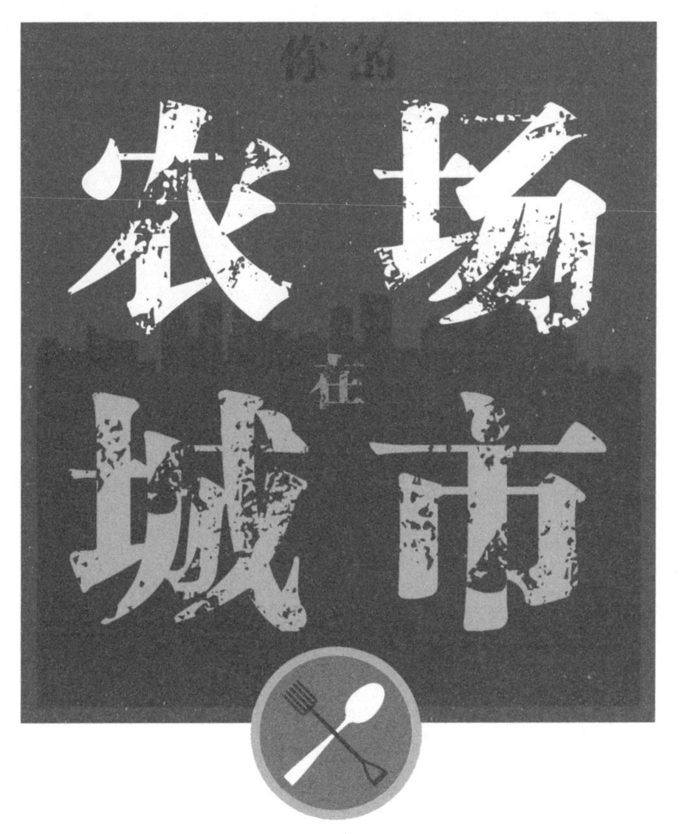

城市居民种植蔬菜、水果和饲养小动物指南

图书在版编目（CIP）数据

你的农场在城市 / (美) 泰勒著 ; 钱峰, 黄婉君译.
-- 武汉 : 湖北科学技术出版社, 2016.1
ISBN 978-7-5352-7785-5

Ⅰ. ①你… Ⅱ. ①泰… ②钱… ③黄… Ⅲ. ①蔬菜园艺②宠物—饲养管理 Ⅳ. ①S63②S865.3

中国版本图书馆CIP数据核字(2015)第112763号

著作权合同登记号 图字：17-2014-348号

YOUR FARM IN THE CITY:AN URBAN DWELLER'S GUIDE TO GROWING FOOD AND RAISING ANIMALS
Written by Lisa Taylor and the gardeners of Seattle Tilth

Originally published in English by Black Dog & Leventhal Publishers

责任编辑：李 佳　　封面设计：Red Herring Design

出版发行：湖北科学技术出版社　　电　话：027-87679468
地　址：武汉市雄楚大街268 号　　邮　编：430070
（湖北出版文化城B 座13-14 层）
网　址：http://www.hbstp.com.cn

印　刷：北京佳信达欣艺术印刷有限公司　　邮　编：101111

787 × 1000　1/16　　19.5 印张　　300 千字
2016 年1月第1版　　2016 年1月第1次印刷
定　价：68.00 元

本书如有印装问题可找本社市场部更换

目录

第一章 1 城市农场的由来
第二章 15 规划你的城市农场
第三章 31 营造健康的土壤环境
第四章 57 高位栽培、容器栽培以及垂直栽培
第五章 73 一切都从种子开始
第六章 89 土壤肥力
第七章 103 自己亲手种植的水果蔬菜
第八章 161 保持植物生长势头
第九章 179 爱你的敌人
第十章 229 延长收获期
第十一章 255 城市农场中的动物
第十二章 283 农场工具及农场样本

第一章

城市农场的由来

让我产生在城里拥有一个自己的农场的想法，是因为一次特殊的花园体验。我从未见过那样的花园，里面满是各种鲜艳的颜色和有趣的东西。花园里有小虫子，十分有创造性的各种棚架和出色的园林艺术。与较为常见的细长的排列不同，在这里蔬菜水果生长在草本植物和灌木丛中。这样的城市农场不仅仅给人带来平静和灵感，也是极具教育意义的！这个花园里满是标语和展示，告诉人们如何在家里种有机蔬菜，自给自足，改善环境。

这个城市农场就是“西雅图种植协会”原本的启蒙园地。这个城市农场占地约为48562平方米，隐藏在高大的冬青树后面，位于西雅图市的好牧人中心。这是在繁华、匆忙的城市里的一片可食用的绿洲。这样的城市农场打破了一直以来草地在城市及郊区景观中的统治地位。我只去了那个农场一次，就已经确信：我也想在我家造一个迷你版的城市农场。我设想中自己的城市农场是这样的：田里种满了蔬菜和草本植物，两边的围栏处种上果树，秋千的藤架上则爬满葡萄藤。我想要的城市农场，是一个我可以在做饭之前直接采摘一些新鲜蔬果的地方。现在，我已实现了这一梦想。

你也可以创造一个属于自己的城市农场！此书将会介绍一些简单、直接、有效的方法，这些方法已经在“西雅图种植协会”的启蒙园地中不断试验、改进，超过30年了。虽然，我是在西雅图创造了自己的城市农场，并在其中种植蔬菜、养鸡，但是本书中介绍的方法可以让你在任何一个大城市，都拥有一个自己的城市农场。

我们会帮你学习如何种植自己的食物，少量养殖小动物，例如鸡、羊或者蜜蜂。我们将会介绍如何在不同的地点创造自己的城市农场，例如后院、露台、阳台以及社区花园。看看本书，再努力一把，你就能把自己家里那块原本无聊、无用的地方变废为宝，变成一个美丽、多元化、产出食物的城市农场。所以，让我们开始吧。

什么是城市农耕?

城市农耕是一个新兴名词，代表了有一个自家厨房的后花园，这样的做法早在城市兴起之时就已经存在了。早些时候，城市农耕有过许多别名：豌豆田、战时菜园、可食用的景观。在这里，我们将城市农耕定义为：在城市

现在，来一点健康美味的食物吧！

我们要向那些健康美食改革家致敬，正是他们让城市农场这个潮流渐渐兴起。在这里，我们要感谢爱丽丝·沃特斯、迈克尔·波伦、杰米·奥利弗、弗兰西斯·摩尔·拉贝、芭芭拉·金索夫，以及那些倡导慢食运动（一项号召人们反对按标准化、规格化生产的汉堡等单调的快餐食品，提倡有个性、营养均衡的传统美食，目的是通过保护美味佳肴来维护人类不可剥夺的享受快乐的权利，同时抵制快餐文化、超级市场对生活的冲击）、就地取材的人。这些现代健康食物的传道士们，十分尊重有机运动（倡导有机农业的运动）的创始人。那些创始人很聪慧，也很勇敢，他们总是质疑农业的工业化和机械化。我们感谢这些先行者，鲁道夫·斯塔莫、伊芙·巴尔夫女士、阿尔伯特·霍华德爵士、福冈正信、艾伦·查德威克，以及J. I. 罗戴尔，他们几乎是立刻就意识到，工业化、机械化的农业模式对生态系统的危害。有不少纪录片都讲述了人们与食物之间的断连的危害，例如《食品公司》（影片《食品公司》从快餐业入手，逐步向种植业、畜牧业、养殖业延展开去，揭露了大型食品公司经营者为了获取高额利润，不惜改变动植物的生长方式和生长周期，从而在经营上取得丰厚的利润的黑幕，而代价却是公众的健康和安全。）、杰米·奥利弗的《食品革命》（连续剧集，讲述了杰米·奥利弗远渡重洋来到美国改变美国人不健康的饮食习惯的故事）、埃里克·施罗塞的《快餐帝国》（影片通过3个故事介绍一头牛是如何变成汉堡包的，批评了快餐业及其社会影响。）。甚至，奥普拉·温福瑞（美国著名脱口秀主持人）也在节目中多次倡导健康饮食。而且，在埃莉诺·罗斯福（二战时期，罗斯福总统的妻子在白宫里建造了战时菜园）之后，白宫的草坪上第一次有了菜园！

的环境中有效地利用空间，进行耕种的活动。城市农耕的农民是那些高贵正义地种植蔬果，以供自己、家人和社区里的人食用的人。这与20世纪70年代的返土归田运动不同，新兴的这波城市农耕运动并不是让人们放弃城市里的生活，回到农场里，而是让人们享受在城里拥有一个属于自己的小小的农场的理念。

近来兴起的就地取材制作食物的潮流，让许多城市居民对在家附近种植蔬果很感兴趣。不过要是环境条件太好，又是向南，又是茂盛的草地的话，植物就失去了自我调节、生长的过程。住宅的前院就是一个用作城市农场的好地方。事实上，任何一小块可以每天得到6～8小时阳光照射，并可以连接水源的土地（不论地上是草还是人行道），都可以作城市农场之用。在那些以前空旷的空地上，现在也可以听到母鸡的咯咯声，闻到高位栽培床里种植的草本植物的气味。

所以，不论你家里是有小露台，或者一块小田地，你都可以在家附近自己种植健康蔬果，运用有机农业的方法改善环境，有效地利用城市里的荒地。还有，要是你足够勇敢，而且法律允许的话，你还可以养一些家畜，比如鸡、蜜蜂、羊、鸭和兔子。

对很多人来说，城市农场存在的目的，就是可以在其中种植健康的蔬果，控管蔬果的生长过程，以造福于附近的居民。还有一些人是想让自己的孩子接近大自然，知道食物并不是保存于盒子里，从超级市场的货架上来的。有些地方空间更大，可以种植蔬果造福于城市内环这个“新鲜蔬果的沙漠”。在城里种植蔬果也让人们能够亲身体验到种植的快乐，感受到这个星球的生生不息。

本书的目的是教你如何种植蔬果，不过不

仅仅是这样，我们还会教你如何吃好食物。与城市农场息息相关的，就是如何准备和保存新鲜食物。通过耕作，你就可以成为本地食品系统里的一分子，与蔬果从种子变成餐桌上的佳肴，再变成排泄物的这一过程紧密联系在一起。所以，当你计划好你想要怎样的农场时，首先要从你最喜欢吃的食物开始。对我来说，没有什么比在后院闲晃更惬意的了，我可以听着黄莺歌唱，直接伸手从树上摘下一些覆盆子，放进嘴里享用。

为什么要种植自己的有机食品呢?

有机城市农场：不仅仅是可持续的资源

人们为什么喜欢自己种植蔬果呢？原因有很多：省钱，避免农药，自己种的食物味道好、种类多、更新鲜等等。不过，城市农场的作用，可是远大于提供人们的盘中餐的。

环境问题

我们可以通过用有机的方式改善市区的环境，例如创造健康的土壤环境，鼓励生物多样性和为野生动物营造栖息地。健康的土壤环境还可以过滤过多的水。在家附近种植食物，我们可以减少废气和碳的排放。

经济问题

自己种植蔬果可以节省时间和金钱。以往在市场和车上花掉的时间则可以转移到自己的菜园之中。只需花几个周末的时间，你就能建成一个中等大小的城市花园。建成以后，每周也只需几个小时就可以维持得很好。自家种植的蔬果可以省去昂贵的化学肥料和农药的费用。

自己种植蔬果，可以促进本地某些行业的经济发展，如苗圃、种子库和器材供应等等，还可以有效地改善城市垃圾堆肥问题。购买本地食材不仅促进了本地经济的发展，也使得肥水不流外人田。

食品安全问题

在当今这样一个食品被频频召回的时代，食用自家种植的蔬果减少了种植工业化所带来的危险。

家庭以及社区娱乐

照顾菜园的过程，可以教会一个孩子如何管理事务，感叹于大自然的神奇、美丽、宏伟。对住在城市里的家庭来说，创造自己

的城市农场可以让我们的孩子了解大自然，教会他们责任感，增强他们的自尊心，赋予他们一种使命感。还有，孩子很喜欢这一过程，挖坑、播种、寻宝，无一例外。

种植蔬果很有趣，吃自己种出来的食物更是一段奇妙的旅程。孩子们会把自己亲手从菜园里摘出来的东西吃光光。15年来，我在“西雅图种植协会”让孩子们和他们的父母一步步地感受城市农场的美好。虽然过分的描述我在其中的作用是不好的，不过家长们总是会惊讶于，他们的孩子怎么会把那些看起来完全不可使用的东西吃下去，而且还会乐于参与种植的过程。就连最挑嘴的食客也会小口地食用自己亲手摘下的可食用花朵或者小茴香。

自然环境缺乏症

（孩子只愿意待在家里，不愿出门接触大自然的情况）

与孩子一起在自己的城市农场中劳作，有助于调节孩子的自然环境缺乏症，让孩子爱上大自然。理查德·鲁夫在其书中第一次引入了“自然环境缺乏症”这一名词，指的是美国的许多孩子（也包括成人）很少花时间在户外活动上。鲁夫说，现代的大众传媒每天24小时不间断地播放着各种有关谋杀、袭击和绑架的新闻，这样就营造了一种让人恐惧的氛围。家长们害怕自己的孩子单独离开家门，所以让他们一直待在家里，玩着“农场城镇”的游戏，而失去了外出探寻大自然的机会。

你的城市农场可以给人们提供一个安全无虞的环境，在其中不受限制的探索，体验生命循环和季节变换。在这里，孩子们可以学习食物的来源和生长过程，促进其想象力的发展，培养对大自然的爱。

自力更生、自给自足的感觉

种菜是一项生存技能，在其中人们可以学到计划、仔细的观察和耐心。这一过程也是一个身心解放的过程！每到收获季节，都会不由自主的有一种自力更生的感觉。城市农民也许不能仅仅依靠自己种植的蔬果生活，不过这样直接供应给自己和家人的过程还是很重要的。

创造一个多功能、高产量的环境

城市农场是一个可食用、可互动的景观。把景观竹换下——这样的植物很好看，但是却没有什么别的作用，换上可以为大家提供食物的植物，创造一个小的生态群。这样一来，颜色、气味、质感和美丽兼备，这样的环境不仅仅是美观而已。

运动

照料一个城市农场是个体力活，你要在阳光的照射和新鲜空气中工作，这可是个天然免费的运动。这样你就不用去健身房锻炼了，剩下的会员卡的费用可以用于买一些好的工具，或者做一些土壤环境改善工作。

而且正是因为自己的辛勤工作，才会在吃自己家里种出来的食物时觉得特别香，特别有满足感。当我们辛勤工作了一季，照料菜园里的番茄时，会很珍惜收获的果实。我们会怀着敬意品尝这些食物，不会囫囵吞下，而是细细品味其中的滋味，庆祝一个让人兴奋的收获季节。

虽然照料城市农场也是一项工作，不过这个工作并不会把你压垮。在后面的章节里，我们将告诉你在怎样明智地取得成果的同时，不需要付出太多的汗水和泪水。

促进身心健康

拥有自己的城市农场不仅仅意味着可以吃到更多的新鲜蔬果，促进身体健康。对许多城市农场的主人来说，照料菜园是一种类似通过理疗来放松身心、保持冷静的方法，日后可以更好应对城市繁忙的生活方式。

在菜园里工作可以释放压力，振奋精神。当你被大自然那抚慰人心的颜色、气味和声音环绕时，精神自然会振奋起来。最近有研究显示，与土壤细菌的接触会增加血清素含量。血清素是一种神经传递素，可以让人有一种快乐的感觉。给家人种植蔬果也会给你一种成就感，增加你的自我价值感。

吃当地食材，减少碳排放量

从世界的另一边经历种植、处理、运输、储藏的过程，把食物送到你的面前，这一过程消耗了无数不可再生的资源，也加剧了全球的气温变化。事实上，我们所食用的大部分食物都从很远的地方运送而来。城市农场让我们不再那么依赖汽车，而是把花在汽车上的时间用在自己的城市农场里。

越来越注重口味

大部分超级市场里售卖的蔬果都是事先被设计、挑选好，放在货架上的，并没有注重食材的味道。植物被过早地从地里摘下来，然后在运送到仓库的过程中慢慢地“成熟”。有一些最美味的食材其实并不能保存很久，或者在运输过程中保持完好。在城市农场里，你可以种自己喜欢的东西，注重食物的味道和种类。当食材完全成熟的时候，再把它们摘下，这样比起那些在运输过程中“成熟”的蔬果，尝起来味道自然更好。突然之间，你会发觉自己吃了许多以前不曾想吃的健康食品。

自学成才的园丁

一开始就想要知道有关园艺的所有事情是人之常情，不过这可是一件不可能完成的任务。园艺学十分广阔，你永远都不可能了解其中的所有知识。终其一生学习园艺，到头来也不过是略知皮毛罢了。把学习的重心放在你自己真正感兴趣的东西上吧，找到那些你真正感兴趣的植物或者农业中的一小块，尽你所能地学习有关知识，这样你就已经很忙了。你可以上课，看书，在自己的花园里做一些实验，以方便获取知识，也能了解种植的过程。

记录园艺生活是一个了解园艺的好方法，但是一定要记得买一些好的图书作参考，也可以咨询别人。你可以将一些园艺中你想多加学习的书籍纳入囊中，比如灌溉、永久培养、可食用的景观、草药等等，还可以收藏一些有关野生植物、野草和昆虫的图鉴。并不是所有的书都会适合每一个园丁的。你要选择适合自己的书，可以先在本地的图书馆里看一看是否有书适合自己，再做决定要不要买。

相信了吗？那么我们开始吧！

举个例子来说明为什么要慢慢来

在最初兴建属于自己的城市农场的新鲜期里，很多完全没有经验的人不假思索地匆匆投入了这项事业。这些有着远大理想，却缺乏经验的人，满怀信心地买下大量的种子，却对管理一个菜园所需要的东西一无所知。我听别人说过，去年他们才刚刚开始种菜，今年就已经把菜园的面积扩大了3倍，而且准备再也不去别的地方买蔬果了。这个故事固然很鼓舞人心，但是这样的热情却有可能会有滑铁卢的效应。种菜不应该种超过自己能够除草和浇灌的范围之外。

天气和别的城市生活的需求，有可能会导致菜园的失败，即使想得再周到也不例外。花了大量的时间和金钱，最后却以失败收场，这样实在是让人沮丧，也让许多人对来年再做尝试望而却步。如果你缺乏经验的话，你应该逐渐扩大你的范围，一开始先将目标设定为学习园艺和农业的工艺（同样也要收获一些好吃的番茄）。

有机种植的原则

营造健康的土壤环境

健康、充满生机的土壤环境，是每一个多产的城市农场的基础。虽然土壤可能在种植植物时，是最无趣的一个环节，不过土壤是一切生命开始的地方。提高你的土壤健康程度是一开始你所能做的唯一的一件事。纵观有机菜园，不得不承认，土壤的健康是与其中所有的生物的健康程度息息相关的。

健康的土壤里生长出来的植物也是健康的，可以抵御疾病和害虫的侵害。健康的土壤可以吸收和保持更多的水分。在第三章中，我们会告诉你一些构建土壤的技巧，包括施肥、添加如护根（盖于植物周围土壤上助其生长的枯树叶、小树枝或粪肥）之类的有机物质以及种植覆盖作物。然后，在第六章，你会学到土壤的肥力，以及怎样用有机、缓释的肥料来维持数以百万计的微生物系统。这些微生物系统在植物的生长过程中起着至关重要的作用。健康的土壤是建造成功菜园的基石。

运用自然的方式

有机农夫不会想驯服或者控制自然，而是要与自然共存。试着在不管不顾与为植物的生长做出改变之间，寻找一个平衡点。这样寻找平衡的过程，需要细心的观察，以及对周围的自然力量的理解。

不要担心长在你的玫瑰上面的蚜虫，试着观察这样软软小小的生物，在更大的一个生态系统中起着怎样的作用。蚜虫又丑又黏，但是它们却几乎不会导致植物死亡。相反的，它们为一些鸟类和其他昆虫提供了食物，它们在花园生物链的最底端。没有了蚜虫，瓢虫、鸟类

被遗忘的传粉者

你并不需要在花园里种醉鱼草（花色丰富、花味芬芳的一种花草）来吸引传粉者。任何爬行或者飞行的动物都会传粉。蜜蜂和蝴蝶是传粉者中最为人所知的两种，不过其实还有无数种生物也可以把花粉从一个植物传播到另一个植物上。让一些一年生的植物花谢结籽，然后观察当那些植物开花的时候，有多少动物会循着花色、花香或者甜蜜的花露，找到那些正在开花的植物。

花朵特别适应某些传粉者的接触，这样易于它们结籽以繁衍后代。美丽的梨花是春天里一道亮丽的风景线，但是梨花很臭，味道像是腐烂的鱼或者狗大便。这样一个美丽却难闻的花朵并不是想要把所有动物都熏走，而是为了吸引喜爱腐烂东西的家蝇。

在你的蔬菜旁边种植一圈花朵，可以为无数的传粉者提供食物，以让蔬菜茁壮成长。有时，我会看着我家的羽衣甘蓝开花，然后吸引了许多苍蝇、蜜蜂和蜂鸟前来吸花蜜。在此之后，我会把羽衣甘蓝的花朵摘下来，拌在沙拉里面吃。当蝴蝶在上面舞动过之后，这些食物甚至更好吃了。

和其他的一些益虫就没有了食物。在第九章，你将会学到如何区分益虫与害虫，以及如何自然地控制它们。

在正确的地点，种正确的植物

当植物的所在环境十分优越时，它们不需要过多照料就可以茁壮成长。害虫和病菌是投机分子，它们总是会找软柿子下手——尤其是在一个错误的地方生长的一株脆弱的植物。避光生长、喜欢潮湿的植物，在剧烈的阳光照射和沙地中无法好好生长。同样的，番茄需要热度、阳光和相对干燥的土壤，它在潮湿、阴暗的地方可能也会生长，却不会结果。在第二章，你将可以判断，什么样的植物可以适应你的菜园、土质和微气候。

鼓励生物多样性

大自然的物种具有多样性。自然中有几百种生物生存着，被食用的生物与食用者之间平衡得很好。你可以模仿大自然，在你的城市农场中种植几种可食用的植物。

生物多样性还意味着种植一年生和多年生的植物，在你的城市农场中种植不同高度、质感的植物，展现出不同颜色的花朵和树叶，这样，你就拥有了一个美丽又有趣的花园景观，也很好地捕捉到了大自然的影子，展现了不同的冠层状态。居住在这个小型生态系统中的鸟类和昆虫，使用着不同的冠层——有些用底层，有些则用上层，还有一些则是在不同的冠层间移动。种植不同高度的植物就提供了不同的冠层，也促进了这个小型生态系统中鸟类和昆虫种类和数量的发展，让整个花园生态系统更加健康、可持续。

在操作过程中尽量不使用会产生毒素、毒气的方法，静观其变

这是有机种植原则中最简单的，却也是最有挑战性的。在你的花园中，最无毒的应对问题的方法就是在一边静观其变。有时你很难在看到虫子在你的植物上肆虐时，控制住去杀死它们的冲动。我们习惯于害怕或者憎恶那些会爬的东西。尽管我很清楚，花园里95%以上的昆虫都是益虫，并不会伤害我的植物，但是我还是不自觉地想要捏死我看到的所有虫子。在你真正地觉察到你的植物生病的原因之前，什么都不要做。在知道原因之后，权衡一下虫子对花园的伤害和其对花园的益处，孰轻孰重，然后再做决定。

在第九章中，你会学到生物的生命循环，然后可以更好地理解那些小生物在花园这个小型生态系统中的作用。

保护资源：理智的浇灌

理智的浇灌，保护了最重要也最宝贵的资源——水。不论是人、植物还是动物，都需要水。水浇得太多或者太少，都会让植物变得虚弱，让害虫和病菌有机可乘。适量给植物浇水，让每一滴水都发挥作用。在第八章中，我将会告诉你如何滴灌，这样你就可以把水真正地浇灌到植物上面，而不是人行道上。浇灌的时候应该选在清晨或晚上，在这两个时间段，水分不太会被风吹散，也不会在阳光下蒸发。

边种边学

学习如何种植的最好的方法，就是边种边学。看园艺方面的书，就算是写得很好的书，也并不能代替实践的作用。实践才是检验真理的唯一标准。每天都对花园里的植物做一个记

录，然后看看你的观察是否准确。一定要仔细观察。最大限度地调动你的感官和观察技能，了解你的农场的变化。通常来说，问题的答案就在你的眼前，只要细心观察就能得出结论。

不论你是只想种菜来充实一下自家的餐桌，还是想做大一些，为自己社区里的人提供蔬果，这本书都会给你提供一些经过时间考验的技巧，教你如何创造、维持一个高产的有机城市农场。本书中的方法在教你最大化地利用空间以及提高产量的同时，也注重保护资源和生态环境。书中还特别介绍了如何让孩子来你的城市农场帮忙的方法。我衷心希望本书可以鼓励你，让你在城市中拥有一个属于自己的小小的城市农场。

别慌！

灵活地观测

和调整，

最重要的是，

玩得开心！

第二章

规划你的城市农场

开始规划前，不妨花些时间仔细思考，而这也是启动城市农场中最激动人心的部分：你心目中的理想农场看起来是什么样子呢？

调查地形：每一块有阳光照射的土地都有种植食物的潜力。想象你的前院——香草和蓝莓相映成趣，车库上架起了葡萄藤，绿色莴苣挤满了苗圃，向日葵整齐地排列成篱笆，草本植物螺旋架中种满了蔬菜。或许还有菜园和鸡舍静静地躺在后院，蜂窝不忘凑热闹地挤在角落。想象在当今水泥堆砌的大厦和补丁般的片片玻璃中，有这样多彩而如画的风景，为你和你的家人提供新鲜的食物和健康的运动。每一个季节离去之前，美味的自制罐头满满地排在橱柜里，冰窖里装满了从菜园采摘的新鲜蔬菜——这就是梦想的城市农场。

这些梦促使我们产生一个切实的计划。你想把什么放到自己的农场里面去呢？你会把食物种植在已经长成的苗圃中、花盆里，还是复古地种成行？不远的未来里会不会长成一小片果园？你会不会把蔬菜与可食花朵混种在四季花床上？是饲养小鸡还是养殖蜜蜂？放大你的梦想，一切皆有可能！

创造你的城市农场

既然已经想象过理想的农场是什么样子，现在就是时候决定创造适合你自己和你的生活方式的真实农场了！

你的目标是什么

你想在自己的城市农场中完成怎样的目标呢？想要种植怎样的作物呢？或许这是你新鲜尝试的第一年，可以学到一些种植作物的知识，还能吃到自己种出来的一两个番茄呢！再或者你已经有了不少的经验，想要种更多的东西来自给自足？明白自己究竟想要从农场中得到什么可以让你更加集中注意力，从而实现自己的目标——创造具有食用价值的城市绿洲。

我个人大体的目标始终没有改变过：我想一年四季都可以吃到自己院子里种出来的东西。不过，在每一个种植季到来之前，我通常都会设立一系列更小的有关种植作物与种植地点的目标。就像今年我会把注意力集中在生菜上。我打算了解更多关于生菜的知识，这样我就不必总是种植一些我们不能吃的植物了！这样的计划让我得以在每一年都有所提高。

你有多大的空间

植物通常需要大量的阳光才能得以生存，所以环顾四周你可以找平坦一些的，至少可以得到6~8小时的阳光，并且方便使用的土地。如果可能的话，等到观景树和灌木的叶子落光，这样就可以保证有足够的阳光来种植了。这些都是未来花园的备选地。你在露天平台或者阳台上有没有足够的空间放置花盆去种植草本植物或蔬菜呢？

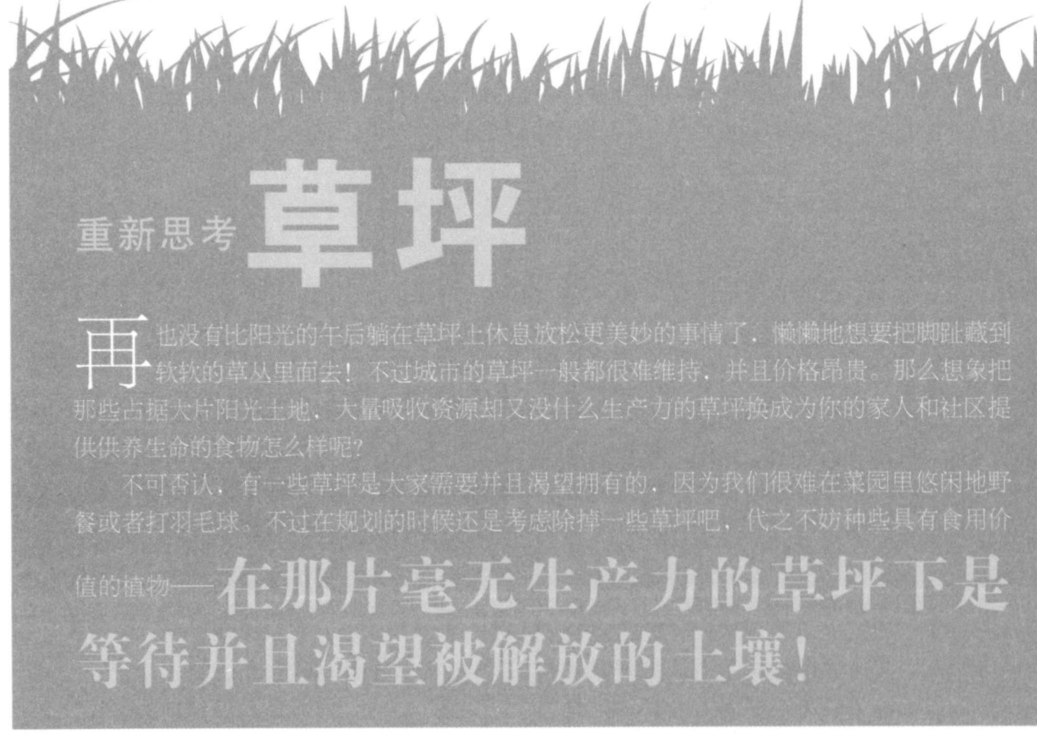

重新思考草坪

再也没有比阳光的午后躺在草坪上休息放松更美妙的事情了，懒懒地想要把脚趾藏到软软的草丛里面去！不过城市的草坪一般都很难维持，并且价格昂贵。那么想象把那些占据大片阳光土地，大量吸收资源却又没什么生产力的草坪换成为你的家人和社区提供供养生命的食物怎么样呢？

不可否认，有一些草坪是大家需要并且渴望拥有的，因为我们很难在菜园里悠闲地野餐或者打羽毛球。不过在规划的时候还是考虑除掉一些草坪吧，代之不妨种些具有食用价值的植物——**在那片毫无生产力的草坪下是等待并且渴望被解放的土壤！**

也许你想要一个更具有观赏性的前院。不过这也不妨碍你种植一些具有食用价值的植物，比如果树，当然你也可以在小路旁或是座位区种植灌木丛和医用草本植物。想想怎样的选择比较适合自己吧！

种植合法吗？

在做出大计划准备饲养小鸡或者把停车带种满农产品之前，请务必咨询所住小区的物业是否可行。因为，比如你决定饲养小鸡来个全家大动员，在每个人都激动地跃跃欲试的时候，发现你的小区内禁止饲养家禽家畜，这会多么尴尬啊！当然也可能会有建筑条例，有关你可以把园艺工具或是堆肥箱放到离地界线多远地方的规定。如果必须移动已经建好的鸡舍或是盆栽棚，想想都觉得麻烦。

如果你住在有合约的住宅开发区或是与屋主签订过合约，请确认是否允许养小动物或是什么地方可以圈出一片菜园。尽管有一些屋主会在合约上明确规定禁止在前院种菜，大多数屋主还是乐意看到种植在花盆中整洁的草本植物园的。如果你喜欢颠覆，可以考虑将一些草本植物、有食用价值的花儿和果树或灌木丛（比如梅子、苹果或者蓝莓）种植在传统观光园中，这样你就可以同时拥有具有生产力和食用价值的风景而不必担心被请出社区了。

你想在园艺上付出多少时间呢？

我热爱园艺，喜欢花点时间在我的园子里劳作。就我个人而言，我并不喜欢这么大的园子，感觉像做家务一样。不过小园子可能需要不少的注意力，一周好几次或是每天20～30分钟是不可缺少的。要决定经营多大的园子，就必须考虑你想在园子里花费多长时间。切记：小鸡、山羊和兔子也需要日常照料，就像养宠物一样。

你打算在园子上花多少钱呢？

开始之前一定要决定你可以在一季的整体操作中花费多少钱。如果你已经有了一些工具，一根浇水用的橡胶软管和不错的

你能吃多少？

即使是最勤劳的城市农民在园子开始繁茂的时候都会发现保持丰收的成果很有挑战性，所以可以考虑将容易保存的蔬菜和新鲜食用的蔬菜混合种植，撒些可以长期收获的蔬菜种子。夏天的时候我们就不怎么吃新鲜的甘蓝菜了，因为有大量的西葫芦、黄瓜、豆子、扁豆和生菜可以填满我们的盘子。所以我们可以将一整季收获的甘蓝菜洗净冻在冰箱里，然后在接下来的一整个冬天享受这难以尝到的绿色蔬菜，可以用来做汤或者配菜。

土壤，种植一片小菜园只需要一点小钱就够了。然而，设计整个园艺或者建造精心设计的鸡舍却是相当昂贵的。

如果种植食物的原因之一是省钱的话，一定要从实际出发估量自己可以省多少。算出你现在在食物上的花销可以在自己的园子里种多少东西。这是开始预算的一个好办法。现在也可以考虑长期投资，像是工具、花盆、橡胶软管还有类似的东西。记录在园子上的开销并且坚持下去。人们一开始很容易冲动，购买大量的工具、种子或幼苗、鸟食、园林艺术和各种小配件，从而大大超出预算。

你会种什么？

列出你想要吃的食物，这可以让你决定自己想要种些什么。但是千万不要列得太多太长，种好几样东西，比种下每一种东西却成功甚少的结果要令人满意得多。在后面的章节里，我们会向你展示在有限的空间里可以大量收获的农作物和长期收获的农作物。

考虑饲养动物吗？

不远的将来会考虑饲养小鸡或者小鸭吗？有没有足够的空间可以饲养几只小奶羊呢？有没有打算建一个蜂房生产自制的蜂蜜呢？如果想要在你的农场上饲养小动物的话，一定要思考它们住在农场的什么位置，需要多少的空间生存。第十一章会帮助你学到有关投资之前如何在你的城市农场中饲养家禽家畜的知识。

你会保存丰收的成果吗？

经验丰富的城市农民会将园子的丰收成果进行诸如冰冻、装罐，或者风干的操作，这样他们就可以一年四季吃到自家园子种出的蔬菜了。请看第十章有关保存你的丰收成果的有关内容。还有一些人选择与朋友和同事分享园子里的农产品，想想将新鲜的鸡蛋送给邻居来补偿咯咯叫的母鸡产生的噪音也是不错的选择。

设计你的农场

开始记录花园日记

在你忙着设计自己的城市农场和菜园的时候，也将是记录一份花园日记的不错契机。这也是开启规划，仔细观察，记录谷物轮种的重要工具。但是记住这不是英语竞赛班，所以日记只限于个人记载阅览，同时也具有很大的自由性。起初我也是很不情愿跟进记录的，但是自从坚持下去，我发现园子的产量提高了，而我自己对于种植的时间点把握也更准确了。园子的作物更加多样化，从长期来看可以产出更多的农产品。所以记录花园日记非常必要。

日记本不需要太过华丽，我现在使用的是一本活页夹笔记本，一是因为方便携带，二是不会因为突然刮风就在园子里乱飞。你的日记可以记载种植区域的地图，有关种子什么时间在哪儿耕种的细节，以及作物生长的速度和收获多少。你可以经常使用自己的日记，每天坚持记载有关收入、作物健康情况，或者堆肥成分的细节信息。或者你也可以用寥寥几句话记载作物生长季。记录日记只是为了每一年都可以提高种植技术，从经验中学习提高。

你的城市生态

试着了解你居住的地方

在你可以认真做出一份成功的园艺计划之前，你必须了解自己的空间。通过调查自己的院子，你可以把植物种在易于生长和照料的地方。这一部分你将学到如何评估你的场地。

一些人通过四处观察与调查来了解自己的空间，还有人会描绘一张选址地图，将院子不同方面的地点记录下来。这两种方式都很有效，可以让你初步了解自己的空间。

开始的时候，要了解已经种植在院子里的植物，因为除非你把这些植物挖出来移走，它们都会待在原地易于观察。不过与其打算移走它们，你可以试着将具有食用价值的植物栽入原有的风景区中。四季花床或者树下的覆盖层都可以种植蔬菜或者具有食用价值的花儿和灌木。

可以计入花园日志的东西

栽培床的分割状况

打算种植的作物

谷物轮作图

播种种植日期

光/影模式

观光区

你观察到的什么进展比较顺利

有关某事成功或失败的理论

种植日历

丰收日期、收获多少

种子清单

使用的堆肥或者其他改进土壤物质

天气观察

经常使用的当地资源，比如小区推广服务

杂志或报纸上的文章

下一季的想法

不要害怕除去某些植物或者将它们移到更符合你需要的地方，你的农场不必要被前任屋主的选择左右。但是在你着手进行重大的移植之前，一定要确保你的计划具有可行性。想象将植物像家具一样移来移去或许很简单，但是真的将它们移出土壤种在别的地方却是另外一回事了。砍倒一棵大树需要复杂的技巧，而移植或者扩大四季花床也是很困难的，更别提大型苗圃了。除此之外，不怎么养眼的篱笆的存在也是有原因的；那些金钟柏可以阻挡大风，也可以挡住隔壁丑陋不堪的公寓大楼。

接手的庭院

一片完美的城市农场一般都起于干净的石板，不过城市的选址都是接手的庭院。你可以使用前任屋主留下来的东西，可能是大型的观景植物，也可能是有毒的种子；可能是有毒的化肥，也可能是一小片生长成形的芦笋田。你只有四处观察才会知道。如果你不确定这是什么种子或者那是什么植物，可以去问有花园的邻居——园艺者都喜欢谈论种子。如果你发现某片区域的土壤闻起来怪怪的，或者感觉没有东西能长出来，务必小心！因为这可能是有车停过的地方。第六章我们会谈论土壤测试及如何确保土壤安全的内容。

描绘选址地图

你需要一张地图，无论是粗略的草图或是细致的标度图。最后你会得到几张不同的地图，这要依工程而定。

因为我们的花床在园子里分散分布，所以

我会把它们标在地图上，这样我就能一下看到全景了。我的前院有4块花床，后院有6块花床和各种花盆。我把所有可种植的区域都画在一张纸上，夹在日记里，然后写下我会在什么时间种植哪种作物。这使我紧跟作物轮作和种植的时间。

粗略描绘出选址

- 标明基本方向（东西南北）。
- 圈出土地的形状。
- 描绘房子和其他建筑的位置和粗略大小。

- 画出人行道、车道和天台。
- 描绘已有的风景元素，例如树、灌木丛、花床以及它们所占的空间。
- 圈出车道、小路或者可以运送材料的其他路径。
- 包括可以扩大土地的车行道和人行道。
- 确定水源、导水分管和电插座的位置。

带着杜鹃花散个步

当我们开始创建自己的城市农场时，有一大片杜鹃花挡在房子一边的小路上。当时我们听说杜鹃花可以被移植，而且它们最喜欢在园子里散步了，所以看上去真是再简单不过啦。

于是我们开始试着把杜鹃花挖出来，这个时候我们发现它并不像搬家具那么简单了。泥土又硬又紧，挖开它需要结实的锄头和大力气才行。因为杜鹃花的树枝低低地挂着，所以要挖出这玩意我们可是靠着膝盖和腹部的力气。而当我们终于把它粗大的根拉出来的时候，才想到接着我们要面临把这个大怪物穿过园子运送到它的新家。又拉又拽，借着防水油布和手推车，我们终于把它送到了30米以外的新家，然后发现我们必须挖一个巨大的树坑才能把它移植进去！

不用说了，现在我们几乎不考虑随便把什么东西移来移去了。相反，我们会更多地去思考怎样用已有的东西为城市农场增添色彩。

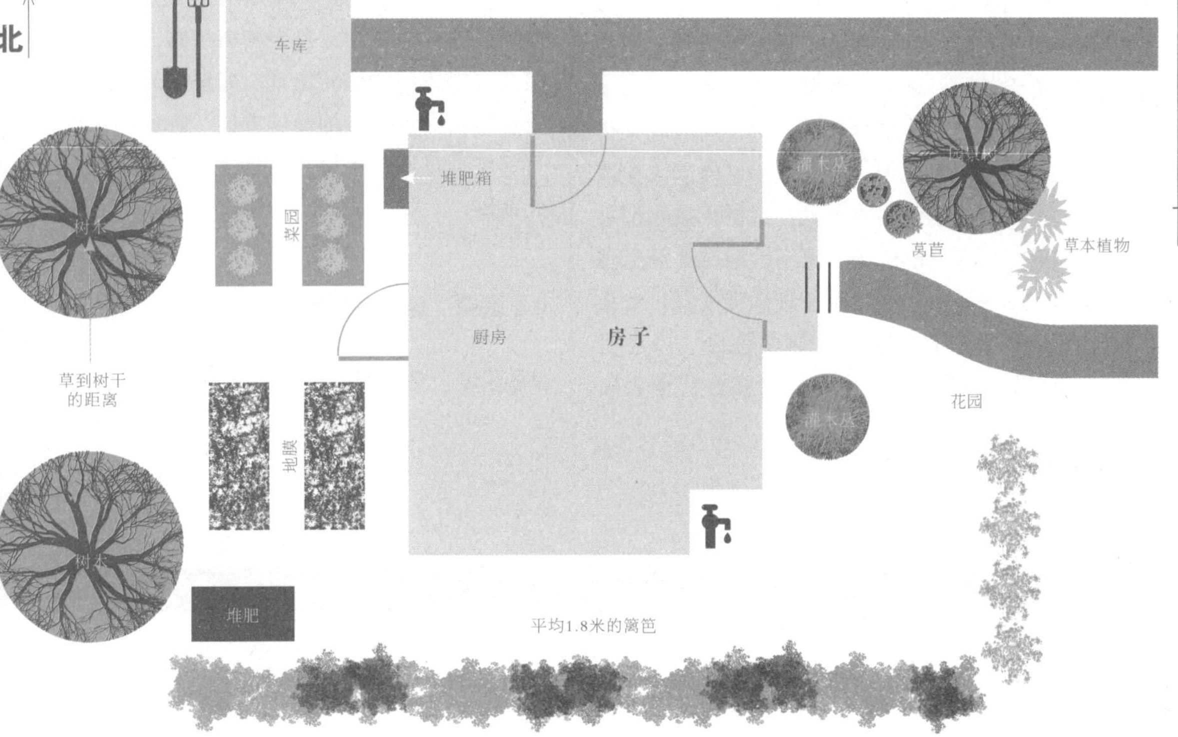

画标度地图

- 用方格纸绘制庭院的固定特征。
- 标出基本方位、时间和刻度。比如30厘米或更小。
- 用一根长卷尺测量选址区域。
- 测量建筑、天井、露天平台、人行道和车行道的区域大小。
- 测量房子与地界线的距离。
- 测量露天平台、人行道和车行道的区域大小。
- 绘制树、灌木丛、花床和覆盖作物的空间。
- 绘制车道、小路或者可以运送材料的其他路径。
- 确定水源、导水分管和电插座的具体位置。
- 粗略画出可以扩大土地的车行道和人行道。
- 标注任何对园子有影响的建筑条例。

位置、定位

在明确土地的位置之后，就是时候种植符合生活需要的植物了。你现在是如何利用空间的呢？使用最多的区域是哪一块？院子里有没有极少踏足的地方？了解自己使用空间的方式可以帮你将植物种植在合适的位置，例如哪些需要每天关照，哪些只需要偶尔看顾。

永续生活（与自然和谐相处，与当地文化相融合的生活方式）设计师使用区域制来描述一片土地上的区域使用方式。区域代表我们平常如何规划自己的院子，哪一些区域是经常拜访的，哪一些不怎么踏足。理念很简单：如果你把园子设在自己经常光顾的区域，就有可能更好地关照从而在丰收的时候收获更多农产品。

为了确认你的区域，你需要思考人们和动物如何使用你的空间。做笔记记下哪一些区域是经常拜访的，哪一些不怎么光顾。确认你的生活区域和运动模式。成功的园子都是方便易达，经常光顾的地方。了解你的交通模式及土地使用方式可以帮你找到种植植物、棚屋、果树和动物房屋的最佳位置。如果你想建座菜园或者试着寻找鸡舍的最佳方位，确认一号和二号区域很重要，因为它们是频繁使用的两片户外区域。

0号区域：你居住的房屋

1号区域：最常拜访的地方

1号区域就在你的门外——不用穿鞋就能

区域	使用频次	种植的作物	其他元素
0	在房子里面	芦荟等草本植物	加工罐头和保存食物的装备
1	最常使用的户外空间	厨房和草本植物园，温室或放置罐装作物的长凳	喂鸟器和堆肥箱
2	半集中区	菜园的外界线、低矮的水果灌木、葡萄浆果、不需要持续丰收的谷物	小鸡、兔子、工具房、堆肥箱、独轮手推车的放置
3	大片的种植区域	果树、种植成排谷物的大片园艺区、葡萄浆果、种花的边界	山羊、鸭子、蜜蜂、木桩
4	最少的照料	本土的植物、四季肥田的农作物、花儿和野生动物的边界线	
5	很少或几乎不用	自然环境区域、未受照料的植物	棚屋外的区域、外部的角落

到达的地方，又近又方便。1号区域就是冲出去就能随便剪几根香草，然后扔进安排好的晚饭里的正确方位。

在城市的庭院里，这块区域可以延伸4～6米。这是高植物生长率的位置，也是果菜园、温室和繁殖区的最佳选择。同时也是喂养小鸟或者户外生活区，例如天井和露天平台的理想位置。

2号区域：半集中区

2号区域就在户外生活区的外面。这时你需要穿上木拖鞋才能到达。这里的植物每一天都需要你的拜访，但是也不需要像一号区域那样频繁。

作为园子的外界线，这是你放置园艺工具、独轮手推车，以及不需要持续丰收的水果灌木、藤蔓和谷物的不错位置，也可以建造鸡舍或者兔子窝。

3号区域：大片的种植区域

3号区域感觉更像是工作区，因为到那个地方就可以有计划地去做一些事情。在那儿你会找到果树和本土的植物。这片大园子里有成排的谷物、浆果的藤蔓、野生动物的边界线、小羊、鸭子和蜜蜂。这些都是你因为特殊原因才会拜访的区域，像是采摘水果或者在菜园里采摘新鲜蔬菜。

4号区域：最少的照料

许多城市的选址都很小，并不包含4号区域，种植在这片区域的作物只需要极少的照料，像是本土的植物、类似苜蓿的四季覆盖的作物，花儿和野生动物的边界线。这些地方一年只需要访问几次，可能只是去护根或者播种。

5号区域：很少或者几乎不用的区域

这片区域存在于土地的棚屋、自然环境区域或者偏僻角落的地方。

这样的区域不像波浪一样呈放射线分布。一些形状像孤立的泡泡。而位置并不是确认庭院区域的全部因素。有时这样的区域恰恰离你的前院很近，在房子的角落附近，即使这样，有时你还是不得不穿过泥泞的土地，或者穿过会打到脸的红色山茱萸的杂乱树枝。这样的地方可能就是五号区域的所在，你从未拜访过这个地方，因为小道太难走了。我理解，因为我就是那个每次试着去木料堆都会被打到脸的人。

通道

你将如何把材料运送到选址呢？想想用独轮手推车将覆盖作物或者堆肥运送到院子四周的路径是怎样的。这时候如果在覆盖堆和新园区域之间遭遇陡坡或者

区域可以改变吗？

你想的没错，如果你添加或者改变庭院里的某件东西，它可能会改变整个空间的利用方式。在我家，我们几乎很少使用前院的小门廊，因为那坐起来并不舒服。在前院，我们架起了一个距前门大约4米的草本植物螺旋架。它就坐落在2号区域上，而我们也不得不费些心思去浇水或者照顾那些植物。但是自从我们在小门廊外架起了一个2米的平台，这片区域就开始频繁使用了，而草本植物螺旋架也移到了离1号区域更近的地方，这样无论浇水还是收获都更加简单方便了。

台阶，一定会使工作更具有挑战性。同样，想想你该把那堆木屑丢到什么地方，在你可以把它贡献到花床里之前一直堆在那儿。而通向堆肥箱和工具储藏室的通道也是易达的。

绘制元素图

绘制阳光、土壤、水和空气并不是一项令人疲乏的工作，因为这项工作会使你在花园和院子工作时尽可能地与选址熟悉起来。如果真的想要了解你的空间，在那个地方住上1年是最理想的选择了，这样你就可以观察阳光、土壤、种子、水、鸟儿、虫子和植物等各种空间元素，从而不断更新选址地图。如果你等不了一个季节就想要开始种植植物，那么就一定要多留意，尽可能多地去观察，然后把自己所学到的东西记录下来。

测试你的微气候

观察了解自己院子里的各种不同微气候。微气候就是靠近地面的气候，受阳光、土壤、水分、空气和其他各种庭院特征的影响。选址周围的气候可能会有微小的改变，而这些小变化也会影响院子里作物的长势。单是前院就可以有五六种不同的微气候，所以找到院子里稍热或者较冷的区域有利于帮你找到什么地方适合喜阴植物的生长，什么地方可以种植更多的

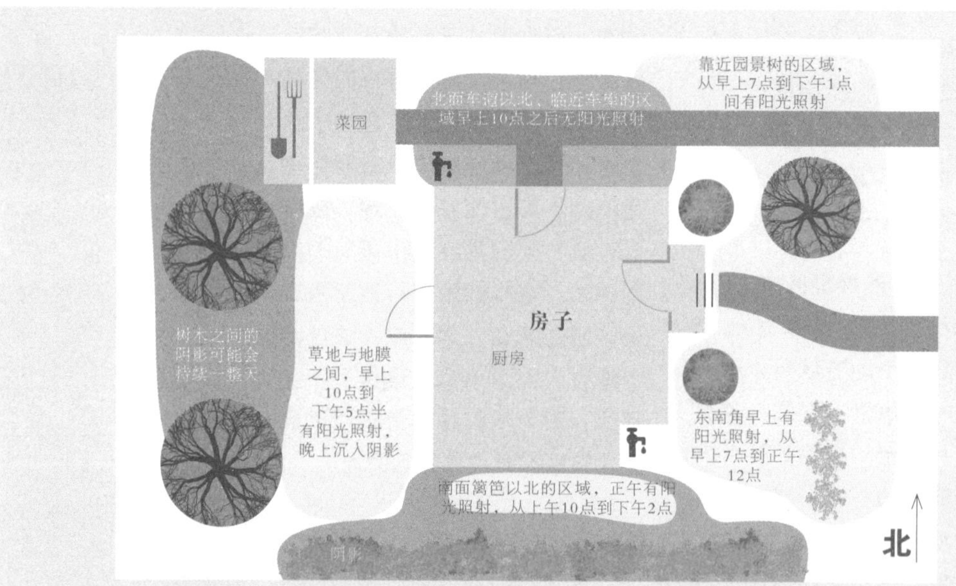

如何绘制光影图

在4月或者5月选一个晴天。观察阴影落下的位置，在选址图上画出这条线，并标注时间。花费一整天的时间，1小时重复一次。太阳运行模式1年之中都在变化，所以1年内重复几次标注时间和阴影线，这样才能得到最确切的地图。

微气候究竟是什么？

微气候是可以经历各自天气条件的小片区域。在每个人的土地四周都有受阳光、风、土壤条件、房屋、篱笆和其他庭院特征影响的各种不同的小气候。土壤条件会影响花床多快可以暖和起来，就像沉重淤泥似的土壤会比沙质土壤热得慢一些，同样也会花更多时间干掉，而升起的花床会比凹陷的花床热得更快也是类似的现象。只有用心地观察几个季节，才可以真正了解并确认自己院子里的独特微气候。

如果想要准确了解微气候，你可以挑一个不错的夜晚，穿着短袖在院子里溜达溜达，用皮肤感受冷热的不同。静静站着，感受风的方向和温暖的方位。寻找看得到的线索区分湿热和寒冷的区域，看看哪些地方有霜出现，哪些地方露珠停留的时间较长，或者热得很快的区域。例如融雪可以帮你找到并确认寒冷的微气候——在有遮蔽物的寒冷区域，雪会化得很慢，可能比露天而温暖的区域多花几周才能融化。而观察哪些地方种子长得快，可以帮你确认暖和得更快的位置，这些地方也是种植早春作物的理想区域。

喜阳植物。而微气候也会随着庭院元素的增添或移动发生变化。

阳光

如果你想要确认某片区域可以得到植物生长所需的6～8小时的阳光照射，就必须了解那一区域的光或影的模式。

土壤

在城市农场劳作的时候，你会渐渐熟悉自己院子里的各种不同的土壤。城市的土壤大多都压得很紧实，这会影响水分的吸收。观察土壤的大致情形，留意水分在土壤表面的吸收情况，然后掘深一些，了解深处的反映情况。确定哪些区域的泥土总是由水分覆盖，并且成沼泽趋势；哪些区域像沙子一样很快就干掉了；哪些区域似乎长不出东西来。找把铲子在不同的区域四处掘掘看，确定哪些可以在园子里划出自己的位置。留意土壤是怎样在不同的位置有着不同的变化的。看看哪些植物在你的选址上长势不错，尤其是种子，因为种子会在条件有利的情况下迅速生长。你可以在地图上标注土壤的相关喜好，它会在你决定植物种植地点的时候有很好的参考价值。

水

在你的选址地图上标注水源的位置。将花园的花床放在离水源较近的地方可以让你的工作变得简单很多。在种子刚发芽的时候手动浇灌几天可能还很新鲜，不过要是一整个季节都坚持这样的劳作却是相当困难的。所以请务必确认通水的橡胶软管保持好的状态，这样在你需要水的时候就会很方便了。当然你也可以安装与花床形状搭配的喷水器或者滴灌设备节省水。

空气

所有的植物都需要风来帮助它们长出结实的树根或者枝干，不过大多数蔬菜、谷物或水果都无法承受大风的袭击。所以留心哪些地方看起来风很大或者有大量遮蔽物，同样还需留意大多数时间风刮起来的方向。

如果风很大，就要考虑种植防风带了。开缝的木板篱笆或者树篱是最有效的防风带，因为它们既可以降低风速，也可以吸收部分风进入园子，同时可以允许不少空气进入。而结实的墙壁或者紧密的篱笆则会在无风的区域造成一阵漩涡，这样会比不设置防风带更加伤害作物的生长。

污染

如果你住在繁华的大街上，那么汽车尾气和其他的空气污染会成为真正的隐患。看不到的悬浮颗粒可能会落在蔬菜的表面上，慢慢地这些蔬菜有了轻微的毒性。繁忙的大街可能会因为悬浮颗粒聚集在泥土中使含铅量升高，所以如果可能的话，将蔬菜苗圃安置在远离人行道、繁华街道和建筑物地基的地方。

让你的花园和房子远离铅

以下是可以让你的生活远离铅和空气污染的方法：

- 请将花园的位置选在距交通拥挤的大街至少15米及距粉刷过的建筑至少3米的地方。
- 对土壤的铅含量进行例行检查。
- 如果铅含量超过1‰的话，就将植物种在突起的花床上或者装有干净泥土的花盆里。
- 除去或者移走高铅含量泥土表面60厘米左右的土壤，因为铅相对来说比较固定，会聚集在干净土壤上面几层的地方。
- 沿着边界种植边界植物或者灌木篱墙来吸收悬浮颗粒。
- 将枝叶茂盛的绿色植物和难洗的蔬菜种在远离大街的地方。
- 可以铺设覆盖作物来避免悬浮颗粒接触土壤。
- 清洗双手避免因碰触或吸收来自土壤的二次污染。
- 进门脱鞋，这样可以抑制灰尘；同时可以用小地毯阻截来自室外的泥土。
- 健康饮食，可以多吃含钙、铁，少脂肪的食物来降低体内的铅。

创造你的设计和外观

制订一个计划

既然已经决定想要在自己的城市农场上种什么，现在就是时候制订一个计划了。计划可以对我们想做的事有所助益，不过你的计划不必正式，把它当作一幅道路地图，引导你走进自己的城市农场大冒险就可以了。当然你可以制订多个计划——你可以有一个长远的计划，将自己的院子改造成为城市绿洲，也可以有一个季度的计划，决定自己今年种什么。这样当你失去灵感或者犹豫下一步要做什么的时候可以参照。

你的计划应该适合自己的院子，并且考虑包含尽可能多的细节使自己的种植计划走在正轨上。这样的计划可以包括选址图、预算、作物和种子的清单、供应和资源的相关信息、草图、杂志剪贴画、苗圃图、种植时间和契机，以及长期的目标和期望。当然也可以只有一幅粗略的草图和一张作物清单这么简单。

被所有可能性冲击得不知所措了吗?

最先开始的时候，有太多的事情要做，你可能会觉得有些不知所措。毋庸置疑，创建一幅充满活力的城市风景图需要时间，但是你的努力必定会得到回报，你会收获新鲜的农产品，拥有丰富而多产的环境。所以，你可以把它想象成为一项历经时间便可收获的工程。确定自己在这一年要做的最重要的事情，然后小心地加入新元素，这样渐渐地每一件事情拼凑起来，就会形成更宏大的事物——一座真实的城市农场。尽情享受，尽可能多地学习。同时注意在你不断扩大操作可能性的时候，力所能及地播种、浇灌和种植自己能吃得完的作物。

不要惊慌！

问自己：

我最想要什么？
做到这一点需要什么？
我现在可以做到什么？

以此作为开端：

- 种植小菜园和少数草本植物
- 开始堆肥
- 丰收，吃自己种植的作物
- 尽可能多地学习

布置你的花园

设立一个怡人的花园环境，与选择苗圃的位置一样重要。开始的时候，要思考将作物种植在什么地方，人们会去哪个地方。不管你打算将作物种植在苗圃中还是花盆里，你都应该将花园的位置选在容易到达的地方。如果不能接近作物，丰收也就变得很困难了。如果定时给作物浇水很难完成，那么想要种子发芽也就成了一件不容易的事情。好好布置你的花园，使路径清晰，苗圃容易接近到达。

我喜欢宽敞的花园，因为这样的花园使我想要进去散步，与植物交流沟通。我所说的宽敞，并不是指一个大型的花园，而是一个开阔畅通的、可以自在地在其中散步的、怡人的花园，即使它的总面积并不大。小路应该是整齐而一目了然的，植物应该是无需费力，易于接近的。如果你需要踮着脚尖穿过细细的小道才能到达菜园，那么可想而知你不会在那儿多花时间的。如果栽培床过宽，扭着身子才能收获的话，那么想必大多的作物都不会出现在厨房里了。

想要设计怡人而易于接近的园子，你需要缩小栽培床的宽度，这样就可以从两边收获植物，同时注意小路应该易于行走。将栽培床设计为60～75厘米宽，两边都有小径，作物间距不得长于两三米。长间距使人愿意多在其中走动，从而想要做更多的工作。如果栽培床长于75厘米，想要接触到作物就很困难了。如果你只能从栽培床的一边接触到作物，那么就必须将栽培床宽度缩短至45厘米或者你可以不必弯向泥土就能舒服接触到植物的距离。如果你已经有了一个栽培床宽于0.9米的花园，可以考虑在其中放置踏脚石，这样就能更简单方便地接触到作物了。

小路的宽度应该为45～60厘米，这样你就可以在上面自由行动而不必担心压倒作物了。如果有小朋友可能会在园子里玩，考虑将栽培床缩得更窄，即30～45厘米，小路扩得更宽，即60～75厘米。较宽的小路也会在工作的时候为你提供屈膝和蹲坐的空间。

我们大多数人都会选择使用橡胶软管来浇灌花园（直到我们最终崩溃，然后安装滴灌系统），所以想想你要怎样规划橡胶软管穿过小径到达植物吧。橡胶软管向导可以帮助你避免花床尾端的植物不被抽到或者压垮；将一根结实的杆或者钢筋敲进苗圃的末端可以保护植物的安全。我在苗圃的末端会使用很大的种植花盆，因为它们可以作为很棒的橡胶软管向导，同时也可以提升我的种植空间。

没有院子吗？不要担心

不要因为没有院子或者土壤就打消你种植自己食物的想法。富有创造力的城市农民会将蔬菜、草本植物，甚至小型的果树种在屋顶、阳台、柏油停车场，或者天井上面的花盆或者箱子里。如果你想要经营园艺或者与邻居联络交流，就可以租一块社区花园或者豌豆地。随着在市区饲养家禽家畜规定的渐渐松弛，许多社区园林用地都转变成为农场，连同小鸡和兔子都饲养起来，这可为社区成员提供新鲜的鸡蛋、施肥用的粪肥，以及数不尽的娱乐时间。

需要思考的东西还很多呢，了解自己居住的地方，制订各种计划是一个过程，所以千万不要被各种小细节吓倒。了解园子里的生态真的很有趣！而这也是你作为城市农民冒险旅程的开始！

为孩子和家庭规划小路

如果你在设计花园小路的时候需要把孩子考虑进去的话，那你就需要再三地斟酌空间利用了。通过规划适合孩子们独特需要和特点的空间，可以让他们开心地走进园子并且在其中愉快的玩耍。孩子们在学着移动、控制自己身体的时候需要很大的空间，所以小路应该至少0.6米宽，并且覆盖着一种独特的可辨认的材料——稻草或者粗麻袋都是不错的选择（木屑太尖了，也太锋利了），这样就能很方便地区分植物的种植方位和人的位置。而花床则需要狭窄一些，即30～45厘米宽——能够很方便就跳过去的完美距离。想想孩子们总是选择最直接的路径在花园中行走，而这当然不总是代表着走小路，他们很喜欢跳过花床。如果你把家里的花床设计为0.6米宽的话，可能就会因为阻止孩子们跳进花床而发生不停的争吵。所以设计一个适合家庭的花园吧，而不要总是试着去改变孩子们。

第三章

营造健康的土壤环境

我们知道泥土和土壤是有很大区别的。泥土是你洗车时从车身上洗下来的脏污，或者你洗手时洗去的污垢。而土壤则是有生气的，里面满是生物，而土壤也支持着许多别的生物的生存，比如植物、动物和人。

土壤是生物，所以我们也要好好照料它，就像对待别的生物一样。我知道我自己在被踩或者没有东西吃的情况下，肯定是撑不住的。在“西雅图种植协会”儿童园地，我们给孩子们上的第一节课是这样的，我们告诉孩子在花园里，人与植物并不在同一个地方生活。当我们踩在土壤上的时候，我们在压缩土壤，挤压土壤中的空气、水、根茎和生物。所以当你迈出步伐的时候，一定要看清楚脚下的情况。

在城市农场里的孩子们：你们的脚放在哪里？

如果你的孩子帮你一起照料城市农场的话，你要花点时间教他们如何在农场里走动。在城市农场里照料植物与在公园或者空地上玩耍是不一样的。在农场里，人和植物并不在同一个地方生活。植物生活在土壤里，而人可以在草坪、人行道、踏脚石或者园中的小径上行走。当你在农场中活动的时候，记得互相提醒：“小心脚下！”或者问一问：“你的脚放在哪里？”

你的土壤

什么是土壤？把它想象成一个饼状图，你的土壤里一半都是水和空气，另外一半几乎都是无机物——小石子、沙、黏土和石头。土壤里只有大概2%～5%的部分是有机物。就是这一小部分的有机物决定了土壤与泥土的差别。也正是这些有机物发挥了胶水的作用，让土壤可以黏在一起，更让植物可以在其中生长。

饼状图中的这一小部分有机物中，包括植物、动物、微生物。一块健康的花园土壤中约有超过30亿个微生物。森林地面的味道其实就是微生物的味道，泥土本身并没有任何味道。正是这些微生物造就了土壤与泥土的不同。这些微生物可以把矿物质和养分吸收进土壤中，让空气易于植物吸收。反过来，植物也给予了微生物所需的能量。没有了这些微生物，植物就无法吸收土壤中的养分。

现在许多景观建设，忽视了喂养土壤中的有机物这一块。在森林中，植物不需施肥或者护根。大自然很混乱。植物注定就是要分裂，不时地落下一些有机物，这些有机物腐烂分解变成养分之后，又被其他的植物吸收进去。有时，我们会把自己治家的美学观点应用到花园中，总是会修剪残枝或者扫清叶子，或者清理别的植物残骸。虽然我很喜欢一个干净整洁的房子，但是我并不指望自己的花园也一样整洁、卫生。

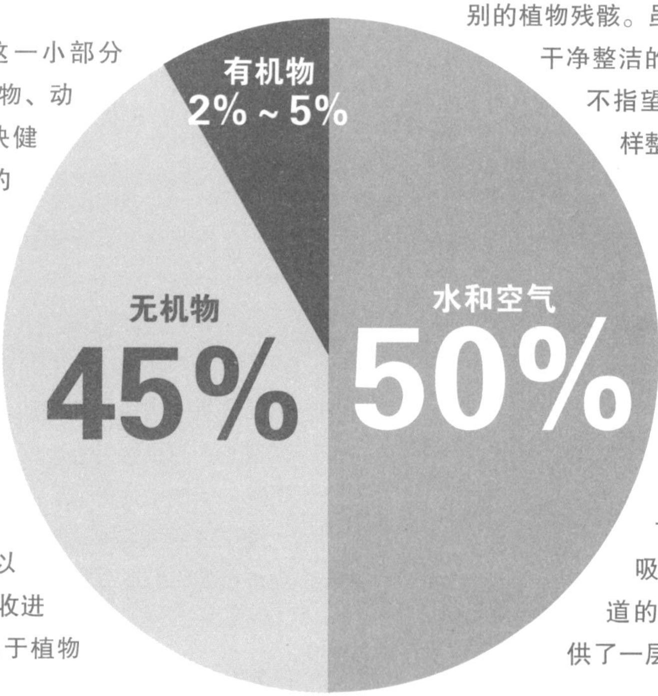

植物的残骸是土壤中别的生物的食物。一些分解体，比如蠕虫和潮虫，可以把剩下的有机物质变成营养丰富的腐殖土，让别的植物可以吸收。这些微不足道的东西，为植物提供了一层地毯，阻碍野草

有机物 2%～5%

无机物 45%

水和空气 50%

土壤也有生命，也需要像其他生物一样的被照料，包括右边几项。

阳光。你的农场里有些地方阳光较为充足，有些地方则比较阴暗。

空气。这一点与你的土壤类型有关，有些空隙较大，有些则很小。你可以通过挖土来松土。

水。你的土壤中的水量会随着季节变化和土壤种类而不同。

食物。你的土壤需要的食物是什么？一般来说，土壤需要别的生物，比如树叶、小树枝和死掉的昆虫。

根带的
微生物奇迹

植物只能够在土壤中扎根生长。它们只有在一些很神奇的真菌的帮助下，才能吸收土壤中的矿物质。在根带附近，菌根菌可以收集、吸收土壤中的矿物质，把它们转变成植物可以吸收的形式。植物则投桃报李，给真菌提供碳水化合物。两者之间是一种奇妙的共生关系。因为菌根菌可以帮助植物吸收土壤里的矿物质，所以不少园丁在种植物之前，就先在高位栽培床上嫁接了菌根菌。在网上，你可以买到干的菌根菌。

的生长，减少其对水、土壤和养分的竞争。这一层护根也可以帮助植物保持水分、保护根部，也为帮助植物生长的微生物提供了栖息之处。当我们把我们的花园打扫得过分干净时，我们就剥夺了土壤的食物。正是这些食物才能保持花园这个小型的生态系统的健康和活力。没有了有机物，我们有的只不过是泥土罢了。

土壤中无生命的物质

土壤中的无生命物质由以下几部分组成：小石子、沙和黏土。土壤是由其颗粒的大小分类的。了解你的花园的土质，会让你了解所对应的土壤类型，以及怎样提高土质。

了解你的花园土壤最好的方法，就是把你的双手放进土壤中，感受土壤的结构。土壤中最大的颗粒是小石子，最小的则是黏土，而沙则介于两者之间。肥料的颗粒很大，通常里面都有很多气孔，形状不规则，有许多凸状的空间里面盛着水和空气。土壤的颗粒很小，但是不同的土壤类型之间土壤颗粒的大小差别很大。如果说小石子是城市公车的话，那么黏土就是一粒米，沙就是一个沙滩排球。肥料的颗粒大约是一辆中等车的大小。土壤颗粒的形状和大小影响了土壤中空气的分配，以及水分与土壤的反应。下面我来仔细讲一讲不同的土壤类型。

土壤质地

小石子

小石子的颗粒非常大，它们表面十分光滑圆润，就像是缩小版的圆石。小石子的质感比较粗糙，直径通常为0.06～2毫米，并不能紧密地靠在一起，中间有很多空气和水。这类的土壤是最容易挖的，水可以很轻易地就渗进土壤中，不过也干得很快。这类的土壤中矿物质含量较低。

沙

沙的颗粒比小石子小得多，直径从0.0039毫米到0.0625毫米不等。沙颗粒很小，可以被水带动，沉入溪岸或者河岸。沙的形状也不规则，但是比较容易紧密地结合在一起。沙质的土壤一半都会充满水分，有些像海绵。当沙质土壤中比较潮湿的时候，就会有一种黏黏的感觉。在潮湿的时候，沙都黏在一起，但是搓一搓就会又分开来。有时，沙的颗粒看起来像是黑胡椒被撒在土壤中一样。虽然有时沙质的土壤真的很像海绵，十分有弹性，但是当其中水分蒸发之后，沙质土壤还是很易于挖掘的。沙质土壤中矿物质含量一般。

黏土

黏土的颗粒很小，小到你几乎感觉不到那些颗粒的存在。纯的黏土感觉就像是粉末一样。黏土颗粒的直径小于0.0039毫米，比人类头发的直径还要小。黏土的颗粒都是相同的形状，所以它们可以紧密地结合在一起，就像砖头一样。黏土间的缝隙很小，黏土在潮湿的时候很黏很软，干燥的时候则很硬。水需要一段时间才能流入黏土间那些细小的缝隙，它们通常会阻挡水分的进入。当黏土真的很潮湿的时候，要过很久才会完全变干。当黏土变干的时候很硬，而且难以穿透，像是陶器一样。黏土中的矿物质含量很高，但是黏土通常都很硬，植物的根系难以穿过那些紧紧结合在一起的土壤。

通常你不可能会得到纯的小石子、沙和黏土。你有的则是肥土，是这三者的结合，在其中小石子或者黏土占主要部分。如果你想要看一看土壤中小石子、沙和黏土的含量，你可以做一个沉淀测试。

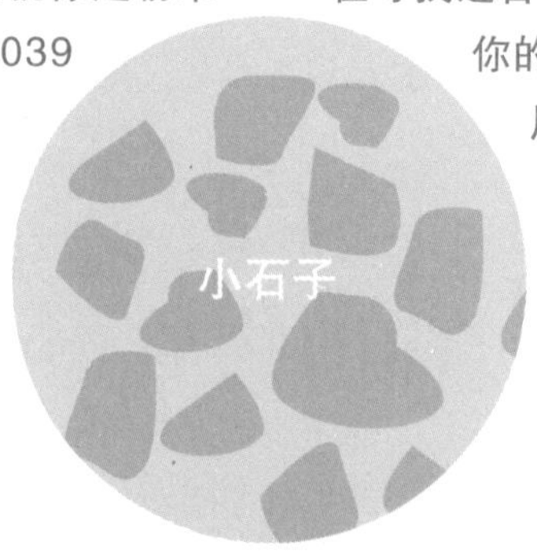

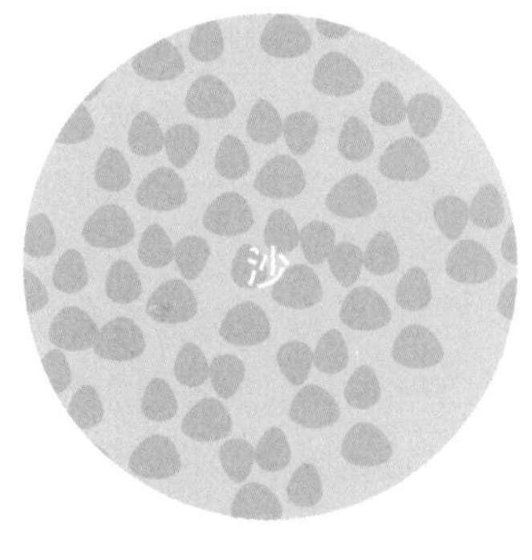

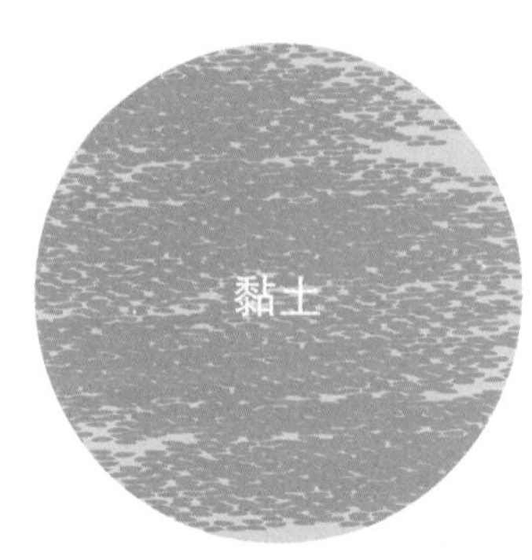

可以在家里完成的土壤测试

这些测试土质的实验做起来很简单，也可以帮助你更好地了解自己花园里的土壤。有两种不同的方法可以测试你的土质——沉淀测试和挤压测试。这些测试即使由孩子完成，也十分安全，而且不需要任何别的工具。如果在寻找适合孩子的科学项目的话，就可以让你的孩子来检测你的前院和后院的土质，并做记录。他们可以在科学课的时候展示如何检验土壤的湿度。你孩子的老师一定会很喜欢这个成果！

沉淀测试

如果你想知道你的土壤中小石子、沙和黏土的含量，你可以做一个沉淀实验，然后看一看这三者的分布范围。

挤压测试

材料：

一只浅盘或者洗碗盆

一些花园中的土壤

水

步骤：

1. 在你想测试的地区，向下挖15～20厘米的土壤，收集1～2杯。
2. 除去其中的大石块。
3. 放入适量水，让土壤黏着在一起。如果土壤开始滴水，那么土壤太湿。在这种情况下，放入更多的土壤，让其变成一个黏着在一起的潮湿的土团。
4. 拿一小团潮湿的土壤，在手里捏成一个蠕虫的形状。
5. 将土壤放在双手之间，搓成圆柱状。

主要由小石子组成的土壤可能会坚持1分钟，然后很快就分散开来。

沙质土壤会形成一个很短的蠕虫，不过被戳一下之后，就会分散开来。

黏质的土壤可以被搓成一个5厘米长的蠕虫。如果你用双手搓手中的土壤，做成一条更长的虫时，说明你的土壤中有较多的黏土。

材料：

广口玻璃瓶

一些花园中的土壤

水

步骤：

1. 将一些土壤倒入广口玻璃瓶中。
2. 往玻璃瓶里装水，直至离瓶口2.5厘米处。
3. 盖上螺纹栓，再套上韧性垫圈。
4. 摇晃玻璃瓶，让土壤分散在水中（持续摇晃几秒钟）。
5. 把广口玻璃瓶放在一个平面上，看着水中的土壤颗粒沉淀。小石子会最先沉淀下来，然后是沙，黏土会在水中悬浮着，而有机物则会浮于顶端。

6. 把水放一个晚上或是更久，表面将会集结一层很薄的黏土。水可能还是很浑浊。黏土颗粒完全沉淀，可能需要好几天。

测量不同层的高度，然后估算土壤中每个成分的含量，以确定你的土壤中是小石子偏多，还是黏土偏多。

土壤中的野草说明了什么？

土壤中生长的野草可以反映出土壤的状况。野草是有益的，它们会生长在所有可以生长的地方。了解不同的野草喜爱生长的土壤环境，可以帮助你了解自己的土质。

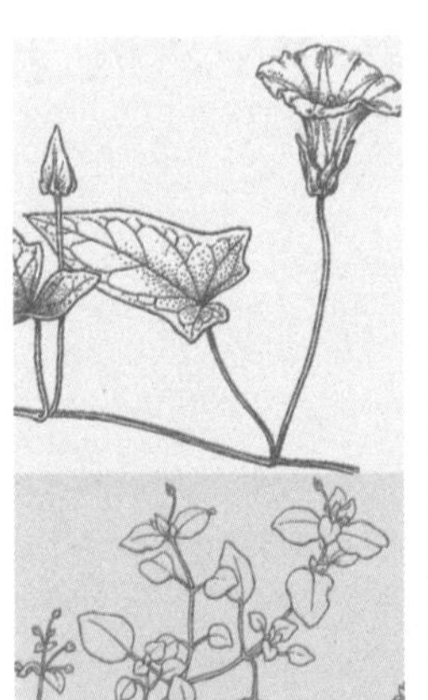

田旋花

硬质地层；小石子较多的轻质酸性土壤。

繁缕

耕种土壤，肥力高；如果植物为黄色、无活力时，土壤的肥力较低。

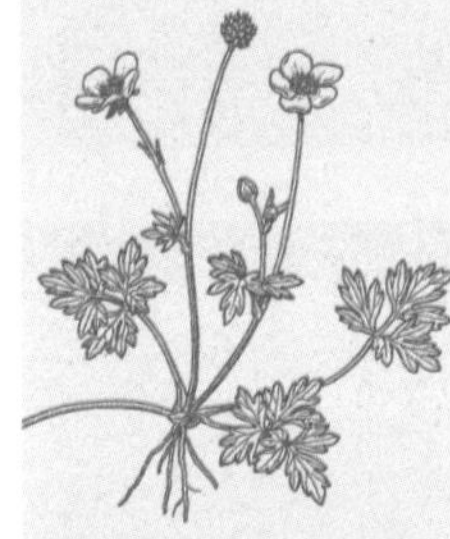

毛茛

潮湿的、排水情况欠佳的黏土或是沙质土壤。

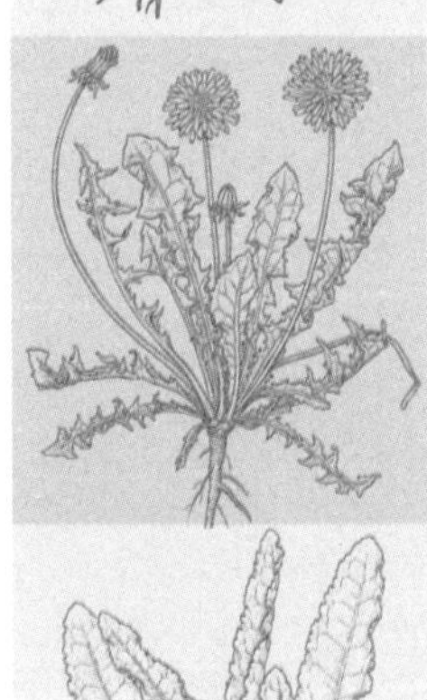

蒲公英

重黏土，紧实土；酸性土壤；在草地上和耕地土壤中较常见。

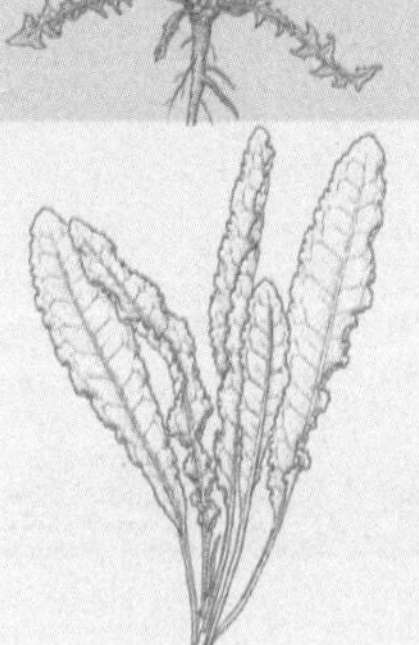

酸模属

排水情况不佳、吸饱水的酸性土壤。

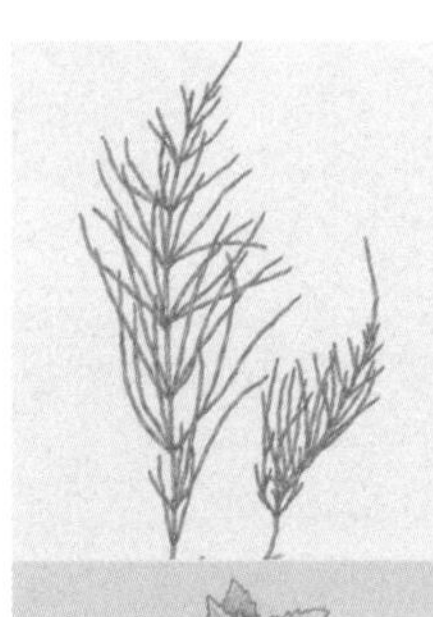

马尾草

小石子较多的轻质酸性土壤。

藜

耕种土壤，肥力高；如果植物为黄色、无活力时，土壤的肥力较低。

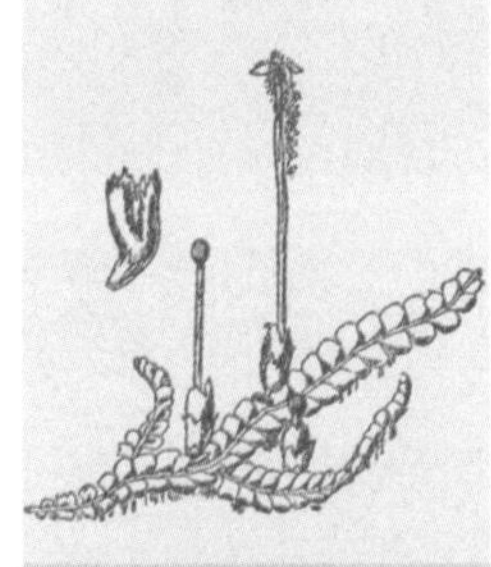

卷柏

吸饱水、排水状况不佳的酸性土壤。

反枝苋

耕种土壤，肥力高；如果植物为黄色、无活力时，土壤的肥力较低。

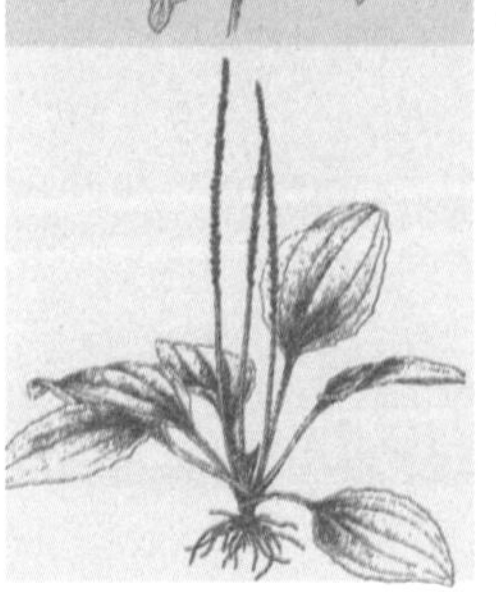

车前草

硬质土壤，排水状况不佳的酸性土壤；在草地上和耕地土壤中较常见。

城市里的土壤为什么会这么糟糕?

许多城市耕种的新手抱怨说，他们的土壤糟透了。这件事很麻烦，因为城市里的土壤并不是自然的土壤形成的。下面我来说一说开发商在建设居民区时会做的事情。首先表层的土壤会全部被刮掉。然后重型机械会在建筑工地上开来开去，工人们也会在场地上踩踏上好几个月。当房屋建成的时候，整个场地需要被改造得好看一些，这样人们才会愿意在这里买房子。那时，开发商就会把整个场地弄平，铺上草皮，种上一些景观树和灌木丛。然后整个住宅区就会进入待售状态。

地上的草皮原本是长在一个土质为黏土的草皮农场里的，当草皮被卷起时，草根还黏在黏土里。所以当开发商把黏土置于硬质土壤上面，然后卖给你们的时候，你们应该要照料那些土壤。开发商很少会在铺草皮和种植物的时候，给土壤施肥。这些植物竟然还能生长，真的已经是奇迹了。不过，好消息就是，你可以修复这个状况。

你需要
多少混合肥料?
(比例为1:12)

0.03立方米的混合肥料可以适用于:

2平方米，1.3厘米深;

1平方米，2.5厘米深;

0.5平方米，5厘米深;

0.7平方米，7.6厘米深。

0.8立方米的混合肥料可以适用于:

58平方米，1.3厘米深;

29平方米，2.5厘米深;

14.6平方米，5厘米深;

9.8平方米，7.6厘米深。

堆肥

建立健康的土壤环境其实真的很简单。如果你想要种植健康的植物，不仅吃起来美味，又可以抵御害虫和病菌的侵害，那么你就一定要堆肥。你应该如何改善硬质的黏土?加入一些肥料就好了。你想要增强你的土壤保水力，让植物不会变干吗?施肥就好。肥料真的是一个奇迹，它可以迅速提高土壤的健康程度，帮助植物抵御害虫和病菌的侵扰，也帮助植物保持水分。

在这一节，你将会学到如何利用你的园地里的有机物来提高土壤质量。你也会学到有关用食物残渣堆肥、护根和用覆盖作物来制肥的各种方法。

使用肥料来提高土壤质量

正像我之前提到的，提高土壤质量最好的方法就是加入肥料。如果你没时间自己制肥，你可以买一些袋装的商业肥料，或者大量购买让商家送货上门，在花园中使用。这个方法，是建立健康的土壤环境的关键起步点。

施肥

测量好你要施肥的地方有多大，然后决定你要在多深的地方施肥。然后做个乘法，算一下自己需要多少肥料。肥料中氮的成分并不高，所以并不会“烧”死你的植物，所以你可以在加入肥料后，马上就在你的栽培床上种上植物。

■ 如果是新的花园栽培床，将5～10厘米厚的肥料混入20～30厘米的土壤中。

■ 如果是提高已经建好的栽培床的土壤质量，先挖坑，然后将2～5厘米厚的肥料混入20～30厘米厚的土壤中。

■ 在多年生灌木丛周围铺2.5～5厘米厚的肥料，在已经种上植物的栽培床上施肥亦是如此，因为无法将肥料混入泥土中。在这里铺上肥料的意思就是在土壤上铺上薄薄的一层肥料。当你浇灌花园的时候，肥料中的养分就会渗透下去，改善你的土质。这样铺肥料的方式既简便又美观。

后院堆肥

堆肥就是以自然的方式把养分送回土壤之中，以造福下一代的植物。许多人把庭院垃圾、剪下的草、落叶等放在路边，以便进行庭院垃圾的回收再利用。这一举措很棒，因为这样的行为保护了大自然珍贵的资源。许多城市的庭院垃圾回收，都把垃圾变成了有益于土壤健康的肥料。如果你付钱让别人来收走你的庭院垃圾，然后每年春天又花钱买肥料，

后院垃圾堆肥所需的有机材料

一定要放进你的堆肥坑里的东西：	一定不要放进你的堆肥坑里的东西：
老了的植物	有虫害或者染上病菌的植物
花	由根部传播的有害杂草
一年生的草叶、茎和花，剪下的草	草籽
盆栽土	肉类或者奶制品
家畜的粪便——包括鸡、兔子、羊、牛或者马的粪便	食物残渣
硬纸板、纸巾、碎纸，木屑	狗、猫、啮齿类动物或者外来鸟类的粪便
小树枝和木棍	常青树的叶子或者针叶
落叶	比你的大拇指粗和比你的手长的树枝
稻草	带刺的植物
	喷过除草剂和杀虫剂的植物
	草皮

那你等于是花了两次钱。想一想，你的庭院里就有那些有机材料，可以用作提高土壤质量的资源。

所有的有机物——任何有生命的东西，任何曾经有生命的东西，任何有生命的东西的一部分，以及任何由有生命的东西做成的，最终都会分解，变成土壤的一部分。但不是所有的东西都是以同样的速度分解的。我们重点要来说一说在后院堆肥中分解效率最高的有机物。在城市里，我们与邻居之间住得很近，我们希望这些有机物质可以迅速地分解，而不至于引来老鼠或是发出难闻的臭味。

原则上来说，花园里你不想要的东西，就不要放在堆肥里。

庭院垃圾碳–氮比例表

绿色	
食物废料	15:1
剪下的草	20:1
腐熟厩肥	25:1
理想的混合比例	30:1
棕色	
棕色的叶子	(40～80):1
玉米秆	60:1
稻草	80:1
纸	170:1
木片	500:1
木屑	500:1

庭院垃圾堆肥

如果你对堆肥有一些了解的话，你就可以在堆肥的过程中运用方法，制出高质量的肥料，用于你的花园。你也可以让有机物质免于浪费，节省了在搬运和处理过程中需要的资源。

堆肥坑是有生命的，需要空气、食物和水。一个健康的堆肥坑可以支持许多充满生气的有益菌、真菌，还有蠕虫、多足虫、跳虫、千足虫以及许多别的分解者。当你提供了适当的环境之后，这些生物就会迅速地将有机物分解，使之变成提高土壤质量的肥料。

绿色和棕色

所有的有机物都有一个碳–氮的比例，这一比例决定了它们的分解速度。所有的植物都是以碳为基础的：绿色的植物含碳量较少，可以很快分解。棕色的植物含碳量较高，分解速度较慢。如果要得到最有效分解的肥料的话，应该以30:1的碳–氮比例混合材料。如果你把新鲜剪下的草和落叶混在一起，你就得到了一个完美比例，可以迅速、有效地使之分解。左面是一些常见材料的比例表。

良好的混合材料

给你的堆肥坑摄入均衡的“绿色”和“棕色”吧。分解者在草木混合的有机环境下十分活跃。如果你“绿色”的部分太多了，你的堆肥坑会十分泥泞，散发出恶臭。而如果你的堆肥坑里“棕色”的部分太多了，则会很长时间才能分解。把落叶装在桶里，随时预备好“棕色”的部分，与春天的新鲜“绿色”混合在一起，制成最佳比例的混合物。

体积小

你放进容器中的东西体积越小，其分解速度也越快。一根大树枝最终会分解，但是会花很长时间才能变成肥料。但是如果把树枝切成小块，那么其表面积也就增大，细菌可以在更大的面积上进行作用，最终也会较快地使之分解，变成腐殖土或者肥料。你可以用弯刀、割草机或者木材粉碎机来将有机材料切成小块。

湿度

没有了水，有机材料不会腐烂（或者会以极慢的速度腐烂）。分解者在潮湿的环境中十分活跃。要是你想要有机材料迅速分解的话，就要确定材料要像海绵一样浸满了水分。定期查看你的堆肥坑，看看其中的水分是否充足，要是东西有些干的话，就加点水进去。

空气

大部分的分解者都是像你我一样的有氧生物，它们在充满空气的环境中活跃、繁殖。当你的堆肥坑沉下去之后，你可以把里面的物质翻过来，把它们拍松，使更多的空气进入，让其中的分解者能够在空气中尽其职能。

时间

植物的生长需要时间，分解成为土壤的一部分同样也需要时间。有一些非常“绿”的有机物可能会在2～3周之内就分解。大部分的有机物的分解期则为4～12个月。请耐心等待：好东西总是由那些堆肥的人得到的！

堆肥箱

很多人不知道该用怎样的堆肥箱。堆肥箱的作用只不过是装着堆肥，在你的花园一角占据一大块位置罢了。堆肥箱不是必要的，不过这样可以把你的堆肥坑的体积控制得小一些，也较易于管制。决定好你想要做怎样的肥料。你会在除草后，把刚剪下的草放入堆肥坑中吗？还是你会想要一个热的堆肥坑，这样有机物可以较快分解？你可以买一个堆肥箱，也可以自己做一个。如果你想要肥料慢慢地、被动地分解，你应该要用一个开口很大的带盖堆肥箱。如果你想要一个热的堆肥坑的话，你应该去找一个三面固定，一面可以不时拿下来把里面的肥料翻面的堆肥箱。大多数你能买得到的堆肥箱，是设计承装低速分解的有机物的。这样的堆肥箱一般来说，顶端的开口很大，底部有一个小小的拉门，在有机物质分解完毕的时候可以由拉门把肥料释放出来。如果要在这种堆肥箱里收集已经分解好的肥料或者把里面的物质翻面的话，你需要把整个堆肥箱拆掉。

如果你想要热的堆肥坑的话。你可以用回收的货板或者木头和金属丝做成一个自制的翻转箱。这样的箱子容量更大，有一面开口或者可以打开的盖子，以便于翻转里面的有机物

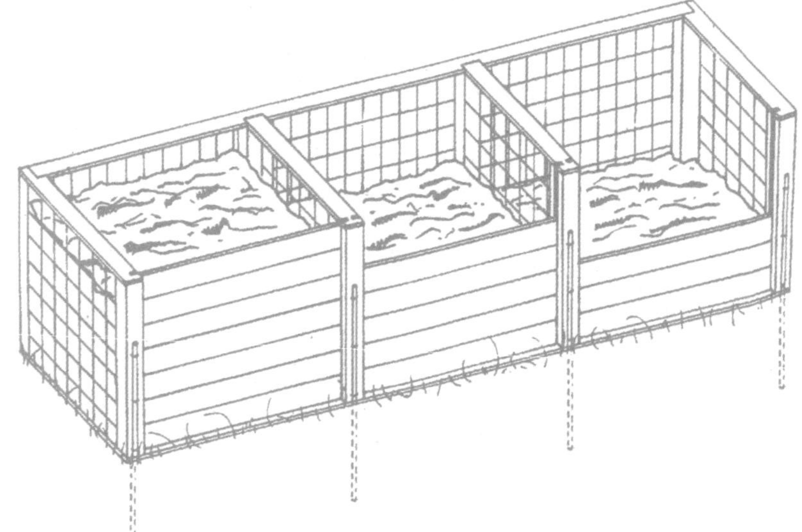

质。不管你选择了什么样的堆肥箱，切记，要放入合适的有机材料，把材料的体积弄得小一些，然后在其中加入足够的水，让所有的材料都像海绵一样浸满了水就好。

你的堆肥箱应该放在哪里

把你的堆肥箱放在一个可以方便接触到水的地方，旁边留有足够的位置放你的小推车。在把材料放入堆肥箱之前，你也需要空间把那些材料混合。堆肥箱可以放在阳光下或者阴凉处，只要确定你的堆肥保持湿润就好。堆肥箱很适合放在第二区，你可能也会需要一个储存肥料原料的空间。你还需要想一想，肥料做成之后你要把它放在哪里，以便以后使用。把已经做成的肥料贮存在一个干燥的地方，浸满水的肥料很重，而且也很难运用。

简单堆肥

我们之中的许多人，都会在除草和在花园中耕作的时候，不断地把新的东西加进堆肥坑中。不过，一定要记住，放进堆肥坑的东西，一定都要是适合后院堆肥的有机物质。当你在花园中耕作的时候，不断地把可用的有机物放进堆肥坑中，这样在9～12个月以后，你的肥料就会制好。

制作一流肥料的秘籍

体积小

确保放入堆肥坑的有机物不能超过你的手的长度，也不能比大拇指粗。事先把体积较大的部分切成小块，以免在后来看到堆肥坑里大小不一的一团糟。如果你耐心等待的话，那堆没有经过

做一个肥堆筛

用一些长10厘米、宽5厘米的木材，做一个适用于你的手推车的箱子（或者任何别的可以用于承装筛下来东西的容器都可以）。用由1.3厘米边长的小正方形组成的铁丝网或者钢丝网做成箱子的底部。将你自制的肥料过滤，然后用较大块的东西，如护根，或者把它们放入堆肥坑中再分解一阵子。将那些滤过的肥料用于你的花园或者放在容器中保存起来。

处理的材料就会一直在那里，几个星期都不会有任何改变，直到你灰心丧气地把它们不经加工就直接加入堆肥坑。这样的材料是不会腐烂的，你会得到一堆干燥的、毛茸茸的堆肥，这样的一堆东西并不会有效地分解。

保持湿度

一个干燥的堆肥坑中的物质并不会迅速有效地分解。如果堆肥坑中的材料像海绵一样吸饱了水分的话，其分解就会十分迅速。当你把花园中植物碎片放进堆肥坑中的时候，一定要确保那些碎片也是完全湿润的。找一个帮手，然后把所有的植物碎片都放在一块防水布上，然后一个人可以用一把干草叉搅拌碎片，另一个人则用水管往碎片上浇水。把碎片和水好好搅拌。虽然你有可能会把整个堆肥坑弄得太湿，但是通常来说，堆肥坑普遍太干。当你浇上水，把这些东西混合好之后，就可以把它们加进堆肥坑了。

将制成的肥料进行过滤

在植物的生长季节快要过去的时候，把你

关于堆肥坑的疑难解答

症状	原因	补救措施
散发出垃圾的恶臭	氧气不足，湿度太高，放入的“绿色”成分过多，堆肥箱中放入了食物垃圾	将堆肥翻面，加入空气；加入“棕色”的成分；移除堆肥箱中的食物残渣
干燥，并不再分解	堆肥坑很干燥；其中可能有过多的木质成分	将堆肥翻面，加入水；加入“绿色”的成分；把其中的木质成分切得小一些
湿润，却不再分解	“绿色”成分不足	加入“绿色”成分，或者有机氮肥
堆肥坑无法发热	堆肥坑太小；“绿色”成分不足	加入更多的原料，放满整个体积为0.08立方米的堆肥箱；加入更多的“绿色”成分，把较大块的成分切小一些
堆肥坑里都是潮湿、结块的草堆	“绿色”成分过多	将堆肥翻面，加入空气，并把结成块的弄散；加入更多的棕色叶子或者稻草
堆肥坑看起来像是刷堆	大块的木质成分太多	将木质成分粉碎或者切短；往堆肥坑中浇水并加入更多“绿色”成分
堆肥坑温度太高——超过71℃	“绿色”成分过多	加入更多的“棕色”成分，并加入水，把整个堆肥坑的温度降低下来

的堆肥箱的盖子盖上，让里面的生物自然地进行分解。在春天，当你打开堆肥箱想要取一些肥料用于栽培床的时候，你会发现，已经制成的肥料沉在下方。这也就是那些工厂量产出的堆肥箱会在底部有个小门的原因。把顶部那些还没有完全分解的东西，放在一边。你可以等一会儿再加一些水，然后把那些东西重新放进堆肥箱里。底部已经制成的肥料里面看起来很像是土壤、树枝和小棍子的混合物。看起来如此粗糙的材料就是已经制成的肥料，但是这与买回来的袋装肥料看起来完全不同。你可以用一个边长1厘米的正方形组成的滤网过滤肥料，这样成品看起来就与买回来的肥料比较接近了。滤网滤出的那些比较大的树枝，可以再湿润一下，然后重新放入堆肥坑中进行分解。

先进的热堆肥技术

如果你不想等上一整年才收获肥料的话，你可以加入一些“棕色”和“绿色”的部分，做一个热的堆肥坑。这样的话，你可以在几个月之内就收获肥料。热的堆肥坑有助于培养一种适合堆肥细菌生长的环境。这些体积虽小，却十分有力的小家伙可以使有机材料升温，让那些材料产生奇妙的化学反应，然后迅速地分解。为了引发和保持这些由微生物活动产生的热量，你需要把有机材料装满整个堆肥箱（约为85升）。以下的数量只是建议，供你参考之用。

制作热的堆肥坑的方法

材料：

3手推车的“绿色”成分，如新剪下的草以及小块的绿色植物

3手推车的棕色落叶

水

一块用来做垫子用的防水布和一把干草叉

步骤：

将少量的“绿色”和“棕色”部分以1:1的比例混合，在上面洒一些水，就像是在做一盘很大的沙拉。当有机物已经被混合得很好，而且也像吸饱了水的海绵一样湿润的时候，就把这些东西放入堆肥箱中。继续以此种方式混合“绿色”和“棕色”的成分，直到所有的材料都已经被放入堆肥箱中。如果你混合的比例完全正确的话，3～4天之内堆肥的中间就会热起来。用堆肥温度计测量堆肥的温度，温度计在大部分的园艺中心都可以买得到。堆肥的温度应该在60℃左右。

在7～10天后，堆肥的温度会渐渐降低（闻起来味道有些像新鲜的粪便），把堆肥箱里的东西倒在防水布上，用干草叉搅拌一下，让更多的空气进入。检查一下堆肥的湿度，确定当你挤它的时候它会滴出水来。如果堆肥有些干燥的话，就加一些水进去。每隔10天就把堆肥箱里的东西倒出来，搅拌一下。重复3次之后，就让里面的物质自己作用，在3～6个月后肥料就制成了。

食物残渣系统

把庭院垃圾用作肥料的原料，是一种很好的处理方法，把庭院中的有机材料回收利用，保存在庭院当中。当你考虑清楚你的有机物的种类有哪些之后，你可能会发现你并没有足够用来做肥料的庭院垃圾。如果你的庭院垃圾数量不够的话，也不要忘了厨房里的那些材料。每个人都会制造出食物残渣。食物残渣时常被人们遗忘，但是它也不失为是一个制造肥料的好来源。

如果你要利用食物残渣制作肥料的话，你需要收集一些容器，放在厨房里装这些食物残渣。找一个带高密闭性的盖子的桶，以防止果蝇进入。盖子应该可以轻易地用一只手移动，因为另一只手通常还拿着食物残渣。你的收集桶需要有2～6升的容积。把你的收集桶放在厨房的台子上或水槽下，总之是要靠近你处理食物的地方。及时清空、冲洗收集桶，以免产生异味，引来果蝇。

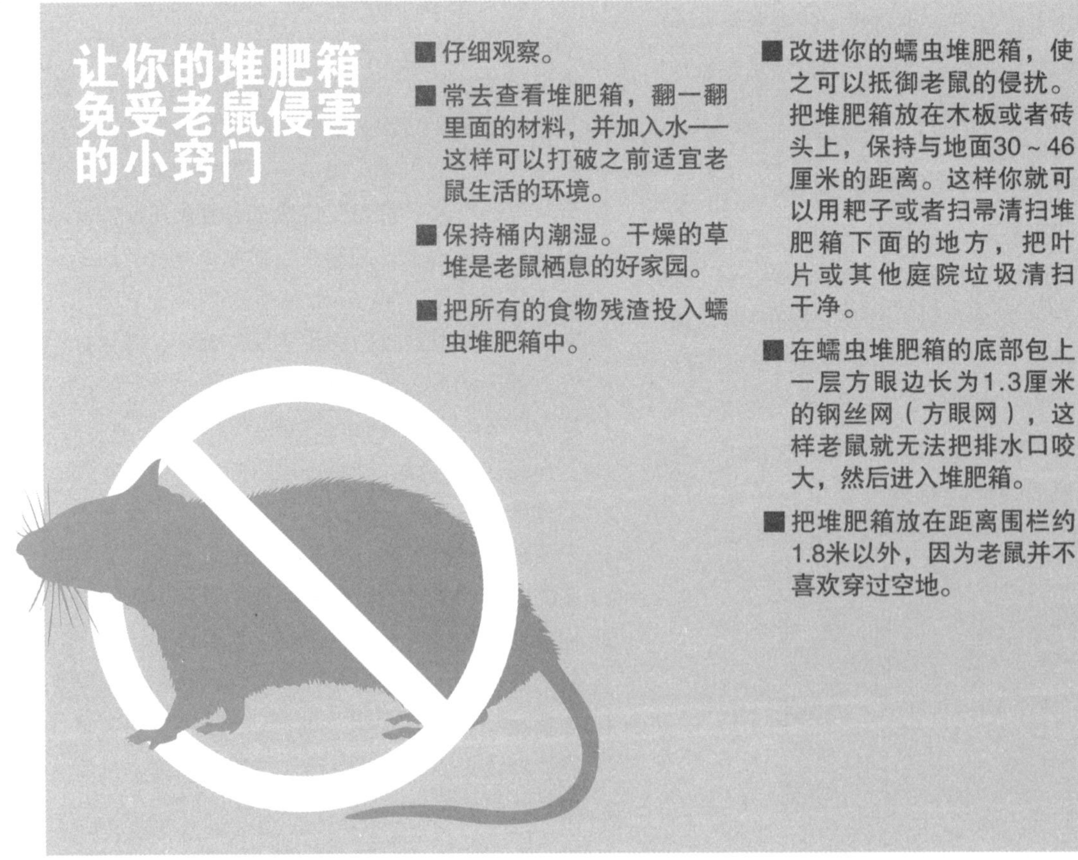

让你的堆肥箱免受老鼠侵害的小窍门

- 仔细观察。
- 常去查看堆肥箱，翻一翻里面的材料，并加入水——这样可以打破之前适宜老鼠生活的环境。
- 保持桶内潮湿。干燥的草堆是老鼠栖息的好家园。
- 把所有的食物残渣投入蠕虫堆肥箱中。
- 改进你的蠕虫堆肥箱，使之可以抵御老鼠的侵扰。把堆肥箱放在木板或者砖头上，保持与地面30～46厘米的距离。这样你就可以用耙子或者扫帚清扫堆肥箱下面的地方，把叶片或其他庭院垃圾清扫干净。
- 在蠕虫堆肥箱的底部包上一层方眼边长为1.3厘米的钢丝网（方眼网），这样老鼠就无法把排水口咬大，然后进入堆肥箱。
- 把堆肥箱放在距离围栏约1.8米以外，因为老鼠并不喜欢穿过空地。

你可以把哪些食物用作肥料的原料?

只把植物的残渣用作肥料的原料，肉类、奶制品和油分解速度很慢，而且会发出恶臭，引来害虫。

两种用食物残渣制造肥料的方法

掩埋法

把食物残渣制成肥料，最简单的方法就是，把残渣埋在一个空的栽培床里。这个方法只需要一把铁铲和花园中的一处空位即可。掩埋法可以帮你省下制作堆肥箱、堆肥坑和收获的时间和精力。把食物残渣埋在你将要种植植物的地方就好了。

挖一个约30厘米深的洞，然后把食物残渣放进去。用超过25厘米的土盖上去，用铁铲把土拍结实一些（不过不要硬到结块），让别的动物不会想要挖下去。经常检查埋下食物残渣的地方，确保没有动物挖洞。1个月后，里面的食物残渣应该就会消失，留下一摊黑色的肥料，准备好迎接植物的到来。

不过要是你养狗或者猫的话，掩埋法对你来说并不适用，因为这些动物很爱挖来挖去。而且，除了你自己家里的和邻居家的小猫小狗以外，别的家畜，如浣熊、臭鼬、负鼠等，也十分善于挖掘。如果你发现掩埋的地方有被挖过的痕迹，在洞口盖上一块大木板或者垃圾桶的盖子，然后用一块大石头或一块煤渣砖压木板或盖子。要是洞还是有被挖的痕迹，你可以考虑用蠕虫堆肥箱来代替。

蠕虫堆肥箱

再也没有什么比蠕虫堆肥箱更好、更简单、更能制出养分充足的肥料了。做一个蠕虫堆肥箱，可以让你感受整个生态系统衰退而又重生的过程。蠕虫堆肥箱与庭院垃圾的掩埋法的不同之处在于，在蠕虫堆肥箱中，大部分的分解工作都是由较大的生物（当然微生物也起到了很大的作用），最显而易见的就是十分强健的蠕虫。

把食物残渣变成肥料的其他方法

市场上，还有一些别的能够把食物残渣变成肥料的神奇机器。不过这些机器都很贵，而且也不如掩埋法或蠕虫堆肥箱更有效。当你要花一大笔钱买这些装置的时候，切记要看清楚商品介绍和买家评论。注意卖家承诺的便捷和速度，毕竟材料分解变成土壤的一部分，还是需要一定时间的。

生的或者熟的蔬菜水果、**面包，**

生的或是熟的

谷物，咖啡渣和滤纸、

茶包、餐巾纸、

蛋壳等，

可以分解制成肥料吗？

答案是，**可以的！**

注：用作肥料原料的食物残渣必须是严守素食主义的，不过加了鸡蛋烘烤制成的面包和蛋糕也可以作为肥料的原料。

牛奶、肉类、鱼类或是禽肉，

芝士、沙拉酱、

酸奶、

蛋白或蛋黄、油、

常青树的树叶、

黄油、

经过处理或油漆的木材的木屑、

光滑的杂志内页等，

不能作为肥料的原料。

注：不要把这些东西用作肥料的原料，这些东西的分解速度极慢，闻起来很臭，而且会引来害虫。

建立并维持一个蠕虫堆肥箱

蠕虫堆肥箱指的是一个坚固的箱子，在其中有蠕虫生活，它们吃掉一些有机材料，留下的粪便是一种非常棒的肥料。蠕虫堆肥箱可以抵御老鼠的侵扰，而且也是一个完全封闭的环境，对于住在城市里耕种的人来说是一个很棒的堆肥的方法。蠕虫堆肥箱里一定要装满“棕色”作为垫底材料，为那些制作肥料的小东西提供一个栖息之处。你的食物残渣则为它们提供了食物。蠕虫堆肥箱中，也充斥着各种各样的分解者，包括活赤虫、潮虫、蜈蚣、小跳虫、土鳖虫和数不清的微生物。

堆肥箱

当你开始之前，先要想一想你要用多少食物残渣制肥，你需要多大的一个堆肥箱。你的堆肥箱应该能承装你想要制肥的所有原材料。每0.09平方米的蠕虫，每周能够有效地吸收454克的食物残渣。以此类推，通常蠕虫堆肥箱的大小是1.2米×0.6米×0.3米，这样一个容积为216升的堆肥箱可以每周容纳约为3.6~4.5千克的食物残渣。

你的堆肥箱一定要由胶合板、结实的塑料或者金属制成，还有一个可以盖得紧紧的盖子，这样可以防止更大的一些生物进入堆肥箱中。在你的堆肥箱的底部钻一些排水孔：蠕虫不能生活在被水淹没的环境当中，而且当堆肥箱中有水的时候，食物也会变得烂糟糟的。如果你要把蠕虫堆肥箱放在室内或者室外的水泥地上，你可以在箱子的下面放一个托盘，承装堆肥箱中滴出来的黏液。这些肥料汁可以与水以1:5的比例稀释后，用于浇灌花园。这样的话，你的植物就相当于喝了一杯能量饮料!

把你的蠕虫堆肥箱放在一个保护地带，靠近你制造食物残渣的地方。尽可能地避免阳光直射，这些虫子并不喜欢太热的环境。一个管理得很好的木制蠕虫堆肥箱，没有臭味，而且在户外，还可以作为一个很好的歇脚之处。你可以告诉你的客人，他们正坐在一堆蠕虫上，保准会把他们吓一跳！

给你的蠕虫堆肥箱垫上合适的垫料

垫料将是蠕虫和其他分解者的生活环境。它十分重要，因为若是没有了垫料，你只会得到一堆又臭又乱的东西。把你的堆肥箱中装上水、粉碎的“棕色”成分，比如说硬纸板、棕色的叶子、木屑和报纸。一定要确保你的垫料十分湿润，就像是吸饱水的海绵一样。把整个堆肥箱填到顶！

加入蠕虫

活赤虫与大蚯蚓或者菜青虫可不一样。红蚯蚓，或者活赤虫，也被叫作粪虫。它们是分解的行家。它们是素食主义者，在潮湿、黑暗、温和的环境中可以茁壮成长。如果你提供了足够的新鲜垫料，再加上食物残渣的话，堆肥箱里的蠕虫在几个月以后会变成一开始的3倍之多。别担心里面的蠕虫数量会太多，当红蚯蚓的数量到达了环境的极限之时，它们就会停止继续繁殖。你可以在本地的苗圃、鱼饵店或者网上买到红蚯蚓，也可以直接从朋友家的蠕虫堆肥箱中拿一些出来。

喂养蠕虫

在垫料中挖一个至少深达15厘米的洞或沟，把食物残渣埋进去。这样的高度可以把残渣的臭味盖掉一些，减少了果蝇的侵扰。把你的堆肥箱用刀划分为4块，这样你的蠕虫就可以先以一块中的食物残渣为食，过几周之后，才会有新的食物残渣被放入。当你在回头检查某一区域中的食物残渣时，发现还有剩余的话，你应该减少放入堆肥箱的食物残渣的量。你的蠕虫堆肥箱可能需要3～4个月才能建立完成，让蠕虫们发挥神奇的力量吧！

维持蠕虫堆肥箱的几点建议

- 在垫料上放一块塑料或者平的硬纸板，以保持堆肥箱中的食物残渣的湿度。当硬纸板太过潮湿已经拿不起来的时候，把其作为垫料的一部分。
- 如果堆肥箱底部的肥料太潮湿，那么就加入一些具有吸水作用的垫料，如椰子壳的纤维或者木屑。
- 如果想要你的木制蠕虫堆肥箱的使用时间长一些，可以把堆肥箱的外部用外用乳胶漆涂上，把堆肥箱的缝隙都填上，以防雨水渗入。
- 为堆肥箱过冬做准备，在秋天的时候加入一些新的垫料。如果你所在的地区冬天土地会冰冻长达几个月的时间，把你的蠕虫堆肥箱移到一个有供暖的车库或者小棚屋里。如果你的堆肥箱中的蠕虫没有撑过冬天，在春天的时候再买一些新的蠕虫，把垫料弄得蓬松一些，然后重新开始。

收集肥料和重新准备垫料

6～12个月后，你的垫料才会被转化为肥料。如果再用报纸和硬纸板作新的垫料，可能要花很长时间才能再收获肥料。你可以在你的堆肥箱中加入一些土壤、叶子或者庭院垃圾，为垫料增加一些额外的微生物，这样1年后，你就可以收获黑色的黄金了。（当你的蠕虫堆肥箱开始稳定运作的时候，你就可以1年收获两次肥料了。）制成的肥料会堆积在堆肥箱的底部，看起来像是黑色的土壤或者咖啡渣。当制成的肥料占到了堆肥箱体积的2/3的时候，你就该把肥料收集起来了。

收集蚯蚓粪便最简便的方法，就是移出堆肥箱中2/3的东西。在剩下的1/3中，再加入新鲜、潮湿的垫料，然后继续把你的食物残渣埋起来。这样，留在堆肥箱中的蠕虫、微生物和肥料将会继续发挥作用。你可以过滤一下制成的肥料，把里面还没有分解的食物滤出来放回堆肥箱中继续分解。把堆肥箱中的肥料和蠕虫都放入你的栽培床中。

护根

树叶或树枝会掉落在植物的周围，形成一个天然的有机地毯，可以分解为腐殖土，被植物重新吸收利用。这一层天然的地毯就是护根。你可以模仿自然，给自己的植物也加上一些护根。护根就是把一层有机的材料，比如树叶、木片、剪下的草或者稻草等，分散地铺在植物周围的土壤上方。护根可以从上至下提高土壤的质量。分解者们会生活在护根之上，吃掉这些护根，然后钻进土壤中，把一些甚至很硬的土壤翻松，并给土壤注入养分与活力。护根是一种很好的运用花园中的有机材料、却不需要操心制作肥料的好方法。

如何制作护根

- 把你要铺上护根的区域的杂草清除掉。
- 选择与你想要铺上护根的植物匹配的有机材料。如果你要给树、灌木丛或木本植物护根的话，用木质的材料，比如木片、木屑或者叶子。如果是给蔬菜水果护根的话，就用一些草本的植物，比如稻草、剪下的草或者叶子。
- 在植物的周围铺上5～15厘米高的护根，范围为植物枝干的边缘或者滴水线处。
- 把护根远离树干或者植物的茎部。在树干或者植物的茎部周围留一个7～15厘米的无护根地带。靠近树干的护根会让病菌入侵到植物体内。
- 在整个耕种季节都用护根，在植物周围铺上护根，可以让你免去浇水和除草的麻烦。

护根的好处

保护植物的根部

改善土壤的质量，加入有机物质和养分

减少杂草对空间和水分的竞争

通过隔绝外部的热和冷空气，维持土壤的恒温

给蠕虫、土鳖虫、蜘蛛和有益真菌提供栖息之处

缓解暴雨之后的土壤压实状态

防止斜坡地区的土壤侵蚀状况

厚土种植法

厚土种植法将会改变你的人生。这种方法需要用到一层潮湿的硬纸板或者报纸，一层很厚的护根可以使一些杂草窒息、死亡。这样的一层护根可以使土壤肥沃，减少别的植物对养分和水分的竞争，带来上亿个分解者，而且还可以保留住土壤中的水分。厚土种植法的作用具体如下：潮湿的硬纸板可以使杂草死亡，并吸引蠕虫或者别的一些分解者。这些分解者以硬纸板、护根为食，当杂草死亡之后，它们也会以之为食。这样的草皮可以变成非常有营养的土壤！厚土种植法可以有效地制造新的栽培床，扩大多年生栽培床，覆盖树下的一些区域，而且还可以造出一些小径。

厚土种植法很简单，你只需要很多的硬纸板、一些护根，还有一根橡胶水管。把硬纸板

放下，将它们浇湿，然后在上面放上一些有机物质。厚土种植法的效果取决于你想要阻挡、杀死的杂草的种类，以及你的厚土的厚度。如果效果不够的话，你可能再隔一两年，还要再重复一下上述过程。厚土种植法可能并不会杀死所有的杂草，但是这种方法可以疏松土壤，让你便于把长出来的杂草直接连根拔出。

如何进行厚土种植

- 测量你的种植区域，然后做一些加减乘除，算出你所需要的铺料有多少。准备大量的硬纸板和报纸。注意，要找一些表面没有太多有色涂料的硬纸板或是报纸。
- 找到许多可以作为护根的有机物。
- 移除硬纸板上的胶带或者订书钉。
- 把你所需要做护根的地方，用扁平的硬纸板或者报纸盖起来。确保硬纸板或报纸的边缘可以盖住另一张硬纸板或报纸，不会露出地面。若是双层或三层覆盖的话，也没有关系。在地上覆盖报纸或硬纸板，就是为了使下面的野草窒息。
- 用洒水器把东西弄湿。让洒水器持续运作10～15分钟，然后休息一会儿，让硬纸板或报纸充分吸收水分。再把洒水器打开，让这一层硬纸板或报纸十分潮湿。
- 在硬纸板的表面撒上一层

厚土种植法所需材料

片状材料

扁平的“棕色”部分——硬纸箱（避免染色的情况）

报纸（避免大部分为彩色墨水打印的部分）

粗麻布

棉制或者羊毛小地毯

护根

木片（不要用树皮——详情请见下方的“对树皮说不！”）

稻草

落叶

木屑

松针

对树皮说不！

护根的目的在于提供一些可以保持水分的有机物，并给有益土壤健康的生物提供栖息之处。树皮这一经常被人们使用的护根，可能对你来说，并不是一个很好的选择。树皮护根是伐木业的副产品。当树干被打磨之前，要先把树皮剥下，然后树皮就被当作景观护根售出。树皮可以隔绝外界的水分和空气，使之不会影响到树的生长。树皮可以防止树在一个地方生长了200年之久后的腐朽。当你把树皮撒在你的栽培床上时，你其实是撒下了一层空气和水分难以穿透的隔层，而且其分解速度也很慢。你可以用一些园艺木片来代替。那些木片包括了植物的各个部分。它们的分解速度很快，而且可以增强保水性。不仅如此，它们还可以为你的花园增色不少。

厚于30厘米的护根。

- 用洒水器浇灌，给微生物创造一个迅速滋生的环境，也可以使护根更加稳固。
- 把护根移至一边，穿过硬纸板挖一个洞，调和一下其中的土壤，然后放入你要移植的植物。一处美丽的风景立刻就呈现在你的眼前！

小贴士：为防止杂草侵入护根，你可以在护根的边缘挖一个15厘米宽的浅浅的壕沟，移去其中的杂草。这样的一圈壕沟，就像是护城河一样，可以保护你的护根免受杂草的侵扰。

用覆盖作物自己种植出肥料来

另一个十分重要的改善土壤质量的方法，就是种植覆盖作物。覆盖作物指的是可以滋养土壤、供养有益生物并提供有机物的植物。在种植季节的最后，你可以在空的栽培床上种下这些作物，以保护土壤可以撑过冬天那严寒干燥的天气。在春天，这些覆盖作物被切成小块，然后放进土壤中进行分解。这样的一种生物量可以给土壤加入有机物，将你的土壤重新注满养分。

覆盖作物也可以在春天种植，用于使土壤肥沃，利于之后种植别的植物。你可以在种植季末植物或者过冬植物之前，先种上覆盖作物。你可以在小径上、将来会用作栽培床的地方或者任何需要改善土壤质量的地方，种上多年生的覆盖作物。

许多植物都可以作为覆盖作物。谷物作物有着纤维状的根部，可以改善土壤的结构。荞麦和钟穗花可以使野草窒息，为益虫提供食物，而且很容易切碎。豆科植物是很重要的固氮作物（详情请见下页的“强有力的固氮作物”）。混合种植谷物和豆科植物既可以固氮也可以改善土壤结构。

覆盖作物的种子的播种和浇灌方式与一般的作物一样。当你想要种植别的作物之前的3周，或者有一半的覆盖作物已经开花的时候，把覆盖作物切成15～20厘米的小块。用一把铁铲，把覆盖作物的根部以及植物体拌入土壤中。等3～4周，让土壤中的有机物慢慢分解。若是用免耕法（一种不翻土的种植方法）种植的话，把植物切成10～15厘米的小块，把植物体撒在土壤上，然后盖上粗麻布。等6～8周，当植物体分解之后，再进行新一轮的种植。

种植覆盖作物的好处

固氮

纤维状的根部可以有效地改善土壤结构，利于耕种

吸引并供养益虫

加入有机物，或者生物量——根、茎、叶和花都被土壤吸收利用

避免土壤凝结成块——未种上植物的土壤可能会由于冬天的严寒气候或者春雨，而导致严重的凝结成块状况

为你的花园景色加分

强有力的固氮作物

种植豆科植物作为覆盖作物，可以很好地增加土壤的肥力。根瘤菌与豆科植物是共栖的，如豌豆、菜豆、野豌豆、苜蓿等等。这些根瘤菌可以吸收空气中的氮，然后提供给植物。同样的，植物也给这些根瘤菌提供了碳水化合物。当土壤中的根瘤菌活跃的时候，你可以看到你的豆科植物根部有不规则的粉色小瘤。当这样的氮瘤在土壤中分解的时候，可以为下一批种植的植物提供氮。如果你想要利用这一切，就把豆科植物切碎，然后在你要种植新一批的植物前让其分解。

土壤中本来就有根瘤菌，如果你想要让你的覆盖作物能够迅速地生长，你可以在播种的时候买一些干的变质剂。下面我来说一说如何使用变质剂，首先你要把种子放在一个碗里，放入变质剂，喷上一些稀释过的牛奶（这样可以让变质剂的粉末黏在种子上），然后搅拌一下。这样一来，种子上都粘上了变质剂。迅速地种下种子，因为根瘤菌并不喜欢阳光。不同的根瘤菌与不同的豆科植物互相作用。当你为豆科植物买变质剂的时候，一定要确保自己买的是与你要种植的豆科植物相对应的变质剂。

什么样的覆盖作物才是适合你的？

有许多植物都可以作为覆盖作物来改善土壤质量。下表中有一些一年生的暖季型和寒季型覆盖作物以及两个多年生的覆盖作物。

	作物名称	详细说明	土壤要求
暖季型作物	荞麦	并不能固氮，但是能够产生许多有机质；长得很快，而且能够使野草窒息。在生长了6周之后，可以切碎，然后重新播种：你可以在5—8月种植3～4次荞麦。有益生物很喜欢荞麦花	喜欢肥沃、排水性好的土壤，可以在偏黏质土壤中生存
	矮生菜豆	请不要食用这些豆子，而是把它们埋进栽培床中。这些菜豆可以固氮，并且提供有机质	喜欢肥沃、排水性好的土壤，可以在偏沙质土壤中生存
	钟穗花	蜜蜂很喜欢这种植物以及其富含花蜜的蓝色或紫色花朵；具有耐寒性，可以在零下4℃的天气中生长；长得很快，十分美丽；产量大，穗粒多，极易切碎	不能在黏重土和紧实土中生存
	红豇豆	可以固氮，并可以提供大量生物量（指某一时刻单位面积内存活的有机物质），可以使野草窒息。当种植成功后可以在相对来说较为干燥的环境生长	可以在部分阴凉的地方生长；喜欢排水性好的小石子质土壤
	印度麻	长势旺盛，可以固氮，并使野草窒息。巨大的根部可以轻易地疏松黏重土	黏土、紧实土或者贫瘠的土壤
寒季型作物	黑麦	耐寒；可以在零下6～7℃的环境中生长。纤维状的根部可以改善土壤结构；在秋天与野豌豆一起播种	排水性好的土壤；可以在部分阴凉的地方生长
	箭筈豌豆	可以在零下32℃的环境中生长。生物量大，并可以支持益虫的生长。善于疏松紧实土，根部有 0.9～1.5米。与谷类一起播种，有助于豌豆藤的生长	可以在一般的土壤中生长；在肥沃的土壤中可以更加有效地固氮；耐阴
	绛车轴草	一种十分广泛运用的覆盖作物，大朵的红色花朵构成了美好的画面。易于翻耕，种在植物周围，是一种地被植物。可以固氮并吸引益虫	可以在多种类型的土壤中生长，在十分贫瘠的土壤中可以很好地生长
	蚕豆	美丽的植物，生物量很大，可以吸引益虫，并产出可食用的蚕豆。根部很大，可以疏松黏重土	可以在紧实土或者黏土中生长；可以在部分阴凉的地方生长
	冬小麦	根部系统很大，并呈纤维状，可以改善土壤结构；生长速度很快	需要在较为肥沃的土壤和完全的阳光照射中生长

续表

	作物名称	详细说明	土壤要求
多年生作物	苜蓿	可以固氮，并为益虫提供食物。生物量很大。每一季都可以收割2～3次。花梢可以加入堆肥中或者埋进贫瘠的土壤中	肥沃、排水性好的土壤；完全的阳光照射
	白车轴草	生长速度较慢，可以固氮，耐阴，并能在割草机下存活下来。种在花园小径、树下或者爬藤下。花梢可以加入堆肥中	可以在多种类型的土壤中生长；在潮湿、凉爽的环境中长势旺盛

第四章

高位栽培、容器栽培以及垂直栽培

在评估完地点、了解好土壤之后，是时候开始制作栽培床了。

在这章里你会学到在狭小的城市空间中制作花园栽培床的不同技巧。你会学习如何进行高位栽培，以及如何做容器内园艺。是时候开始种植啦！

你会选在哪里进行种植？

城市中的许多地点都缺少适合花园的广阔而又阳光充足的方形区域。在城市中，若想种植大量植物，你需要极具创意思想，使用多种不同的小地点园艺技巧。将高位栽培、容器栽培以及立体绿化结合起来，可以帮助城市农民最大化地利用空间。如果唯一有阳光的地方是在铺好的车道上怎么办？这时候需要利用容器栽培，它可以在你认为无法种植的地方生产食物。容器中可以种植番茄、罗勒、辣椒、茄子和南瓜。

它安全吗？

如果你决定建造高位栽培床，不要使用树脂处理过的木材、枕木或者彩色观景木材。用来保护木材的化学材料可能会渗入土壤，并且被你种植的植物吸收。

二次污染更加麻烦。二次污染可能是由于不小心吸收了一些衣服、鞋子上的化学物质而造成的。你应该只使用干净的伐木或木头。有一些木材天生抗腐烂，例如雪松、橡树。

高位栽培园艺

小空间园艺的技巧之一是使用能够大量种植的高位栽培床。高位栽培园艺手法近年来受到城市农民的青睐。它可以是简单的模压栽培床，也可以扩大到双重挖掘培养。双重挖掘需要移除30厘米厚的土壤，然后使用挖掘叉来栽培土壤的更深部分。这需要花费很大精力，而且由于城市土地的滥用以及不断压缩，双重挖掘并不适用于每一个地点。许多城市农民在土壤上面建立高位栽培床——从上往下改善土壤的质量。

高位栽培园艺有许多优点。模压栽培床中的土壤升温更快，保温的效果也更好。高位栽培床也可以进行密集种植，这意味着种子或幼苗放置的距离比推荐距离更近一些。这个方法可以最大化地利用栽培空间。而且由于栽培床提高了，根部就有更多的空间向下生长（而不是向外生长），这也使得小空间内能种植更多的植物。同时，植物紧密地排列在一起，它们的叶子相互接触，土壤缺少日照，野草就无法生长。而且，由于高位栽培床中的土壤十分稀疏，除草和维护变得十分简单。

许多城市农民喜欢盒装的高位栽培床，因为这样蔬菜花园看起来更加有条理。建造盒装高位栽培床需要大量的初期投资。这包括构成栽培床的木材或材料的费用，以及填充的土壤和肥料的费用。此外，还需要计算更换腐烂木材的费用——大多数木制高位栽培盒子只能维持5年，并且从第三年之后需要进行维修。

节俭聪明的城市农民会使用旧托盘、包装箱、旧的扁平行李箱以及使用干净木材的木质盒子来制作高位栽培床。也可以用砖头、混凝土碎块，或者煤渣砌块来构建高位栽培床。如果你的高位栽培床将建在高度压缩的土壤之上，那么最低的高度要求是30厘米。如果是建在铺砌表面或者屋顶上，那么最低高度需要60厘米。

给草皮来个大改造，变成花园吧

建造新花园的绝佳地点可能被草皮和野草覆盖。你可以挖出不想要的植物，把它们做成肥料；或者，你可以将这个区域盖起来，闷死那些不想要的植物。一个方法就是一点点开始，挖掘一个栽培床，覆盖未来种植的区域。制作护根（见第三章）需要时间，但是能省下挖掘以及把草皮做成肥料的精力。在将草皮分裂开来之后，护根的区域会变成一个非常好的花床。在夏天或者秋天给你的新栽培床制作护根，然后第二年春天就可以开始种植了。将树上脱落的叶子或者稻草作为未来蔬菜栽培床的护根。

如果你觉得制作护根的方法太慢了，你就需要将草皮和野草挖出来。首先，标出区域的界限，你可以在四个角上放置砖块或者棍子以及测量带子。使用锋利的铁锹或者铁铲，先将草皮切成铁锹宽度的条带，然后切成更小块的草皮。如果土壤很硬，先浇水，然后等一两天再挖掘。将铁铲向下推到草根下面，然后翻动手柄。这样能抬起来一块楔子形状的草和土壤。移除草皮，然后尽可能晃动土壤。肥料筛（见第三章）可以帮助移除根部额外的土壤。

做好高位栽培床后，你需要每个季度进行培养，直到开始种植为止。蔬菜园的土壤会因为雨水、过度灌溉以及重力原因而变得紧密。一年生的蔬菜也缺少多年生植物那样强健的根须，无法持续进行土壤通气。由于重复的深层耕种会损坏土壤的结构，因此需要将你的耕种限制在最顶层的7～15厘米。浅层耕种和护根可以帮助优良耕地的形成，也会帮助优质土壤结构的形成。松土的时候不要将土壤翻转过来或者破坏土壤结构。轻轻地将土壤打碎到足够与堆肥或者有机物结合并保证生长的程度。另一个防止土壤压缩的方法是使土壤一直覆盖在护根或者作物之下。

太湿润无法挖掘？

在春天开始挖掘的时候，你需要确保你的土壤不要过于湿润。如果在你挖掘的时候土壤过于湿润，它们会碎成一块一块的。这些土块在土壤变干之后不会变化，还会像石头一样硬。

给草坪堆肥

堆肥过的草皮富含有机物和矿物质营养。给草坪堆肥，首先要把草皮——根部朝上——排成一堆，每层都要好好浇灌。它们应该像吸饱水的海绵一样湿润。为了加速降解，你应该在每层上添加一些氮肥，可以用新鲜的家禽肥料或苜蓿粉。给草皮盖上黑色塑料布，然后让它们这样子持续1～2年。在1年后，将堆肥散开，用筛子过滤一下土壤。将还没降解的草皮堆成一堆，重复上面的动作。

下面是一个简单的测试土壤湿度的方法：

1. 从你的园子里抓一把土壤。
2. 将它挤成一个球形（这样是为了让它们结合在一起）。
3. 将球向上抛到离你手掌大约20厘米的高度。
4. 让球下落，砸到手上。
5. 如果这个球立刻破裂，那么你可以开始挖掘。如果这个球还粘连在一起，那么土壤的湿度过大，你需要再等一等。

如果土壤湿度太大而无法耕作的话，你不妨试着在耕作之前的几个星期将粗麻袋和干净的塑料覆盖在栽培床上。塑料可以挡雨而粗麻袋会使土壤表面出现一些蠕虫和分解体。当土壤的状况适合挖掘时，你就可以把塑料和麻袋移除掉了。

秸秆草砖园艺

秸秆草砖园艺非常划算，因为它不需要任何工具，对于改善土壤质量有很大帮助，并且可以使用一部分需要的土壤来填充高位栽培床或者容器。基本上，你是把栽培床建造在了稻草堆上。

如果你的花园中土壤非常紧密，排水系统也不完善，那么这种方法可以让你能够马上开始种植，同时还可以改善土壤的质量。

要开始稻草园艺，你需要购买一些稻草堆（不是干草）、盆栽土，以及一些氮肥或者新鲜的粪肥。稻草堆是用来就地分解的，从上往下建设土壤。如果你想要留着绳子，把稻草翻到上面。稻草的截面会朝上，绳子会在砖的一侧缠绕。将两块草砖并排放着或者做一个更大的4个草砖的栽培床。如

果你想要拆除草砖，将草砖堆成你想要的形状，在上面放置草皮。

在稻草顶端放置一个小的洒水器，让它一直运行到水能够完全浸透草砖。施加高氮肥或者粪肥，然后再次浇水。这样做的目的在于帮助稻草分解。

先施加5厘米的混合肥，然后在草砖顶端施加15～20厘米的微湿的盆栽土。你的目标是建造一个又宽又平的园艺空间。如果土壤过于干燥，它会从草砖边缘掉落，形成一个可以作为种植区域的窄条。在建造土壤层的时候把草砖的边缘压实。尽量不要压到中间的种植区域，混用一些有机肥料，形成一个漂亮的水平台地，然后我们开始种植吧！

容器园艺

在容器中种植食物非常容易，并且，将容器添加到你的城市农场可以增加你院子里种植空间的灵活性。如果你住在公寓里，住在租的房子里，或者缺少可以种植蔬菜的室内空间的话，那么容器园艺绝对是一个很好的选择。对于那些没有阳光或者唯一有阳光却远离土壤的院子来说，将容器加入园艺计划是一个很好的选择。种有蔬菜的容器也可以用来移植别的植物，或者也可以在土壤过于密实或受过污染的地方使用。

容器对于花园栽培床是一个很好的调剂品，同时还

可以在容器中种植的食物

几乎所有食物都可以在容器中种植。根据选择的不同，容器的大小也不同。果树、蔬菜、草本植物、花类、藤蔓都在容器中长势良好。选择那些矮小而“密实”的种类，因为它们很适合生长在大花盆中。

一年生蔬菜和草本植物

喜光类：马铃薯、茄子、南瓜、黄瓜、豆类、洋葱、韭葱、辣椒、罗勒。

半阴类：绿色蔬菜、香菜。

一年生可食用花类

将可食用花类和草本植物混合起来。

喜光类：向日葵、万寿菊、矢车菊、旱金莲。

向阳或半阴类皆可：金盏花、琉璃苣、三色堇、小地榆。

喜阴，半阳也可：秋海棠。

多年生植物：浆果、水果或草本植物

喜光类：朝鲜蓟、矮生果树、蓝莓、树莓、草莓、迷迭香、鼠尾草、欧芹、百里香、牛至。

半阴类：树莓、蓝莓、杂交草莓、丛生草莓、常青越橘、薄荷、酸模、紫草。

能很好地将诸如薄荷和紫草等刺激性食物包含进园艺计划。它们很容易种植，事实上也没有种子。它们可以生长在人行道、车道、甲板、露台、屋顶、窗台、花园栽培床的末端或者融合进景观性植物。

选择容器

容器可以用任何东西做成。任何无毒的容器，只要超过30厘米深，且带有排水的洞，就可以成为一个花圃。容器越大，你种的东西就越多。深颜色的容器会产生更多热量，这对于那些喜热的植物，比如马铃薯、罗勒以及辣椒来说很有帮助。另外，热量可能对于那些幼小脆弱的幼苗造成伤害。有气孔的容器，比如黏土、未上釉的陶瓷、木头以及混凝土制作的容器会比塑料风干得更快。

材料：

■ 塑料盆储水强、颜色多、价格低。然而，塑料如果一直暴露在阳光下，则会褪色或破裂。

蔬菜/草本植物	寻找的种类或品质	最小容器规格
豆类	任何灌木丛种类	容器11～18升
甜菜根	任何种类；在还是小甜菜根时收割	宽容器35～60厘米深
胡萝卜	罗密欧（Romeo）、拇指姑娘(Thumblina)或者其他的圆形品种	宽容器35～60厘米深
黄瓜	任何灌木丛或半灌木品种	浅而宽的容器11～18升
可食用花类	金盏花、万寿菊、矮牵牛花、旱金莲、三色堇、庭荠以及堇菜	20～30厘米或更深
茄子	果实小的品种	容器11～18升
绿叶菜	甘蓝、甜菜、生菜、菠菜、芥菜、青菜、菊苣以及芝麻菜	窗栏花箱或任何20～30厘米深的容器
洋葱	任何品种	25～30厘米或更深
辣椒	甜椒或辣椒	容器11升
樱桃萝卜	圆形品种	宽容器30～45厘米深
草莓	任何品种	草莓盆或最少20～25厘米深的容器
西葫芦	灌木种类；蔓生品种需要种在大花盆中	容器18升；蔓生南瓜需要56～75升的容器
番茄	有限生长型或灌木品种	容器18～37升
一年生草本植物	罗勒、香菜、莳萝、甘菊、山萝卜、柠檬草、紫苏	25厘米或更深
多年生草本植物	迷迭香、百里香、牛膝草、鼠尾草、薰衣草、薄荷、牛至、马郁兰、猫薄荷、马鞭草	容器越大，草本植物生长得越好。可以尝试在18升容器中种植2～3种不同的草本植物

- 赤陶土盆晒干很快，浇水时需要额外注意。赤陶土盆价格也很低，但是在很冷的环境下会破裂。
- 上釉的陶土盆比赤陶土盆的保湿能力更强，颜色也很多，但是价格比较高。
- 稻壳回收盆或葵花籽壳回收盆是一种新型的可降解容器，它们结实、轻便，看起来也很美观。它们在降解前可以持续三四季。
- 纤维脂容器是用聚乙烯塑料制作的，但是看起来像石头、陶土、木头。这种容器价格低、轻便，但是暴露在阳光下容易破裂。
- 半个威士忌桶或者葡萄酒桶，它们直径有60厘米，深30厘米，非常适合种植蔬菜和草本植物。需在底端钻四个大的排水洞。半个大桶可以持续3季或更久，之后木头会开始腐烂。
- 有点创意！纸箱、装运条板箱、泳池、19升的大桶、塑料储存箱或者粗麻袋都可以用来当容器！

如何种植

在你给容器装土之前，把土放在你想放的地方。装满土的花盆会很重，移动起来也不方便。如果你想把容器放到土壤里，你需要先除草，并在区域边缘放置杂草障碍（比如粗麻袋、卡板或报纸），然后你再安装容器。容器可能污染混凝土或者木质甲板，所以你需要使用除霜水盘来保护地表。

基础盆栽土

1份椰子纤维

1份珍珠岩

1份沙石或浮石

1份堆肥

在把土填充到容器中之前，将盆栽土清空，将土壤放到独轮手推车或者大桶里面。用泥铲或者双手将水混到盆栽土中。土壤应该是湿润的，但不能完全湿透，而且土壤应该是松的，易于处理的。

将盆栽土松松地装进容器中。在容器顶端留出5厘米的地方。摇晃容器，使得土壤下陷，但是不要在顶端放置石头，因为这样不利于排水系统。如果在容器底部的洞很大，在上面覆盖上网筛或者有气孔的纤维来防止土壤掉落。

现在，一切准备就绪，你可以开始种植了！

盆栽土

盆栽土是特殊配制的，盆栽土具有排水功能好，富含有机质，以及储水能力好的特点。不要再给盆栽土额外施加肥料，你需要知道你往混合物中添加了什么。

施肥

同掩埋式花床相比，容器需要更多的肥料。微生物的数量也更少，而且幼苗的根部无法从土壤中吸收营养。在种植期间满满混入通用的有机肥，然后在生长季内使用液体肥料。液体肥料是稀释过的瓶装浓缩液。液体肥料

简易园艺

每个人都能进行园艺。如果好好考虑栽培床的设计和位置，就连那些身体不便的人也能够种植可食用的植物。下面是几个简易园艺的技巧：

■高位栽培的容器应该至少45厘米高。对于坐在轮椅上或者长椅板凳上的人来说，0.9米可能更合适。这样做，你就可以坐下来进行园艺。栽培床之间的距离不应该超过0.6米宽，这样你就能够从一边够到所有地方。

■长椅可以建造在栽培床边上。

■建造在桌子上的干净高位栽培床可以让坐在轮椅上的人在下面滑动并用双手干活，而无需将轮椅停靠在栽培床的一边。

■灌满水的水壶过于沉重，不利于举起来，也不容易将水倒出来。你可以考虑一下替代品，比如用轻便材料制作的小罐或者用加长软管，然后在高位栽培床边缘触手可及的地方安装一个水龙头。水可以从原始的水龙头中流出，然后通过高位栽培床边的开关进行控制。可以在高位栽培床的边缘设置滴灌系统的控制器。

■在高位栽培床边缘找一块平地充当放置手工具和收割工具的桌子。

■从屋内通往花园的通道应该足够容纳轮椅通过。你不妨考虑一下1米的通道宽度，这样你就有足够的转身空间，也有多余的地方可以容纳手工具和收割工具通过。

■轮椅的通道应该是平滑坚硬的，而不应该是15厘米的小卵石通道。

■应该在栽培床附近加一个防风雨的容器来放置肥料和手工具，这样一来你所需要的东西就很便利了。

■在选择种植种类的时候，不要忘了果树——迷你根茎上生长的苹果可以只生长到1米高，而且可以用线使得苹果很容易够到。

■改良的手工具能够帮助减少腰上的压力。有些工具就是为了那些手部移动性和灵活性较差的人设计的。通过网页搜索，你会发现有关信息。

中含有植物可吸收的水溶性营养成分，不需要土壤微生物去转换。大容器（19升或更大）需每2～3周使用液体肥料，小容器（19升以下）需每1～2周使用一次液体肥料。

浇水

要想获得健康的食物，浇水是很有必要的。蔬菜需要很多水。同掩埋式花床相比，容器需要更频繁的浇水。这是因为根部无法接触地面的湿气。须确保花盆不会干燥。检查土壤湿度的方法是向下挖5厘米的深度，看看土壤是否湿润。你需要做实验来发现你需要多长时间浇一次水来保持土壤湿润，每个容器都不同。如果花盆非常热，或者非常小，你每天需要浇一次以上的水。

保持植物生长

种植苜蓿或用蔬菜作物的叶子碎草等做护根，有助于保持容器内土壤的活力。对于时间久的盆栽土，你可能需要增加额外的肥料。每个季度你都需要移除1/3的土壤，然后增加一半的新盆栽土，一半堆肥，这样做的目的在于使花盆再次充满活力。如果作物活力或产量下降，更换容器中的所有土壤。像你对其他花床那样旋转作物来预防害虫和疾病。如果容器中的植物生病了，扔掉所有的土壤，并以一勺漂白剂加3.8升水的比例来清洗容器。

小地方技巧

使用多种园艺技巧让小空间能得到最大的利用。这些技巧包括垂直种植、连续种植作物，以及套种，这些技巧可以帮助你的城市农场生产更多的食物。

垂直种植

如果你只有能容纳一小块土壤的空间，那对于你来说，最好的选择可能是垂直花园。建造格子架、圆锥形帐篷，或者其他的藤架来增加小花园的空间。绕着格子架生长的植物更能接触到太阳和通风。适合垂直种植的作物有黄瓜、番茄、豌豆、豇豆、红花菜豆、啤酒花、蔓生浆果、小南瓜、葫芦、西葫芦、番薯以及南瓜（这些植物可能需要尼龙绳来支撑到成熟）。

格子架和藤架是花园的特征之一。它们增加了花园的乐趣以及高度，否则花园就会变成简单的一层植物。格子架会收获的秘

诀在于微风。这种方法免去了弯腰的麻烦，原来需要弯腰辛苦采摘矮生菜豆和豇豆，现在它们都长到适宜采摘的高度。番茄很适合这种结构，因为这样，番茄可以舒展它们长长的刺鼻的藤蔓，果实也从格子架的绳子上悬挂下来。而豌豆和豇豆如果没有格子架的话很难成熟。

在建造格子架时，将它当作半永久结构。它需要在季度结束后卸下来，但需要在原地放置4～6个月。格子架要足够结实，这样才能承受成熟作物的重量以及秋风和秋雨带来的压力。比如说，你要种植红花菜豆，菜豆会一直留在格子架上，一直到霜冻期或者雨季开始的时间才会从格子架上下来。如果格子架倒了，它就很难再重新站立起来。你的植物很可能会因重新设置的压力和张力而无法存活。

在植物需要支撑之前就应该建造格子架。那样的话当植物开始舒展藤蔓时格子架就准备好了。在需要前架好格子架可以预防植物缠在一起，无法形成一个有条理的结构。做法是：把格子架架在地上，在把它安装到花园之前，将所有的线缠上，并把所有的横栓粘贴好。相比其他来说，爬上一个梯子，或者在桶上保持平衡来完成工作更加容易，也更安全。

格子架的原料有很多，包括竹子、雪松、直树枝或金属导管。便宜的黄粗麻绳十分结实，完全可以在生长季承受大多数作物的重量。由于它可降解，支撑棚可以轻易从格架柱上脱落，成为堆肥。用棉线的晾衣绳来保护圆锥形帐篷的顶端、横栓，以及其他承受作物重量的支撑物。你可以使用旧栅栏或细铁丝网围栏来建造格子架。用细铁丝网围栏来建造小的金字塔形状或圆锥形帐篷形状的格子架，高度大约达到稻草人的腰间。现在，将黄瓜种子或者旱金莲的种子种到底部，然后看着修剪好的裙子形植物生长！享受乐趣吧！

蛇形攀爬和攀岩者

不同的蔓生植物需要不同的格子架。有些需要垂直的线，而另一些需要水平线。豇豆和红花菜豆都是蛇形攀爬——它们需要垂直的线，易于风吹过。种植在竹子圆锥形帐篷边的豆科植物会极快地缠绕在绳子和竿子上。在每个竿子之间放1～2个垂直绳子，把每一个垂直绳子连接到底部附近的水平线上。在支柱之间留出可以作为入口的空隙。在0.9米或1.2米高的地方系上另一条水平线，以此来阻止作物掉到圆锥形帐篷的中心部分。

豌豆和其他有小型鞭子状卷须的攀爬南瓜属植物则像攀岩者（或蜘蛛侠）的方式生长，它们会按照水平方向粘着。你可以简单地将两个竹竿插在地上，然后用晾衣绳和粗麻线织一张网，等着黄瓜和豌豆顺着网向上爬。将水平线之间空出5～7厘米的距离，然后在你建造的时候加大距离。增加一些竖直的线，这样可以增加稳定性，而且竖直线也可以缠住作物的茎部。检查一下种子包，确定你的作物会长多高，然后将你的格子架建造得更高一些。红花菜豆会超过4.6米，有些甜豌豆也会长到2米高。如果你的圆锥形帐篷太短的话，那么这和你建造一个会倒塌的格子架没什么区别。

孩子们可以食用的食物

在菜园中给孩子们创造一个特别的空间。建造两个格子架，一个用来支撑蔓生植物，一个可以作为孩子们的秘密俱乐部。这是一个很伟大的家庭计划，可以增加孩子们对于花园的兴趣。豆科植物的圆锥形帐篷是一个绝佳的隐藏地点，既可以监视到家庭成员，又可以偷吃美味的菜园食物。在红花菜豆圆锥形帐篷的阴影下读书或者画画，对于孩子来说是孩提时最好的记忆。

当你决定好将圆锥形帐篷设置在哪里后，考虑一下你想吃哪种豆子，想在哪种豆子里面躲藏。红花菜豆的豆子通常比较干，只有非常小的豆荚才比较美味。但是让人惊奇的是，红花菜豆最好吃的部分是它的花。这些红色的花朵甜而脆，

留　住　美　好　的　回　忆

如何建造
豆类圆锥形帐篷

所需材料：

4个或更多3～4米长的直杆
粗棉绳（晾衣绳也可以）
1或2团黄麻绳
铁锹
高尔夫球大小的石头
红叶菜豆或豇豆种子

步骤：

1. 在地上放上3根或更多长杆。在距离杆子顶端30厘米的地方用棉线或晾衣绳将杆子系到一起。给绳子打两三个结，之后将绳子松松地系上（你的手应该能穿过结）。

2. 在每个杆子中间，用绳子的另一部分在第一部分的结周围再次打结，一直到第一部分的结变得紧密。

3. 在杆子还在地上的时候，将8～16根竖直的黄麻绳绑到这个结构的顶端。这些黄麻绳会变成每条帐篷腿中间的线。

4. 当你添加好所有的竖直线时，将杆子竖起来，张开，然后把杆子摆到你想要的大小的位置。适合1～2个孩子的圆锥形帐篷的直径应该是1.2米左右——足够爬行的大小，但是无法成为绝佳的藏身地点。

5. 给每条帐篷腿挖一个小而深（30厘米）的洞。

6. 把帐篷腿放进洞里，然后放上一些石头来增加稳定性，接着填上一半左右的土，用厚重的木头工具夯实（就像制作篱笆一样）。再加一些土然后夯实，这样做几次，直到洞里没有空间，帐篷腿结实地固定在地上为止。记住这个结构要承受得起菜豆藤蔓和果实的重量。把这个结构当作是半永久的结构。

7. 将竖直线平均分布在帐篷上。

8. 用一条水平的麻线在离地大约0.3米的地方绑住每条帐篷腿。将竖直线和水平线绑在一起，下面留一条尾巴，方便豆子幼苗向上爬。在帐篷腿中间留下1～2个开口的地方，方便进出。

9. 增加两三条或更多的水平线，每条水平线的距离是0.9～1.2米，可以一直绑到能够到的最高高度。这些水平线会阻止植物掉到帐篷中间。豆科植物的攀爬轨迹是蛇形，这样，风就会通过竖直线和杆子，而水平的麻线可以帮助帐篷保持形状。

10. 将菜豆种子种在帐篷腿周围或帐篷腿之间。

而且有大豆的香味——仿佛是所有绿色豆子中最甜的！红花菜豆的藤蔓使人仿佛置身于童话世界。它们的藤蔓能长到4.6米。豇豆的藤蔓相对短一些，只有2.4～3米，豇豆的豆子有点像蜡，十分干、脆。如果你想找经典的绿色豆子，你应该找甜豌豆。

持续种植

持续种植是错开播种作物的时间，令作物不会一起成熟的方法。若想整个季度一直能有作物成熟，每隔几周播种一次种子。任何你想新鲜吃到的作物都适合于持续种植。你可能连续两次种植豆科植物或者每隔几周种植一次新鲜的沙拉生菜。

监管这么多处于不同时期的种子是一项艰巨的任务。全年园艺是另一种可以尝试的持续种植技巧。春、夏、秋，可以在同一块花园栽培床上种植不同的作物。用下一轮的植物来填充那些早早凋谢的作物留下来的空间。冷季作物，如菠菜或生菜，可以在春天种植，接下来可以种植暖季作物，比如豆科或南瓜属植物，秋天的时候，可以种植玉米沙拉或覆盖作物。计算好时间，这样你就可以几乎一年都吃到园子里的作物了。

持续收获是一项有趣的家庭活动。甜菜根和胡萝卜一般生活在土壤下面很深的地方，因此需要先挖出来一些，使它们变得稀疏一点，这样它们的根才有足够的空

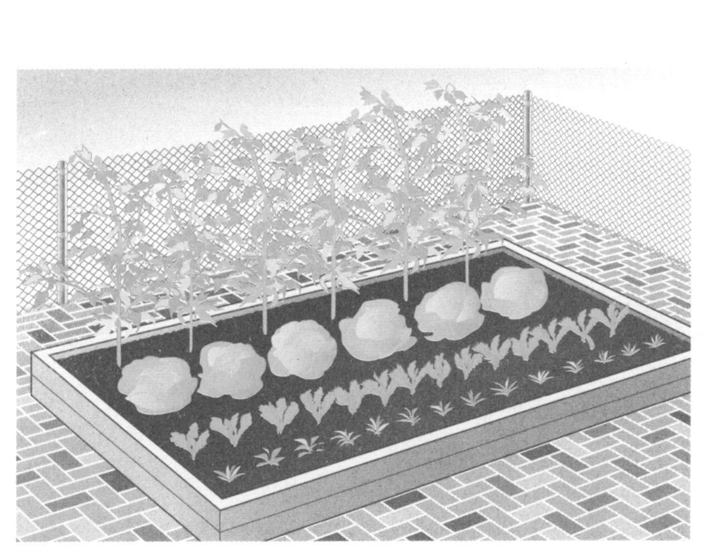

主题花园

如果空间有限，那么就考虑种植你最喜欢的蔬菜吧。许多城市农场都包括主题花园或主题栽培床。种植三姐妹——南瓜、菜豆、玉米——是常见的主题花园模式。你也可以尝试种植俄罗斯天然番茄。如果要制作墨西哥烤干酪辣味玉米片，可以种植树番茄、辣椒、绿洋葱、香菜来做自制欧芹酱。如果要做比萨饼，可以种植草本植物、马铃薯和小麦——它一定会成为家庭种植季的亮点！

奇妙的美味田园沙拉使你能够种植最喜欢的生菜，同时还可以给花园增添一些色彩。采摘容器中长出的草本植物和野柠檬，这样，你就能制作出美味的沙拉和调味品。如果菜园的颜色只有单一的绿色，不妨种植彩虹时蔬，它们会给菜园带来亮丽的色彩。亮色的甜菜、红色斑点的生菜、紫色的树番茄以及一系列可食用的花朵，这一切不仅仅带来视觉上的享受，吃起来也十分美味。

间长得更大。这些挖出来的小甜菜根和胡萝卜能让你在最后收获之前提前享受。

套种

套种是一种能够在同一个花园栽培床或容器中种植多种蔬菜的技巧。这对于小空间种植多种作物很有帮助。按照阳光、土壤和水分需求排列作物。常见的组合包括混合高矮不同的作物、冷暖季作物、套种覆盖作物以及生长快慢不同的作物。

高矮不同的作物

将高的作物，或者垂直生长的植物与矮的植物及花朵混合栽培。在一排豇豆前面种植一排可食用的花类，比如三色堇、金盏花和旱金莲。当它们完全盛开的时候会有斑斓的颜色、美味的花朵以及松脆的豆荚。

生长快慢不同的作物

在快速生长的作物周围或前面缓慢生长的作物。将香菜种子种在韭葱苗之后。韭葱苗很小，不会挡住香菜叶的阳光。你可以在香菜叶开花之前剪掉两三次香菜叶，让它重新长出来。在拔下香菜叶的时候韭葱苗还是很小的。

冷暖季作物

种植生菜苗的时候需要相隔20～25厘米，然后在中间空着的地方种植矮生菜豆。矮生菜豆在生菜苗还很小的时候就会发芽，然后会遮挡生菜，好让它生长得慢一些。

用三色堇套种

在种植好植物后，将一年生的三色堇种子撒在植物之间或植物下面的空闲地方。这种缓慢生长的豆类具有改善土壤质量、固氮、消灭野草、防止土壤过紧的效果。当移除蔬菜作物的时候，三色堇就已经填充好空间了。在种植下一季作物之前，你需要修剪3～4次三色堇。

把种植的作物变成景观

既然你已经了解了小空间种植的不同技巧，那么把种植的作物变成景观的一部分就非常容易了。你可以把蔬果种在树或灌木丛之间的空地上，或者把一些装饰物替换成可吃的植物。但是你需要在种植前确定这块空地的条件是合适的。找那些日照超过6小时，以及易于浇灌和收割的地方。有3种方法可以将食物增加到景观中：用护根覆盖空地来制作新的植物栽培床，在不能挖掘的地方使用容器，以及在多年生植物周围套种蔬菜和可食用的花类。

在树下用护根覆盖

用增大现有的栽培床或者在树下护根覆盖的方法来创造新的种植区域。在树冠的最外层，也就是滴水线上放下直板，覆盖护根。剪下大树和灌木下面的枝干，好让植物能接触更多阳光。在护根里种植，方法是将护根

可食用景观性植物

树：矮苹果树、梨树、矮樱桃树、李子树、无花果树

灌木：草莓、蓝莓、常青黑越橘、黑接骨木莓

藤蔓和藤条：葡萄、耐寒的猕猴桃树、百香果、啤酒花、无刺黑莓

草本植物：迷迭香、薰衣草、百里香、鼠尾草、莳萝、细香葱、龙蒿、薄荷、欧芹、罗勒、牛至、马郁兰、甘菊、香菜

多年生和两年生蔬菜：球茎茴香、大黄、朝鲜蓟、菜蓟、芦笋、酸模、韭葱，大蒜、大葱、洋葱

一年生蔬菜：生菜、菠菜、青菜、马铃薯、辣椒、树番茄、芹菜、胡萝卜、甜菜根、白萝卜、豌豆、菜豆、萝卜、紫苏、卷心菜、羽衣甘蓝、西蓝花、紫甘蓝、菊苣、芥末、彩虹甜菜

可食用花类：堇菜属植物、紫草、旱金莲、金盏花、三色堇、石竹、矢车菊

推到一边，然后在纸板上剪一个洞。挖一个比移植的作物稍微大一点的洞。往洞里放几厘米的堆肥和一点化肥，然后在移植作物之前将肥料混合好。

用现存的作物套种

如果在植物栽培床上还有空地的话，你可以增加一些可以食用的作物。洋葱、生菜、三色堇、金盏花和甜菜的根系都很浅，可以与装饰物共享那些土壤。多年生的植物栽培床需要在种植可食用植物前做一些修补工作。松松土壤，混合一点堆肥和化肥，然后再种植种子或幼苗。不要操之过急，一点一点开始，可以先在多年生植物中间有日照的地方种植一些绿洋葱、草本植物或甜菜。

随处可用的容器

多年生的植物或者树木的根系很浅，你不可能动土的情况下，你需要使用容器种植。在柏树篱的南边放上一群装有蔬菜和可食用花类

的容器，这会给本来荒芜的花园增加美感，同时也提供了美食。种上豇豆，看着它们缠绕高高的树篱，然后再搭配一些栽种在容器中的旱金莲，这一切不仅带来视觉上的美感，同时也带来味觉上的享受。

通往自由的道路

使用高位栽培、容器栽培以及在现有景观中种植食物可以让人在小空间中生产很多食物。另外，打破传统种植——那种按行种植的规矩，在院子中散落种植食物的方法能够为你的家庭创造一个美观、多用途的环境。

档案：城市家园

行走户外——这是许多园丁的梦想。但是通常这个梦想需要搬去乡村，因为在乡村，你有足够的空间，可以有一个大的花园、一个谷仓以及能够养殖动物的牧场。那么这个梦想花园究竟有多大呢？20234平方米？ 40468平方米？还是202342平方米？

城市中404平方米地，加上一个正常街区大小的房子，这个如何？这是德维斯家接受的挑战。他们一开始在新西兰居住，拥有40468平方米地，然而，在20世纪90年代中期，他们搬到了加州帕萨迪纳市的一个小地方居住。

时至今日，德维斯家每年生产2721千克食物，不仅足够一家人食用，还能卖到当地饭店。他们的菜园能够一直生产许多种类的蔬菜和水果。他们还养了小鸡、兔子和山羊。

保护性耕作是德维斯家庭生活的主要模式。太阳能电池板能够满足他们用电的大部分需求；院子和房子中都进行高密度的种植（他们称之为平方-英寸种植法）；有机物在园子中循环利用；他们自己保存种子；养殖蜜蜂，销售蜂蜜——但这只是他们所做事情中的一小部分。

他们的高效生产试验吸引了很多投资，因此德维斯家族建立了一个高度信息化的网站。他们同时销售自己的种子，也卖出自给自足的产品。了解这个家族以及他们所做的事情——你会被鼓舞着去为自己做更多的事情。

更多信息：

urbanhomestead.org

第五章

一切都从种子开始

在这一章中，你将学会如何选择种子和幼苗，学会如何在室外种植作物，如何在室内种植自己的移植作物，以及如何节省种子。

从种子或者幼苗开始种植

美好的花园都是从健康的种子和幼苗开始的，你可以从当地苗圃购买这些种子和幼苗，当然也可以通过自己种植得到。蔬菜和草本植物的幼苗可以在苗圃、农产品市场寻找，而种子可以通过苗圃、花草园艺商店，或者邮件预订进行购买。预订种子是一件很轻松的事情，在家里就可以舒舒服服地搞定。

种子还是幼苗?

从种植幼苗开始经营你的花园有不少益处，蔬菜移植可以让你在园艺季节中有一个跳跃式的起步。鉴于移植的植物已经有几个月大了，所以丰收的时间也随之缩短。分辨移植的蔬菜和种子对初学者来说相对更简单，同时也方便它们正确地安排植物的空间。

种子都非常小，所以有时难免会忘记这些种子终究会长成巨大的植物。幼苗是已经长成的植物，所以想象它们成长，或者将会占用多少空间相对来说更加简单。

将种子植入花盆里或者泥土中对孩子们来说既简单，又是一项不错的运动。种子不是多么昂贵的东西，但是却都很奇妙，很美好。没有任何一件事可以比看到一株小小的幼苗破土而出，伸展出枝叶、根茎更美妙的事情了。从播种到收获可能需要很长时间的等待，而从幼苗开始种植则相对经济，也是在园艺季快速丰收的不错方法。

许多蔬菜相对而言播种种植比较好，因为移植大都不易成功。胡萝卜、甜菜、玉米、菜豆、黄瓜和西葫芦都应直接播种在园子里，因为移植会打破这些蔬菜的根部结构。

最好从种子开始生长的作物

胡萝卜、甜菜、白萝卜、樱桃萝卜、玉米、菜豆、豌豆、黄瓜、西葫芦、南瓜、菠菜、香菜

最好从幼苗开始生长的作物

番茄、树番茄、辣椒、茄子、草本植物、韭葱、洋葱、生菜、花椰菜、西蓝花、卷心菜

选择品种

无论你选择从种子还是幼苗开始种植，一定要挑选容易种植，在自己的园子里长势良好的品种和农作物。找到在自己庭院的气候条件下容易生长的品种，寻找新鲜的种子，种植短季的农作物，喜温和喜寒的农作物交叉种植。购买可以保存至再次种植的种子。

易于生长

挑选可以在自己庭院气候环境下长势良好的蔬菜品种，可以使你的工作更加简单。最爱的种类，比如菜豆、豌豆、生菜和羽衣甘蓝，只要在正确的时间种植，就能快速生长。如果你打算使用花盆种植，那就寻找适合在狭小的生存环境中生长的小巧的、攀爬类的品种。

挑选新鲜种子

查看包装时间，这可以确保你能买到高发芽率的新鲜种子。如果在低温、干燥、无光条件下保存，大多数种子的使用寿命可以持续2～3年。

短季的农作物

想要挑选短季的农作物，可以在种子包装袋上查看需要成熟的天数，这是从移植或者直接播种，到你预计可能会收获的日子之间的天数。所以短季的农作物就是只需65天或更短时间内就能成熟的作物。同时因为这些作物种在土地上的时间更短，害虫和疾病侵袭的时间随之缩短，所以短季的农作物更能抵抗害虫。快速成熟的作物使你在每一季，在自己的庭院空间内种植多种农作物成为可能。

购买种子的时候需要查看的内容

生产日期

天然授粉、有机、稀少、濒危，或传家宝式的种子

在自己庭院气候条件下适宜种植的种子

狭小空间里可种植的紧凑的品种

成熟天数——找寻短季的农作物品种，65天或更少的天数

购买幼苗的时候需要查看的内容

健康的、无疾病和害虫侵袭的幼苗

强健的、紧凑的植物——而不能是茎长纤细的

根部看上去健康的、洁白干净的、不要在罐中过于拥挤的

喜温和喜寒的农作物

喜寒的作物：

甜菜

卷心菜一族

香菜

生菜

豌豆

菠菜

甜菜

喜温的作物：

菜豆

谷物

茄子

胡（辣）椒

西葫芦

树番茄

番茄

喜温、喜寒的农作物

我们不会把所有蔬菜在同一时间内种到菜园里，因为一些蔬菜在较为寒冷的气候（春秋）条件下生长，而其他一些喜温的作物则会在之后种植（晚春、夏天），还有另外一些蔬菜，例如西蓝花，则在寒冷和温暖的季节里都可以种植，关键在于你应挑选正确的种子品种。农作物若是不合时宜的种植，则会更加容易受害虫和疾病的影响，同时也难以长得繁茂。

种子选择

拥有种子的人就控制了食物。现今大公司大企业拥有了世界上绝大部分的种子，从而大大束缚了全球食品供应。种植或者保存遗产类的种子有助于保护基因多样化，同时可以生产出很有品位的自家种植的蔬菜。你可以从专卖遗产类种子的当地商店或者网上公司购买适宜本地种植的遗产类种子。你可能会发现有某一类种子很适合你居住的环境，并且在当地已经生长保存了一世纪之久了！

逐渐了解自己的蔬菜

年复一年地种植同样品种的蔬菜当然没什么问题，因为每一类蔬菜的生长都稍有不同，所以想要真正地去了解每一类蔬菜的独特生长习性还是需要花费很多时间。你对一类蔬菜品种了解得越多，就有能力更好地去种植它。了解一种植物至少要花费两年的时间，因为你至少要花费一年的时间去观察植物和它的习性，第二年就会开始慢慢了解它的生长模式了。在你发现一两种味道不错、长势良好的蔬菜之后，就可以试着在每一季都增加一到两类新的作物了。

播种

室外播种

与其将种子种植在室内，还不如直接种植在庭院里。早春的植物可能会接收到足够的雨水，因而几乎不需要太多的浇灌。幼小的植物在室外会比在室内接收到更多的阳光，因而可以生长成为更健康强壮的植物。

温度

想要成功将种子种植在庭院里，需要注意3个关键因素：土壤温度、种子深度和湿度。如果想要确定自己庭院里土壤的温度，你可以去买一支便宜的土壤温度计，在大多数园艺商店都有销售。你可以通过测量每一周的最低温度和最高温度，求得之间的均值来确认土壤温度。

种子深度

种子会告诉你它想要种在怎样深度的泥土里。你可以将它埋在2～3倍厚度或者直径的土壤里。较大的种子，比如菜豆、豌豆和谷物，一般都种植在预先掘好的坑里或者犁沟里，而小的种子则可以直接放入土壤的表层，然后稍稍覆盖一层堆肥或者泥土。总而言之，将种子放在适宜深度的土壤内，松松

喜寒作物

要求

空气温度大约在4.4～15. 6℃，
土壤温度在约为7.2～12.8℃之间
才能达到最佳萌芽状态

农作物

菠菜、叶甜菜、
卷心菜一族、豌豆、
香菜、生菜、甜菜

喜温作物

要求

超过15.6℃才能生长的蔬菜品种，
土壤温度在12. 8 ～18. 3℃或更高
才能萌芽

农作物

番茄、树番茄、菜豆、
西葫芦、黄瓜、
胡（辣）椒、茄子、谷物

种植非常小的种子的小提示

将非常小的种子，例如生菜或胡萝卜的种子，均匀地播种在菜园栽培床上非常困难。因为这些小小的种子通常都挤在一起，发芽的时候也是成团成簇。所以为了分布得更加均匀，你可以将种子混在一杯沙里，然后将这杯沙均匀地撒在栽培床上，然后用薄薄的一层土壤或堆肥覆盖在这层沙上面（覆盖住沙子即可）。轻轻地拍打栽培床表层，毫无疑问然后开始浇灌苗圃。

地覆盖一层泥土，轻轻拍打，使种子的表层可以接触到泥土，将空气挤走。

湿度

为了使种子发芽，你需要使它们保持均衡的湿度。用薄薄的喷雾浇灌你的苗圃直到它看上去像补丁一样，然后停止浇灌，让植物自行吸收湿气，周而复始，直到你的苗圃持续湿润，种子发芽为止。所以你可能需要在温暖的天气下每天浇灌两次。如果天气很热，你可以在栽培床表层铺一层粗麻袋，这样可以保持苗圃湿润，同时也有助于种子发芽。这时你只需浇灌粗麻袋，然后掀开麻袋查看，确保土壤也开始变得湿润，之后种子一旦开始发芽，就将粗麻袋移走。

空间和间苗

为了产出像样的农作物，间苗也是很重要的。同时间苗对所有园艺者而言都是一项巨大的挑战。杀掉自己辛辛苦苦种出来的东西真的很难，不过如果不对农作物进行间苗，你可能最后只能得到懦弱而纤细的蔬菜，而这些蔬菜一般都容易生病，也难以抵挡害虫的袭击，最终几乎都无法食用。不过如果你觉得年复一年间苗过于麻烦，就试着在种植幼苗的时候重新规划，给每一个幼苗四周都留出15~20厘米的空间。如果这时你还是担心空间不够的话，就可以考虑在植物间留出更多空间。

如果想要充足的蔬菜产量和控制疾病的话，植物空间的布置也很重要。留出空间让空气可以在植物间自由流通，有助于降低真菌感染的风险，例如枯萎病或白粉病。按照种子包装袋上的空间建议去种植，然后观察之后会发生什么事吧！你会通过经验学到不同农作物需要多大的空间。即使是最小的种子也会慢慢长成巨大的作物，需要空间去生长。播种的时候将种子之间的空间扩大，适度疏松，使它们有足够的空间成长。尽管看起来违背常理，不过庭院栽培床上种植的植物越少，产量将会越大。随着生长空间的增大，对水分和营养的竞争变小，植物会长出更大的叶子、根和果实。

杂草

所谓杂草，就是任何你不想让他生长在某个地方的植物。了解自己院子里的杂草很有趣。开始的时候你可以观察杂草的幼苗，在它们发芽生长之后可以再次观察。大多数的园子里都有几种在开始浇灌土壤之后，就可以预测到将会出现的杂草。使用数码相机拍摄不熟悉的几种野草，它们幼苗的时候什么样子，在开花和播种之后又是什么样子。在这些野草长成之后，参阅野草百科书，确认都是什么种类的杂草。

了解自己院子里的野草在成长过程中是什么样子，有助于你了解什么可以保存，什么应该除掉。直接播种的一项挑战就是野草很有可能会与你打算种植的作物一起发芽。将种子成行种植，这样你就可以辨别自己种了什么。在你了解自己所种的种子之前，避免将它们随意混合起来，像是法国什锦沙拉的种子。许多杂草都是可食用的，甚至是有用的，因为它们可以疏松土壤，同时也可以为种子提供花粉。不过野草确实会和农作物抢夺水分、土壤养分和空间。所以大多数时候还是需要清除园子里的杂草，这样便于收获，同时可以提高产量。

如何种植自己的移植作物

将一些种子种在室内简单又有趣。你将会需要一个补充光源，花盆、泥土和简便的水源供应。同时你也需要一个植物可以生长几个月的工作空间，放置在一个方便日常照料和监督的地方。

种植移植作物的光源

对大多数的室内种植而言，你可能需要一个补充光源。如果运气不错，你可以把一些植物放在阳光充足的窗口。不过如果幼苗长得过于纤细，说明它们需要更多的光照。带有冷色日光灯的商店照明，就是补充光源的一个不错的来源，你可以在大多数的商店里购买到。这样的日光灯模仿了日光的自然光谱色，同时用电量也很少。因为日光灯是冷色的，所以你可以把它挂到幼苗顶端2.5～5厘米的地方，这样既可以避免灼伤叶子，也可以避免幼苗长得过于纤细。

将日光灯悬挂在幼苗上方的链条上，这样可以在植物生长过程中方便调整高度。如果室内种植的空间有限，可以将日光灯放在壁橱里或者桌子下面。幼苗一般需要12个小时的光

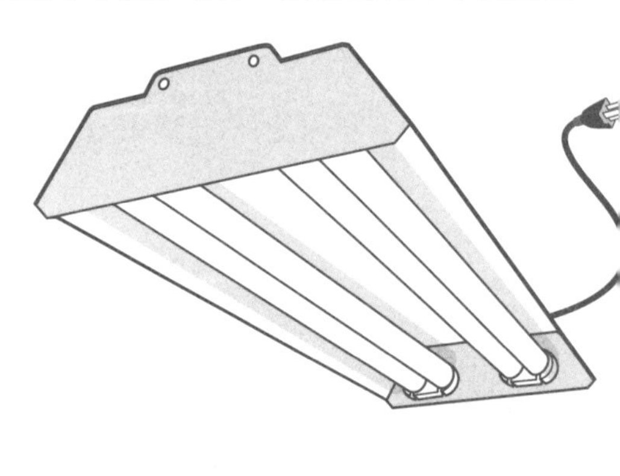

照和12个小时的黑暗才能适于生长。一个便宜的计时器就可以帮你控制日照时间。

注意温度

种子需要持续的温度才能发芽。大多数蔬菜种子都需要10～24℃才能破土而出。温暖的室内可以为植物提供足够的热量——检查种子包装袋上的适宜温度区间。喜温的植物需要16～21℃，不过你可能需要把喜寒植物放在车库或者没有足够温度的房间里，因为它们倾向于在10～21℃下生长。

必须是无菌土壤

使用无菌的育苗土，如新鲜的罐装泥土，可以给新的幼苗一个最佳的生长环境。

准备花盆

蔬菜幼苗可以在任何0.28～0.37平方米或者圆形的花盆内生长，当然还需要几个排水的小坑。如果你想重复使用旧的植物盆装（去年的移植植物的花盆），那么就把它们洗净，然后用含有漂白剂的溶液冲洗来杀死带有疾病的微生物（一般是一勺漂白剂兑3. 8升水）。

液体肥料：你的植物营养来源

幼苗生长的时候，会很快用尽种植媒介中的营养成分。这样幼苗可能需要更长的生长时间，或者需要等到天气变暖才能进行移植。如果你发现自己的幼苗开始变黄，那么就可以通过每2～3周使用液体肥料（在大多数的园艺中心都有销售）进行浇灌，给它们送去更多更快的营养成分。

浇灌

幼苗在初始的几周需要持续的水分供给，所以在植物附近如果有水源供应是非常有益的。你可以在播种之前预先湿润育苗土，或者使用泵喷雾器在种子发芽之前稍稍湿润土壤。

纸花盆

无需把种子种植在精美的花盆里，你可以用一些很常见的家用物品做出自己的种子盆栽。而这只需要几张报纸、一些封口胶带、盆装的泥土、一个水壶或小玻璃杯，还有需要种植的种子。

将一张15厘米宽、35厘米长的报纸缠绕在水壶或者小玻璃杯四周，这样会有几厘米延伸至杯底。

在报纸的接缝处贴上封口胶带。

将杯子底部的报纸折叠在一起，这样就可以覆盖住杯底。

用另一截封口胶带贴在杯底，把杯子抽出来。

沿着杯子顶部环绕粘贴2.5厘米的报纸，这样可以使杯子更牢固。

往里填满泥土，种下你的种子。

等到你的种子发芽可以进行移植的时候，把胶带拆下来，打开底部的报纸，然后把全部的小盆栽——纸花盆连同其他一切的东西一起种入园子里。不要担心：报纸会自行分解的。

避免一团糟

土壤和水分可以造成巨大的混乱，所以要保护好地毯、木头和那些你不想使之受到伤害的东西。鉴于你的繁殖区域可能会在早春时期使用2～3个月，所以使用表面可以清洗的物品比较容易保持清洁和干燥。同时你可以把花盆放在托盘里，这样可以接住多余的水分。但是如果盛液盘中有水分，则需要及时清理，这样可以调节湿度，抑制蕈蚊的滋生。

密切观察

种子在发芽生长的时候需要密切的照料，所以每天观察它们的生长，检测湿度和其他各种各样可能出现的问题还是很费神的。所以最好将繁殖区域放在你可以进行日常照料的地方。

看着它们成长

在栽培床生长的时候继续观察它的光照、湿度、温度和是否有生病迹象。种子在发芽之前不需要光照，你可以看到它们从泥土中探出头来。一旦种子发了芽，就需要有12小时的光照和12小时的黑暗。

保持土壤均衡湿润直到种子发芽。发芽之后就可以减少浇水量。注意一定要等到土壤表面干透才能进行下一次的浇灌。密切关注栽培床的长势，有必要的话可以用手指探测土壤湿度。

当你的种子有了两对以上的真叶之后，就可以准备进行移植了。

室内播种小贴士

室内生长的种子在补充光源照射下可能会变得纤细，通常情况下这些种子都很虚弱，也有可能受害虫和疾病的影响。将光源靠近栽培床，提供12小时的光照。种子一旦长得纤细，可能就无法长成成熟的作物。这种情况下，你需要重新播种，将光源靠得更近一些，然后注意温度，因为温度如果过低，可能会造成种子生长缓慢，形状矮小。

潮湿的室内种子生长环境可能会导致蕈蚊的滋生，或者造成植物猝倒病（立枯病）。所以一定要保持用品清洁——用含有漂白剂的溶液清洗盆栽花盆，提供良好的通风设备，避免浇水过多。蕈蚊是生活在泥土表面的微小的昆虫，一般无害，但是非常惹人讨厌，尤其是当它们生活在你自己房子里的时候。这时你可以通过使用无菌的育苗土，在每两次浇水的间隔里保证表层土壤干透，提高空气流通来预防。

如果一株看上去很健康的植物，在茎部靠近泥土的地方长出了一圈暗色的、枯萎的痕迹，然后倒下了，只是一天的时间便死去了，那么它肯定是被立枯病侵袭了。这种疾病实际上是一种在污浊的空气、潮湿的环境和土壤中繁衍的真菌疾病。真菌孢子在土壤表层袭击新发出嫩芽的茎部，切断植物的水分和营养供给，然后杀死植物。被感染的植物几乎都难以幸免。

为了预防立枯病，就要使用干净的花盆和无菌的土壤混合物。疏松栽培床以便空气流通；如果通风环境较差，可以使用一个小的风扇进行弥补。通过在浇水间隔内使土壤干透来降低潮湿度。尝试在土壤、栽培床，或者任何潮湿的种植区域使用洋甘菊喷雾预防立枯病。如果想要自己制作洋甘菊喷雾，你可以将2勺烧开的水浇在1/4勺的洋甘菊花上，然后浸泡冷却，滤去杂质。一般洋甘菊喷雾可以在冰箱里保存1周左右。

从种子开始解读作物种植过程

症状	原因	治疗办法
低发芽率或者不发芽	水分不足	发芽（生长）期间保持泥土持续湿润
	种子陈旧	购买新鲜的种子
	种得太深	将种子埋到直径3～4倍深度的土壤里
	温度不够高	室外：在土壤暖和起来以后重新种植 室内：补充热量
	温度过高	室外：当天气太热的时候，一些种子无法发芽；尝试将种子移到较凉的微气候下，或者使用一块遮阳布来抵挡强烈的日光
种子纤细虚弱	光照不足；发芽之后在黑暗中的时间过长	室外：确保这片区域可以得到至少6小时的阳光照射 室内：将补充光源靠近种子或幼苗，冷色的日光灯可以悬挂在栽培床正上方5厘米的地方；将日光灯进行定时处理，确保12小时一循环
	过于拥挤	进行疏松或者重新播种，给每个种子足够的空间向外生长，而不是被原地拉长
	土壤过于温暖	室外：使用遮阳布或者在夜晚浇水，有助于冷却土壤 室内：将植物移到较凉的地方，或者开小电扇帮忙冷却
幼苗干枯或猝倒	立枯病	疏松栽培床，加快空气流通；不要浇水过多；使用一个小电扇有助于提高通风状况；使用清洁的花盆、托盘和无菌育苗土
叶子变黄	幼苗已经吸收用尽了育苗土中的养分	使用含有液态肥料的水进行浇灌，给幼苗提供即溶营养

移植之前强化幼苗

强化其实是一个使你的幼苗从室内移植之前，适应室外生长环境的过程。室内19.4℃的生长环境和室外4.4℃左右的初春夜晚之间的变化还是很大的，甚至有可能会杀死你的幼苗。

所以在幼苗移植到室外之前的1～2周内，慢慢增加幼苗在室外停留的时间，让幼苗逐渐适应室外强烈而直接的阳光照射强度、风和室外的温度。一两周之后，将幼苗放在外面过夜，最好是放在大纸板箱下面，或者悬挂的小拱棚下面。

两周之后，你的幼苗应该就准备好种入土地里了。如果没有这个强化的过程，你的幼苗很可能难以适应室外的环境。

当然你也可以用栽培床罩子或者钟形玻璃罩帮助幼苗适应到室外的转移过程。这些迷你温室可以调节温度，保护你的幼苗不受风吹雨打。而在强化过程中，你可以慢慢地在日间增加打开钟形玻璃罩通风的时间。

移植

你可能会将幼苗移植到更大的花盆里，或者直接种到花园里。当幼苗生长出两对以上的真叶或者幼苗的根部长出了花盆底部的时候，你就需要将它移植到花园里了。一般情况下，如果你打算将它移植到更大的花盆里，可以选择比现在花盆大一个尺寸的花盆，或者四周都大出2.5～5厘米。

请将你的幼苗移植到已经用堆肥和化肥改善过的花园栽培床里，如果你还在规划幼苗的位置，那么就试着挖出比预测幼苗可能需要的一个更大更深的坑，然后在坑里面添加一些堆肥和化肥，然后彻底地混合起来，接着种植幼苗。使用1.3厘米的堆肥给你的幼苗更多营养吧！

如何将幼苗移植到土地中

使用泥铲在泥土中挖一个跟花盆一样大的较深的像井一样的坑，如果泥土足够湿润，就会轻易地贴在四周的壁上而不会跌到坑里去。如果泥土太干燥，可以使用一个洒水器浇灌泥土，然后在种植之前等待几小时。

1. 轻轻地用手包裹住盆栽顶部，手指扶着幼苗茎部。然后将盆栽倒置，轻轻挤压或者拍打花盆，将植物和泥土移出盆栽。
2. 根块可能会缠绕交错成一团，所以要略微整理松弛一下。
3. 抓住茎部，在坑上方悬挂着轻轻摇晃根部。当幼苗在坑半上方悬浮的时候，将土再填回坑里去。幼苗应该种在与在花盆中同样的深度。番茄和树番茄可以埋得稍微深一些（具体内容请查看第七章）。用手指轻轻地拍打泥土，将根茎周围的泥土拍打得坚实牢固。
4. 将移植幼苗周围的泥土拍平，这样水分就不会流到别的地方。同时再填一些泥土在四周形成小丘，这样，水分就会集中在植物周围，根块也会慢慢地吸收这些水分。
5. 好好浇灌。
6. 给每株植物贴上标签。
7. 填上堆肥进行施肥。

如何将植物种植在花盆中

1. 准备干净的花盆和新鲜的育苗土。
2. 浇水湿润泥土。
3. 将泥土填至花盆边缘，轻拍底部，使得栽培介质下沉稳固。
4. 将种子种在事先挖好的坑里，或者散在花盆表层，然后覆盖上浅浅的一层泥土。种子埋藏的深度一般是自身直径的2～3倍。
5. 种植一枚种子只需一个花盆（一般需要1/2杯的泥土或更少），2～5枚种子则需要较大的一个花盆（一般需要一杯或者更多的泥土）。
6. 轻轻敲打泥土。
7. 使用喷雾头或者泵喷雾器进行浇灌。
8. 给每株植物贴上标签。
9. 在种子发芽之后置于光照之下。

移植幼苗

所谓移植，就是把小小的幼苗轻轻地移到更大的花盆中去。在小小的幼苗长出一对真叶之后，它们就会被移植到更大的花盆中继续成长，之后才会被移植到土里。用土壤把花盆填满3/4，然后用一把钝些的小刀在花盆的土中挖出一个较深的坑。轻柔地疏松，然后把幼苗从栽培介质中挖出来。注意抓住叶子而不是茎部，把幼苗举起来。因为小小幼苗的茎部就像是它的喉咙，要是抓着茎部把它举起来会杀死它的。在花盆中悬浮摇晃幼苗的根部，然后轻轻地把土填回去。接着把土壤拍打结实，然后浇水。给每株植物贴上标签，之后就可以种植到园子里去了。

保存种子

任何天然授粉或者可传代的种子都可以种植成熟，甚至保存种子到下一季再次种植。保存种子是一项城市农民也可以实践的传统。种植自己的种子既省钱，可以完成从种子到种子的循环圈，也可以保持文化多样性，传承稀有蔬菜品种。豆科植物、芸薹属作物、生菜都是初次保存种子的最佳选择（番茄、西葫芦、花椒的种子收集起来更有难度一些）。

植物是通过创造种子来完成物种延续的。当一种蔬菜长出花薹、开花的时候，实际上它们正在制造种子。种子一般都来源于花朵，你也可以在水果和豆荚中找到。种子是植物死去之前的最后一次延续物种的机会。

想要通过种植作物来获得种子，需要很长的时间。种子必须待在植物上，直到它们预备离开母体。如果你太早收集种子的话，那些种子可能无法存活。我这一季收集的羽衣甘蓝的种子，从开花到种子、从花薹干瘪到预备可以收集，花费了3个多月的时间。种子变成褐色，干瘪，可以轻易离开母体的时候才可以进行收集保存。在种子形成之后，可以通过抑制水分的供给促进种子快速成熟。

豆科植物

通过让几个菜豆或者豌豆荚在藤蔓上干透来收集豆类种子。当豆荚变成褐色，里面的豆子可以晃出响声的时候就可以收集种子了。收集豆荚，然后把它们包在可以抵挡热量和光照的牛皮纸袋里彻底干透。最后用力敲开干豆荚，收集干掉的种子。

种子的故事

植物生存的目的是为了延续物种，繁衍后代。大多数植物通过制造种子来完成这一使命。种子使得植物可以大量繁殖，帮助植物从一个地方迁移到另一个地方，这样新的幼苗就有了生长的空间。种子有很多种方法进行迁移——某些植物生来便可以与植物本体分离，并落在本体附近进行繁殖。一些种子可以借风飞行；一些可以长出芒刺附着在人或者动物身上；一些被吃掉，然后穿过了鸟类和其他动物的身体，还有一些炸开、飞到距离母株很远的地方。

我们可能会这样解释给孩子们听："现在闭上你的眼睛，想想自己是一粒小小的种子——一粒小小的我们称作胚胎的蒲公英种子宝宝。现在你还在沉睡，你的妈妈是一株高大而强壮的蒲公英，她将会送你开启一段很长很长的旅程。但是她不能跟你一起旅行，因为她的根深深地埋在泥土里。即便如此，她还是一个好妈妈，因为她会给你准备你在旅程中可能会需要的任何东西，直到你找到一个新的地方开始新的生活——一件雨衣、一个中餐盒，还有一顶帽子。

"首先，她会把你包在一件结实的种子外套里，圆滚滚、毛茸茸的。这件衣服又紧又暖和，像一件雨衣一样，可以在旅行中保护你。"

"妈妈知道你在结束旅程的时候会非常饥饿，于是她给你准备了一份午餐。这份午餐里全都是营养和蛋白质，这样你就有足够的能量伸展出自己的叶子，并且借助太阳伯伯的能量自己做饭了。这份午餐盒就是子叶。

"子叶和你都包在种子外套里面，而且因为你是蒲公英，所以你的母亲会给你其他的一些很有用的东西。她会给你一顶大大的毛茸茸的帽子，这样风就会把你带到很远的地方。在那儿你就可以有足够的空间依偎进泥土里，长出强壮粗大的主根。之后你就会成长得越来越强壮结实，最后生长出自己的种子来了。"

芸薹属的作物

卷心菜一族的成员都是喜寒类作物，所以它们在炎热的天气条件下很容易开花。黄色或者奶油色的花儿在沙拉中很美味，而它的豆荚则又细又长。这些豆荚被中心的一层薄膜分开，薄膜两边整整齐齐排列着两排种子。当豆荚变成褐色，干掉的时候，每一边的豆子都会从中间的薄膜劈开弹出去，然后在母株的四周弹射开来。当豆荚开始变成褐色或紫色、内部种子变为褐色的时候就可以收集这些豆荚了。将它们包在可以抵挡热量和光照的牛皮纸袋里彻底干透。最后用力敲开干豆荚，就可以收集种子了。

生菜

生菜花像是迷你蒲公英一样，不过种子成熟长大之后就变成优雅的羽状花朵了；长长细细的种子依附在毛茸茸的降落伞上随着微风

简介：种子保存

每个人都曾经从蔬菜收获中保留下种子，因为如果你不保留的话，下一季可能就没什么可以种植的东西了。随着时间的过去，种子公司开始替我们保存这些种子。通常情况下，种子公司对于种子的要求不是它尝起来的味道怎么样，而是它是否可以在食品杂货店长时间贮存。所以古老的品种，那些充满了味道和历史感的种子种类面临着灭绝的危险。

许多类的种子都是可传代的种子，但是也有一些是当代的选种。不过最重要的是这些种子品种都是天然授粉的，意思是园艺者可以从自己种植的作物中收获种子，并且可以用于来年的种植，当然也可以与他人共享。

更多信息：
seedsavers.org.

慢慢飘走。当你可以把羽状的花团轻易地从茎秆上拽下来（当然肯定还有几粒仍然附着在茎秆上）的时候，就可以收集这些种子了。切掉花的茎秆，然后把它们包在可以抵挡阳光和热量的牛皮纸袋里，直到它们彻底干掉。然后摇晃干掉的茎秆，收集小小的种子。

如何开始

从种子或者幼苗开始种植蔬菜真的很令人兴奋，尤其是看着小小的种子或者移植幼苗开始慢慢地生长，最后变成美味的食物。但是一定要确保你所挑选的种子或者幼苗可以在自己庭院的微气候中长势良好，同时明确哪些种子适合种在栽培床里，哪些只能种在花盆里。开启自己的迷你苗圃之旅吧，为你的朋友和家人种植健康的农作物！

让我们一起**保存稀有而濒危的种子**，保护我们的植物历史！

第六章

土壤肥力

所谓土壤肥力就是土壤中促使植物达到最佳生长条件的养分水平。如果想要知道需要在你的土壤中添加多少肥力，或者添加怎样的养分，方法之一就是将一份土壤样本送到土壤检测实验室。这些实验室所做的实验可以知道你所送去的土壤中养分和有机物的含量有多少。基于这些实验，土壤测试实验室可以为植物健康生长是否需要，或者需要提供多少肥力提供建议。在你努力培养健康土壤的时候，对新菜园进行土壤测试将会是很好的参考。大多数最基本的测试会提供有关土壤pH值、有机物、养分（N、P、K，即氮、磷、钾三种最主要的养分）和铅的相关信息。除了测试土壤养分水平，如果觉得自己的土壤有污染的危险，也可以测试砷、杀虫剂、石油，或者汽油的含量。

检验土壤pH值、养分、磷和钾的工具都可以在园艺中心买到。尽管收集土壤样本，将药粉倒进试管非常有趣，不过将这些实验所得到的结果进行分析却很难，通常情况下也是不确定的。所以要想得到精确的结果和定制的建议，还是去当地的土壤测试实验室检测一下比较好。

如何进行土壤取样

如果可以的话，每年的同一时间最好都进行一次土壤肥力测试，最理想的时间是在秋天。土壤测试实验室会提供有关如何取样、如何寄送样本的说明和指示。对大多数的实验室来说，你将需要从你想要测试的区域收集10～12个样本。收集样本的时候，使用干净的泥铲或者铁锹，然后在土壤中挖出15～20厘米深的土坑，取一份土壤——包括从土壤表层到土坑的底层土壤。将样本倒入一个桶里，然后铺散在报纸上，或者在硬纸板上铺平风干。最后再一次将土壤混合起来，按照测试实验室的指令包装好。一定要避免测试过于潮湿的土壤。

土壤pH值

溶液中氢离子的浓度就叫作pH值，它反映了溶液中的酸碱程度。其中，酸碱度以1～14的范围进行评估，而7则代表中性。pH值越低，代表酸性程度越大；pH值越高，代表碱性程度越大。所以保持适宜的酸碱度对于提升土壤肥力和健康有着很重要的意义。pH值的大小可以影响植物对养分的吸收。蔬菜通常需要中性或者轻酸性的土壤才能长势良好。大多数的水溶性养分也只能在土壤pH值为6～7.5的范围内可以被植物吸收。通过在酸性土壤中添加石灰可以降低酸性程度，而碱性土壤的pH值也可以通过添加有机物或者硫黄使之降低（也就是提高酸性程度）。

怎样查找当地的土壤测试实验室

在你经常使用的搜索引擎里输入“土壤实验室”和你所在的县、市，或者联系当地的农业科学院查找信息资源。

简单的pH测试

鉴于大多数商店购买的检测仪都不可信赖，你可以通过使用石蕊试纸得到一个普遍的pH值读数。因为大多数生长在城市农场里的蔬菜和草本植物都需要pH值为6～7.5之间的土壤，所以使用石蕊试纸可以决定你的土壤pH值是否在最理想的范围内。操作很简单。收集一份土壤样本（大约一杯的容量），然后用蒸馏水制作一份悬浮液，将石蕊测试条浸入悬浮液中，然后将得到的颜色与提供的pH表进行对照。如果pH值接近7的话，就说明你的土壤可以种植大部分蔬菜。

主要的植物养分

所有植物都需要3种主要的养分才能茁壮成长，分别是氮、磷、钾（缩写为N、P、K）。其他的元素，例如钙、镁和硫，都是微量营养素，植物对它们的使用量都小很多。所有这些养分都会在健康的土壤中出现。依据测试结果增加有机肥料，可以确保蔬菜生长所需要的充足营养。

7
N

氮，可以使植物生长旺盛，长出青翠欲滴的绿叶。在生长季的早期或者移植之后提供氮素，可以促使植物生长旺盛。不过如果氮素过多，也会灼伤植物，使植物叶子变黄：所以在添加新鲜的土壤有机物或者肥料之后等待3周，这样这些物质就可以进行分解。有机氮素的来源包括混合肥料、豆科植物为主的作物残渣、苜蓿粉、鱼骨粉、血

作物对土壤pH值的要求

4.5～5

酸性土壤生长的水果，例如蓝莓、蔓越橘

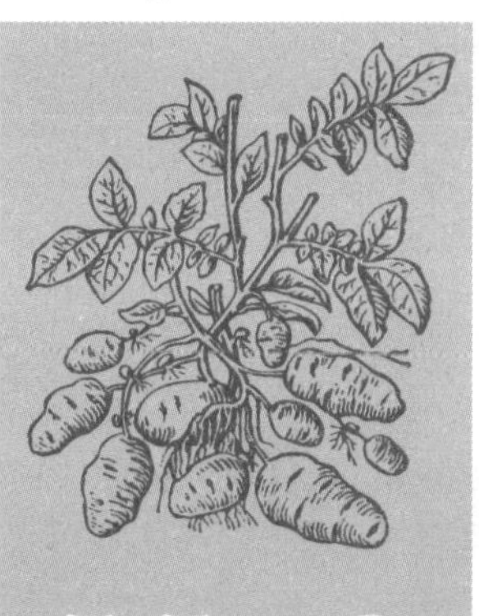

5.5～6

番茄、马铃薯、覆盆子、草莓、黑麦威士忌

6～7.5

大多数的蔬菜农作物，除了番茄和马铃薯

7.5～8

对大多数农作物而言，碱度过高

粉以及禽畜粪便。

磷，可以促使植物长出优良的根须，生命力顽强的花朵，以及健康的植物细胞。一般使用磷是为了促使植物长出更多的花朵和水果。磷素的来源包括骨粉、鱼骨粉，以及胶状磷矿石。与氮素不同的一点在于，磷释放得非常缓慢，在分解入土壤之后，2～3年内都可以为植物提供营养。

钾，或者草碱，有助于植物吸收氮、钙以及微量元素。同时，钾还可以支持植物的总体生长和健康状况，提高植物抵抗疾病的能力；有助于创造强壮的根茎、花朵和果实。钾可以提高所有植物的活力和品质，所以对于块根农作物，例如胡萝卜、马铃薯、樱桃萝卜和甜菜尤其重要。钾的来源包括草木灰、湿沙、花岗岩粉末和海草灰。

钙，对于植物氮素的吸收和蛋白质合成至关重要。钙质可以构建结实的细胞壁，因为石灰可以将颗粒粘起来，从而增加土壤中的空隙，疏松软化泥土。土壤测试可以帮助你明白需要添加多少石灰来保持pH值的平衡。钙的来源包括白云石和农用石灰、草木灰、骨粉和贝壳。

12

Mg

镁，是叶绿素分子的重要组成部分，同时对磷的新陈代谢而言也是必不可少的。镁的来源包括：白云石灰、磷矿石，以及牲畜粪便。

16

S

硫，是蛋白质和脂肪的重要组成部分。硫这一成分在土壤中很少出现不足的情况，特别是在保持充足有机物水平的土壤里。有机硫的来源包括有机物质和橡树叶子的混合物堆肥。

微量元素对植物而言像是维生素。而微量矿物质，例如锌、硫、镁、钼和硼，对植物成长而言也是至关重要的，但是需求量却相对小得多。这些微量元素一般出现在完全腐烂的堆肥和牲畜粪便里。

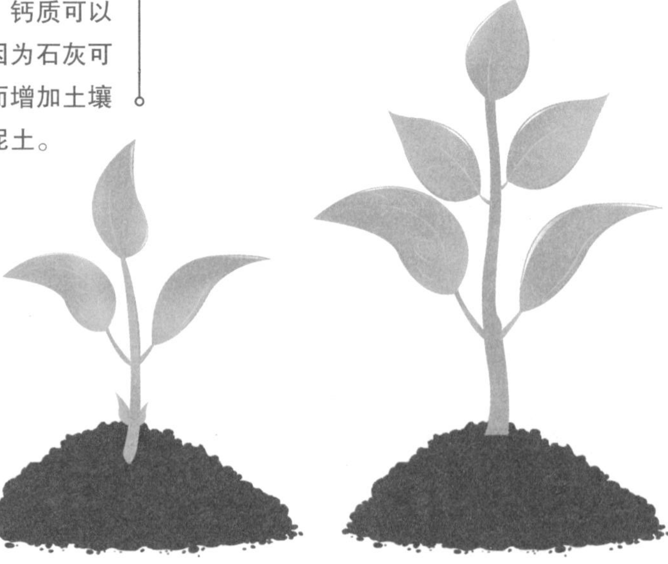

施肥

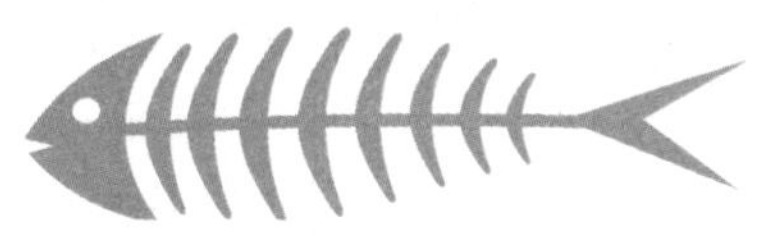

氮、磷、钾一般出现在混合物堆肥中的植物和其他有机物中。这些养分缓慢地释放，同时在一些微小而强大的微生物（查阅第三章）的帮助下分解，植物就可以吸收这些养分了。对大多数植物而言，使用堆肥和覆盖作物可以为植物健康生长提供所有的氮、磷、钾和微量营养素。

不过若只有堆肥还是无法满足蔬菜密集生长的需求。一年生植物需要非常多的养分才能长出足够大的根、叶子还有果实。生长在菜园里的蔬菜所吸收的营养来自土壤，而通常土壤在连续耕作的植物吸收下很快就被耗尽养分了，所以在你所收获的作物吸收来自土壤养分的时候，务必添加堆肥或者有机肥料以提升土壤肥力。

肥料提供植物生长所需的养分，可以是充分腐烂的粪便、堆肥，或者可以在园艺商店购买的预先搅拌的混合物。有机肥料通常来自自然资源，例如碾碎的动物（鱼骨粉、血粉）、碾碎的植物（苜蓿粉、海草灰），或者碾碎的岩石和矿物（湿沙和磷矿石）。有机肥料既包括微量元素，也包括3种主要的养分——氮、磷、钾。使用有机肥料可以促进土壤建造，提高土壤有机质的活跃程度。养分通常都释放得非常缓慢，所以它们可以供植物吸收较长时间，所以你可以不必每一季都添加肥料。

肥料箱子上面的数字代表混合物中主要养分的百分比。N代表的是氮的含量，P代表磷的含量，而K则代表钾的含量。对大多数蔬菜作物来说，一般使用平衡的肥料，即氮、磷、钾的含量几乎相等（例如3-2-2）。如果你种植的是绿叶蔬菜，例如生菜、菠菜，或者沙拉生菜，那就去寻找氮含量较多，而磷和钾含量相对较少的方案（例如5-1-1）。如果种植的是果实类作物，例如番茄或者西葫芦，则可以购买氮含量较低，而磷和钾含量较高的混合肥（例如5-7-3）。如果你不确定选择哪种肥料的话，那就购买多功能有机蔬菜肥料，这样可以普遍使用。

购买有合格证明的有机肥，确保所有肥料的来源无论生长、培养或者加工都没有使用化学物质，并且严格遵守如农业部所设立的标准。查看它的成分；这些成分应该全部来自动物、植物，或者矿物质。以下是来自矿物质的一些普通成分：苜蓿粉、海草灰、蟹粉、骨粉、羽毛粉、鱼骨粉、石灰、石膏矿、花岗岩粉末和磷矿石。

土壤中养分不足的症状

土壤测试是决定土壤中存在哪些营养成分最精确的方法，不过有时你只需观察，就可以与植物对话，明白有哪些养分不足。

缺失的养分	症状
氮	叶子老化，叶脉从顶端开始变黄，或者植物矮化生长，呈浅绿色
磷	植物矮化生长，呈很深的乌绿色。新生叶子暗淡，叶边呈黄色；花朵和果实长势差
钾	叶子茎部节点之间的距离（不正常）缩短。叶尖变黄，呈烧焦状；根茎虚弱，易感染疾病
钙	花骨朵长势衰弱，卷叶病，根部构造不佳。番茄和辣椒会出现生理性病害。植物缺乏对真菌病害的抵抗力，幼苗容易患猝倒病
镁	老叶变黄，叶上的叶脉之间会出现白色的带状物质，叶脉呈带有古铜色点状物质的绿色
硫	叶子是浅绿色，可能会发黄；只有在低有机物含量的新菜园中，或者过度浇灌的菜园中会出现这样的问题，因为硫很容易自土壤中过滤出来

有有机肥料3种，分别是干燥呈颗粒状的、液体肥料，以及牲畜粪便。 颗粒可以是松散的粉状物质，也能形成小小的丸状。液体肥料是用水稀释过的瓶装肥料。而粪便则是世界上最古老的缓慢释放土壤养分的来源。颗粒状肥料和粪便都是缓慢释放的肥料，而液体肥料则是植物可以立刻使用的肥料。

干燥呈颗粒状的肥料

这种肥料在整个生长季中都释放得非常缓慢，所以它只需运用一次。干燥的肥料如果直接添加入泥土里是不能被植物立刻吸收使用的，因为这些肥料需要首先被土壤中的微生物分解，或者转变成为植物可以吸收的形式。土壤中的微生物在7.22℃下呈睡眠状态。颗粒状肥料中的养分在土壤温度提高，微生物活跃之后，即从晚春到早秋，就可以被土壤吸收利用了。颗粒状的肥料可以从土壤中过滤出去，污染河流或者湖泊，所以在使用的时候一定要低于包装上所建议的比率。

将颗粒状肥料撒在土壤表面，然后使用一把掘土叉将它与土壤表层7.62～

15厘米的土壤混合起来。而对于点植法来说，一定要在挖掘的土坑里使土壤与堆肥彻底搅拌混合。另一个选择是根侧施肥，即将一点点肥料撒在植物之间的土壤表面，然后用手指或者齿耙的耕作机轻轻地将其划进泥土里。干燥颗粒状的肥料可以在初春种植之前或者生长季里添加使用。所以在准备你的土壤和移植的时候，或者环绕植物进行根侧施肥的时候，可以将肥料加入整个苗圃中。

牲畜粪便

牲畜粪便是最古老的一种肥料形式。在人们饲养家禽家畜的时候，根本不需要购买肥料，或者担心土壤肥力。因为，人们会把多余的农作物喂养给动物，而动物的粪便可以再次循环到菜园里。如果你在自己的城市农场里饲养动物的话，你的菜园也会因为这些宝贵的资源受益的。

新鲜的粪便对于植物而言有过多的氮素，也就是说如果直接利用会灼伤植物。所以使用新鲜粪便的时间，选在初春，种植前的一个月，或者在秋天，当你将菜园进行休整的时候。这可以使你在最需要的时候获得养分。当然粪便也可以与院子里的剩余作物混合起来，在种植前的几个星期添加进苗床。园艺商店或者苗圃购买到的袋装的粪便商品一般已经进行过干燥处理，不会灼伤植物。请保守地使用干燥的粪便，因为在水分移除之后，养分更加的集中。

液体肥料

液体肥料是水溶性肥料，可以直接被植物吸收利用，无需土壤中的微生物进行分解。所以在早春的时候使用液体肥料比较好，当土壤温度很低，活跃的微生物活动不频繁。在夏天作为补充肥料再次使用，可以提高番茄和西葫芦的产量。液体肥料也是容器种植作物的最好选择，因为花盆里的土壤几乎没有微生物活动。

将1～2勺的液体肥料与洒水壶中的水融合进行稀释。然后将稀释过的水倒在植物周围的土壤中。一般对于菜园苗圃里生长的蔬菜而言，每6～8周可以使用一次液体肥料，而容器中生长的作物则是每两周使用一次。总而言之，液体肥料可以在整个生长季节中每几周使用一次。

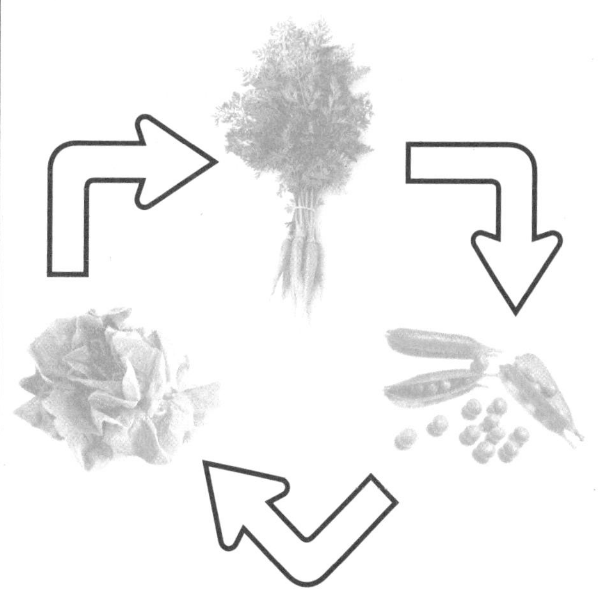

农作物轮作

对于一个刚刚起步的城市农民而言，在规划和种植菜园的时候有很多因素需要考虑。

种植科属以及针对它们的害虫

茄科植物

（茄科）：番茄、马铃薯、辣椒、茄子，都是这一科属的成员。粉虱和蚜虫是对此科属植物有关的害虫。真菌疾病，例如晚疫病，也会袭击此类作物。

卷心菜科属植物

（芸薹科）：通常指的是芸薹属植物，这个科属包括花椰菜、无头甘蓝、卷心菜、芥菜、芝麻菜、樱桃萝卜和白萝卜。有可能侵袭这个科属植物的疾病和害虫包括粉纹夜蛾、菜粉蝶幼虫、切根虫、根肿病、跳甲以及蚜虫。

洋葱科属

（葱科）：韭葱、青葱、蒜苗和大葱都属于葱科。葱科植物很容易感染真菌疾病，例如根部腐蚀和腐烂。

农作物轮作是有机食物种植中最重要的实践之一。农作物轮作是改变同一菜园苗圃中，一季与下一季种植不同农作物的技巧。农作物轮作提高了菜园中农作物的多样性，同时可以鼓励生物多样化，保持健康的土壤。

农作物轮作的两个原因是：为了防御疾病和害虫侵袭；为了提升土壤肥力。

对于一个很小的城市农场而言，农作物轮作非常具有挑战性。有一些农作物我们很喜欢，希望可以年复一年的种植；而且因为空间有限，所以农作物轮作经常被城市园艺者忽视。不过这样却会耗尽土壤肥力，也容易吸引害虫的到来。重复种植同样的农作物造成的问题，很极端的例子是19世纪的爱尔兰大饥荒，这是因为年复一年在同一块土地上种植同样品种的马铃薯造成的。随着时间的过去，马铃薯耗尽了土壤中的硫和其他养分，这导致了灾难性的土传病害真菌疾病，同时也严重削弱了爱尔兰的马铃薯产量。

科属内轮作

如果农作物轮作对你而言还很新鲜的话，那么就以每年挑战改变同一科属内的不同农作物的位置作为开端。例如，将所有芥菜科属内的作物种在一起，将所有甜菜科属内的作物种在一起等等。然后在下一年将它们种在菜园的不同位置。这将会帮助你熟悉不同农作物科属的独一无二的特性。

通过农作物轮作和将同一作物科属每一年种植在不同地点，你可以预防疾病和害虫。年复一年地在同一位置种植来自同一科属的作物，会导致针对那一科属的害虫和疾病微生物的生长。

为了达到预防害虫和疾病的最佳效果，在将同一农作物种回你开始种植的地方之前，试着等待3～7次轮作。通过适当地堆肥和运用肥料，保持土壤肥力，同时保持一年一次的土壤测试，检测养分水平。

作物轮作

甜菜科属（藜科）	芥菜科属（芸薹属）	豌豆科属（豆科）
甜菜 藜 滨藜 藜麦 菠菜 叶甜菜	芝麻菜 亚洲绿： 青菜 芥蓝等 西蓝花 卷心菜 羽衣甘蓝 球茎甘蓝 芥菜 樱桃萝卜 白萝卜	菜豆： 四季豆 干红菜豆 绛车轴草 蚕豆 豌豆： 荷兰豆 甜豌豆 硬壳豌豆
胡萝卜科属（伞形科）	**茄科植物（茄科）**	**南瓜科属（葫芦科）**
胡萝卜 山萝卜 香菜 莳萝 茴香 欧芹 欧洲萝卜	茄子 树番茄 番茄 辣椒 马铃薯	黄瓜 甜瓜 南瓜 西葫芦
玉米家族（禾本科）	**洋葱科属（葱科）**	**菊科植物（菊科）**
玉米 黑麦 小麦	大葱 蒜苗 韭葱 洋葱 细香葱	牛蒡 苦苣 莴苣菜 洋姜 生菜 菊苣 婆罗门参

为了防治疾病，进行农作物轮作

将你打算种植的作物列一份清单，然后根据科属进行组织安排。考虑将归属于同一科属的农作物种植在一起——也就是将亚洲绿、芥菜、芝麻菜一起种在一片老虎菜苗床上。绘制一幅简单的菜园地图，然后将每一片苗床分配一定的数目。将苗床数目列一份清单，记录想要种植的作物。不时调整种植清单和农作物轮作计划，这样来自同一科属的农作物之后就不会在同一地点种植了。例如，如果你在春天将芥菜种在了一号苗床上，那么就不能在夏天接着种植樱桃萝卜或者白萝卜，因为它们都是芸薹属的成员。所以，取而代之可以种植甜菜或者胡萝卜，来自其他科属的块根作物。再一次说明，在将同一农作物种回你开始种植的地方之前，试着等待3~7次轮作。如果没有发现疾病或者害虫，你可以在重新种植同一科属的植物之前缩短时间的间隔。同样，如果植物感染了疾病，就增加种植同一科属植物的时间间隔。

菜园两年轮作的样本

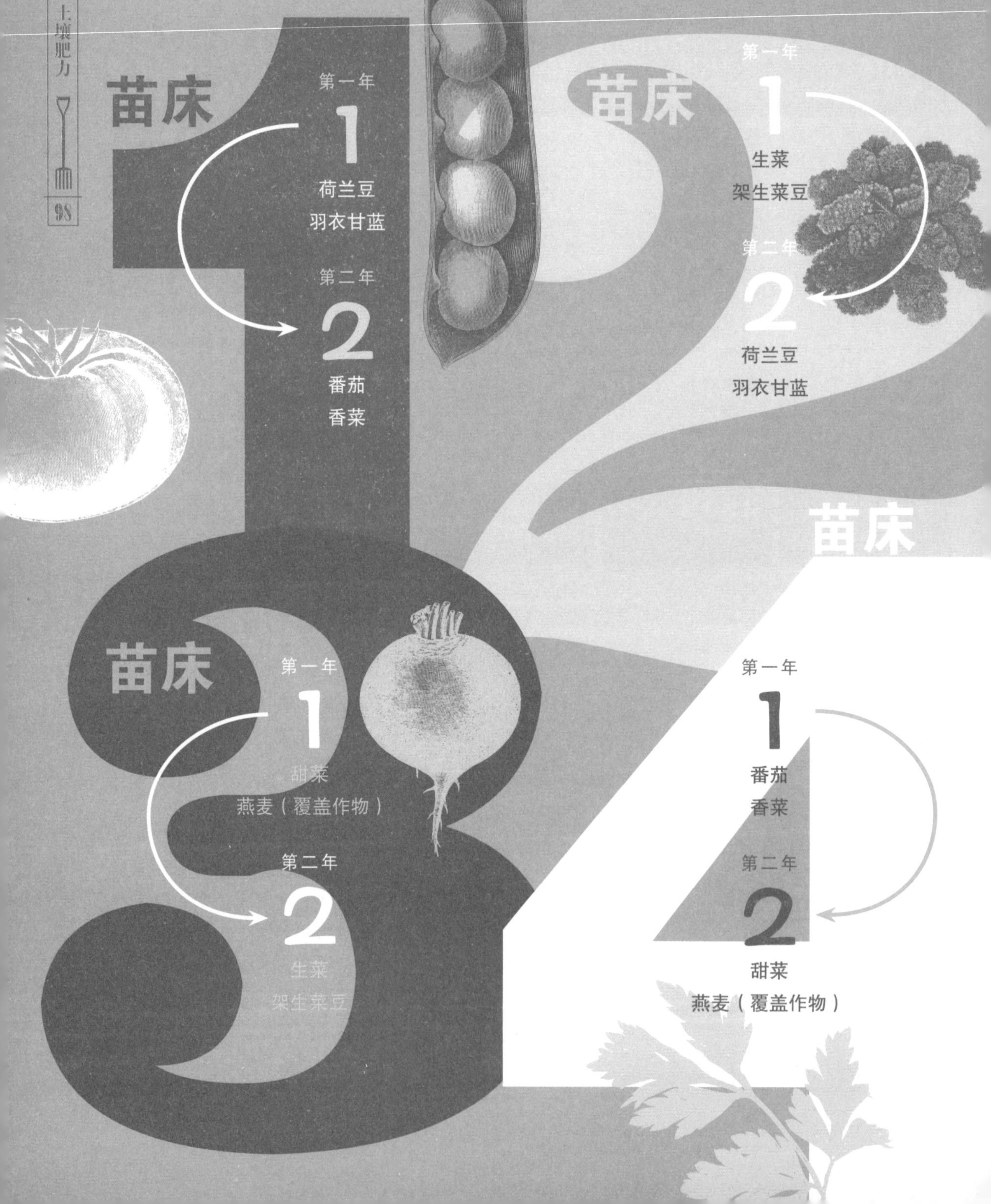

苗床 1

第一年
1
荷兰豆
羽衣甘蓝

第二年
2
番茄
香菜

苗床 2

第一年
1
生菜
架生菜豆

第二年
2
荷兰豆
羽衣甘蓝

苗床 3

第一年
1
甜菜
燕麦（覆盖作物）

第二年
2
生菜
架生菜豆

苗床 4

第一年
1
番茄
香菜

第二年
2
甜菜
燕麦（覆盖作物）

年份	一号苗床	二号苗床	三号苗床	四号苗床
1	荷兰豆	生菜	番茄	甜菜
	无头甘蓝	架生菜豆	香菜	覆盖作物：燕麦
2	番茄	羽衣甘蓝	甜菜	生菜
	菠菜	西葫芦	覆盖作物：燕麦	黄瓜
3	胡萝卜	甜菜	硬壳豌豆	无头甘蓝
	覆盖作物：小麦	番茄	生菜	红花菜豆
4	生菜	甜豌豆	羽衣甘蓝	叶甜菜
	矮生菜豆	覆盖作物：黑麦	黄瓜	番茄

什么是“大胃王”？

一些植物被誉为“大胃王”，因为它们从土壤中吸取更多的养分，使养分供给更快地消耗殆尽。而其他植物，则是“小鸟胃”，意味着它们只需要从土壤中使用少量的养分。豆科植物和粮食谷物可以通过修复氮素和构建耕地，提升土壤肥力。

所以在你构建农作物轮作计划的时候，在“大胃王”之后种植的植物，要规划种植一些可以改善土壤质量的植物，或者“小鸟胃”植物。这样思考一下：像是花椰菜和西蓝花这样的蔬菜很有营养，因为它们都含有大量的维生素和矿物质。而这些蔬菜中的维生素和矿物质都是从土壤中吸收得到的，使得它们成了“大胃王”。

大胃王 VS 小鸟胃

大胃王	小鸟胃	提升土壤肥力的植物
花椰菜	甜菜	荷兰豆
西蓝花	胡萝卜	架生菜豆
芹菜	羽衣甘蓝	蚕豆
玉米	蒜苗	青豆和黄豆
黄瓜	韭葱	粮食谷物：
韭葱	生菜	小麦
马铃薯	洋葱	燕麦
菠菜	辣椒	黑麦和大麦
西葫芦	樱桃萝卜	所有的豆科植物，尤其是豌豆类
番茄	叶甜菜	

为保持土壤肥力进行农作物轮作

通过创造一个农作物轮作计划来维持土壤肥力更加具有挑战性。在你得到农作物轮作的窍门的时候，考虑将最大化土壤生命力的肥力轮作与最小化添加肥料的需求结合起来。因为生长叶子的农作物（例如生菜），和那些生长果实（例如番茄）的农作物所需要的土壤养分是不同的。根据你要吃的部分进行轮作农作物，可以通过保存土壤中的养分，从而降低对更多的肥料的需求。接着根据科属间隔轮作，预防疾病，同时保持土壤肥力。

三大主要营养成分——氮、磷、钾，在为保持土壤肥力轮作农作物的过程中起着非常重要的作用。每一种蔬菜都在使用不同分量的氮、磷、钾，这取决于每一种植物要吃的部分。例如，生菜和罗勒为了生长出翠绿的叶子，需要使用大量的氮素，而对于磷或钾的需求量相对较少。块根作物，如樱桃萝卜，则需要更多的钾。果实类农作物，如番茄，则需要更多的磷才能生长出适量的花朵以及果实。所以以产叶作物、块根作物、花卉作物和果实作物的顺序进行轮作，可以通过按顺序种植不同养分需求的作物保留土壤养分。这样你就可以避免因为年复一年吸收同一类养分而将此类养分耗尽，同时也可以降低对更多肥料的需求。

肥力轮作：产叶作物、块根作物、花卉作物和果实作物

根据农作物可食用的部分，我们将它们分为产叶作物、块根作物、花卉作物和果实作物。

产叶作物	块根作物	花卉作物	果实作物
罗勒	甜菜	一年生花卉：	菜豆
球茎茴香	胡萝卜	旱金莲	玉米
卷心菜	洋姜	金盏花	黄瓜
芹菜	马铃薯	百日菊	茄子
香菜	樱桃萝卜	石竹类属	甜瓜
羽衣甘蓝	芜菁甘蓝	矢车菊	豌豆
莳萝	白萝卜		辣椒
蒜苗		朝鲜蓟	南瓜
韭葱		西蓝花	西葫芦
生菜		荞麦（覆盖作物）	草莓
芥菜		花椰菜	树番茄
燕麦（覆盖作物）		绛车轴草（覆盖作物）	番茄
洋葱		钟穗花（覆盖作物）	任何允许产出种子的果实
欧芹			
黑麦（覆盖作物）			
沙拉生菜			
菠菜			
叶甜菜			
冬麦（覆盖作物）			

保持土壤肥力的小提示

为了能有一个高产出、问题少的城市农场，必须建立并保持土壤肥力。一年检测一次你的农场土地，以确保农场土地有适中的酸碱度，并且避免施肥过多。循环种植作物以免遭病虫害侵袭，并保持土壤肥力。

保持土壤肥力的后花园作物循环样本

年份	一号栽培床	二号栽培床	三号栽培床	四号栽培床
1	加入肥料和混合肥 花——钟穗花属（覆盖作物） 根——芜菁甘蓝	加入肥料和混合肥 根——马铃薯 花——绛车轴草（覆盖作物）	加入肥料和混合肥 花——荞麦（覆盖作物） 叶——甘蓝	加入肥料和混合肥 果——番茄 叶——蒜苗
2	果——豌豆 叶——黑麦（覆盖作物） 加入肥料和混合肥 花——荞麦	果——辣椒、茄子 叶——蒜苗	根——马铃薯	根——甜菜 花——蚕豆（覆盖作物）
3	根——胡萝卜 果——小麦（做种子）	加入肥料和混合肥 根——秋天种植的胡萝卜 花——红豌豆（覆盖作物）	果——蚕豆 加入肥料和混合肥 花——花做插枝 叶——蒜苗	加入肥料和混合肥 果——甜瓜 叶——生菜
4	叶——羽衣甘蓝 花——红豌豆 （覆盖作物不需要施肥）	果——冬南瓜 叶——燕麦	根——秋甜菜 果——苋菜（做种子） 花——绛车轴草（覆盖作物） （覆盖作物不需要施肥）	根——胡萝卜 花——绛车轴草（覆盖作物）

简介：
现在就开展可持续发展农业吧！

可持续什么？这个词也许并不常见，但可持续发展农业这个概念很好理解：可持续发展农业就是一种可持续发展、可持续生存的农业实践。可持续发展农业的远景是这样设计的：你几乎不需要从外界索取什么，而是通过循环使用各种能量，使得资源达到持续可用。

可持续发展农业的内涵中有一个很强的协同作用，即相信总体大于各部分相加之和。可持续发展农业包含所有一切，大到城市规划，小到在你自己的后花园里种一棵苹果树。

可持续发展农业这个概念并不是最近才出现的，但现代的可持续发展农业运动是19世纪70年代从澳大利亚开始的，这一系统化的概念也是由此发展出去的。可持续发展农业的设计指导者们现在在全球范围内教授可持续发展农业的课程，把可持续发展农业的实践带到城市社区中。

通过实地操作的方法，比方说在演示地点或者可持续发展农业家园中开展真实的项目，城里人可以学到怎样最大化利用城市土地。在社区讲习班里，你可以学到怎样种植可食用绿篱，怎样种植蘑菇，怎样设计合法的可再利用废水过滤系统，还有怎样安装太阳能热水器。

想要学习更多的可持续发展农业技术吗？在你周围就有很多活动正在开展。在你常用的浏览器中输入“可持续发展农业活动”和你所在城市的名字，然后加入这个培训的大家庭吧！

更多信息：
permaculture.org
and permaculturenow.com

第七章

自己亲手种植的水果蔬菜

蔬菜

大部分的水果和蔬菜都需要安全生长的环境、充足的水、阳光和营养。这不就是成功的秘诀吗？这一章将详细介绍如何种植各种蔬菜水果。当有特殊情况发生时，会对有些植物作特别标注。

本章中所列出的蔬菜水果是你的城市农场最适宜种植的。当你尝到成功的滋味时，你就会想种植更多的蔬果，到时候可以再选择其他蔬果来种植。

霜冻期的最后一天

你的城市农场成功与否，很大程度上要看时机。过早地种植会导致幼苗被寒流侵袭，或种子无法在寒冷、潮湿的环境中生长。种得太晚，植物可能没有足够的时间生长，到昼长变短、晚上气温变低时，还未到收获的时候。

春天的到来可能还不足以说明你可以开始种植了，因为整个国家跨度很大，各个地方的情况不尽相同。但是了解你所在地区的霜冻期，则可以帮助你及早计划耕种的时间，以便日后获得大丰收。当然，每一年霜冻期的最后一天都会变化，（由于全球气温变化）你所在的地区的天气，可能会让你大吃一惊。记载的霜冻期的最后一天可能是3月底，但是在有些年份，可能3月1日以后就看不见霜冻了，或霜冻期到4月才结束。

微气候也可能会影响霜冻期。周围有树、灌木或者路堤环绕的地区，会困住冷空气，使得区域中路堤上方的（路堤约8厘米以下是安全的）、不能在霜冻环境中生存的植物遭到严重损害。山坡上的菜园有一个很大的优势，因为冷空气在没有阻挡的情况下，会直接沿着山坡往下降。当你了解了有关你所在区域的微气候，又知道了霜冻期的最后时间时，你就对自己的菜园有了更多的了解，可以更好地掌控耕种的时间。

怎么种

- 在晚春和初夏时节种下芝麻菜，在仲夏就可以获得大丰收。
- 在5月中旬直接把芝麻菜种在菜园中，在土壤下方约6毫米处播种，每颗种子间隔约3厘米。2~14天内发芽。
- 当植株长出两对真叶时，需要间苗，将每两株之间的间隔扩大为5厘米。
- 每隔两周就继续种植一些，直到6月初。7—8月气温很高的情况下，不适宜再种植。

怎么收

- 芝麻菜除了可以吃苗的部分，还可以在天气没有太热之前，用剪刀剪下地面以上的芝麻菜的嫩叶。等到天气变热之后，这些叶子就会变苦了。
- 芝麻菜长得很快，叶子很快就会变得太辣、太苦，以至于让人难以下咽。可以掐下芝麻菜那甜蜜、烟熏味的花朵，作为一点小零食，或者加到沙拉中提味。

（芝麻菜属）

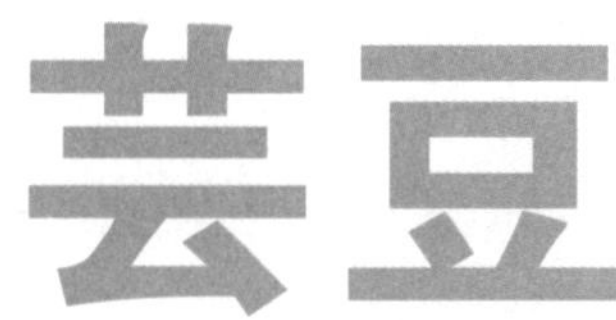

芸豆

（菜豆属）

怎么种

■ 芸豆的种类包括矮生芸豆（不需要在棚架上生长）、四季豆、豇豆、红花芸豆。

■ 除了矮生芸豆和四季豆，种植其他芸豆需用绳子搭一个棚架或帐篷，让豆藤可以爬上去（至少要2米高）。豆藤会蜿蜒向上长，互相支撑。

■ 芸豆在温暖的土壤中生长得最好，至少要20℃以上才可以种植。用一个土壤温度计测量温度，或者在霜冻期过后再种植。大约在4月中旬才可以种植。如果你种得太早，种子会腐烂。如果上述情况发生，请在气温变暖一些以后再播种。

■ 在土壤表层下方大约1厘米处种植，种子的间隔为15~20厘米，每30厘米最多放4颗种子。之后不需要间苗。

■ 直接种植在菜园中的芸豆，在8~16天后会发芽。

■ 除草时请小心，因为芸豆是浅根作物。

■ 你可以每隔几周，就种一些矮生芸豆；别的品种的芸豆则种一次就好。

怎么收

■ 矮生芸豆在种下去50天之后就可以收获了。其他品种的芸豆大约要70天才能收获，如果你持续采摘的话，这些芸豆还会继续生长。当你感觉到豆荚里面长出了豆子、豆荚很坚挺的时候，你就可以收割这些芸豆了。

■ 在芸豆和豆藤间，采摘时从芸豆豆荚较薄的一边折断即可。

■ 矮生芸豆和架豆（也叫做油豆角）的整个豆荚都可以吃。需要剥皮的豆子，则既可以生吃，也可以晒干后烧着吃。

■ 当选择生吃芸豆时，切记要选择豆荚坚挺新鲜、中间有小籽、咬起来脆脆的芸豆。

■ 当芸豆的叶子开始变黄，豆荚变得起伏不平时，摘下芸豆晒干用。你可以早点把芸豆拔下，然后把它们晾干。用手把豆子剥出保存。

■ 芸豆花很甜很脆，是可以直接摘下食用的小零食。

种植品种

四季豆：芸丰、花皮芸豆、青岛架豆、碧丰、白花四季豆等。

豇豆：之豇14、贵州胖子豇、广州八月豇、利农高优4号、之豇28–2、早豇1号、早豇2号等。

甜菜

（甜菜属）

怎么种

■4月上中旬到5月上旬，你都可以在菜园里播种甜菜。

■甜菜的种子喜欢群居，所以，在土壤表层下方1厘米处，每3厘米放1~2颗种子，然后准备间苗。

■当植株长到10厘米高的时候，将植株间的距离移至3~5厘米，然后再间苗一次，当植株长到20厘米高时，可以把顶端的小红菜头吃掉。最后把植株间苗至间距为10厘米。

怎么收

■甜菜是哪里有空间，就会长到哪里去的作物。在其生长40~45天之后，你就可以摘了，具体时间依甜菜的种类而定。

■在生长的初期，可以吃甜菜叶（当其长成之后就变得像根部一样硬了）。你可以在每株植株上剪下一些甜菜叶食用。植株继续生长（每株植株上也留几片叶子）。

■间苗时，可以食用甜菜叶和小甜菜根。

■甜菜叶可以拌沙拉或者炒着吃；烤甜菜根可以拌在沙拉中，或者作为一个配菜。如果收获很多，可以把一些甜菜根腌制起来，大家都很喜欢这道菜。

西蓝花 花椰菜

（芸薹属）

怎么种

■ 从3月底开始，先在室内将西蓝花/花椰菜的种子种下，然后在5月初再将植株移至菜园中。

■ 将种子撒入不同的花盆中，盖上6毫米厚的土壤。植株会在5~17天内发芽。

■ 在白天，把花盆放在户外，强化幼苗，以便移植到室外，持续一周。

■ 将植株移植至户外，间隔为45~60厘米。

■ 西蓝花可以续种，续种时直接在菜园中播种即可。

■ 花茎甘蓝的叶子可食用，并能够开出小花，持续几周。

怎么收

■ 收割西蓝花时，在西蓝花球下面几厘米处割下；收割花椰菜时，就在花椰菜球下直接割下即可（可能会有几片叶子也被一起收割下来）。

■ 在西蓝花和花椰菜种下的50~100天后收割；你的植株在6月中旬时，应该已经成熟。

■ 当你看到花椰菜的各个部分长开的时候，就可以收割了。

■ 当西蓝花原本长得紧密的花茎开始打开，并开出黄色的花朵时，就可以收割了。

■ 西蓝花和花椰菜的花可以食用，生食或熟食均可。

种植品种

西蓝花：东京绿、绿丰、玉冠、中青8号、碧绿2号、中青9号、绿秀、绿岭、绿带子等。

花椰菜：法国菜花、雪峰、白峰、津雪88、福农10号、冬花2号、雪玉等。

胡萝卜

（胡萝卜属）

怎么种

■胡萝卜的种子很小，但是长成的胡萝卜很长，需要较为疏松的土质。当土壤表层下方25~30厘米处已经完全干燥时，再耕种土地。

■在3月下旬至4月中旬，将胡萝卜的种子种在菜园里。（夏天和秋天也可种植，可以保存到冬天的时候食用。）

■在土壤表层下方1厘米处，每3厘米放4粒种子。过一段时间后间苗，让每两个植株间的距离为5厘米。如果想要简单播种的话，把种子和小石子混在一起。（详见第五章）

■在种子发芽之前，保持土壤的湿度。胡萝卜的种子生长得很慢，如果是在较为寒冷的环境中，可能需要3~4周才能发芽。用一块湿的粗麻布盖在土壤上，在夏季炎热的天气中保持土壤湿度。

■一定要间苗，否则你的胡萝卜苗不会生长。当胡萝卜的叶子长到8厘米高时，把植株之间的距离调整为1厘米。当叶子长到15厘米高时，将间距调整为3厘米。在每株植株的周围堆上土壤，以防胡萝卜的顶端长满绿叶，那些绿叶的味道很苦。

■ 用浮排来盖住胡萝卜，以防胡萝卜锈蝇在植株的底端产卵。

怎么收

■胡萝卜生长45~100天就可以收割了，45天时收割的是小胡萝卜，收割的时间要根据胡萝卜的具体种类而定。

■把胡萝卜从地里拔起来看根部的生长状况，可确定胡萝卜是否成熟。你可以拔一些胡萝卜来食用，让剩下的继续生长。

种植品种

春红五寸1号、夏时五寸、红映2号、红誉五寸、金红2号、黑田五寸、人参、红芯4号等。

（玉蜀黍属）

怎么种

■玉米在低于25℃的土壤中无法生长，所以要等到至少5月底再种植，或者先在室内花盆里种植，等到玉米长到8~15厘米高时再移植到户外。

■将玉米的种子置于土壤表层下方3厘米处，每2粒种子间隔10厘米，种子会在7~10天内发芽。当植株长到13厘米高的时候，将植株间隔调整为30厘米。

■玉米是风媒植物，所以如果你把玉米成块种植，或是种成矩形，你将会得到最饱满的玉米穗。

■甜玉米和彩色玉米之间的距离，一定要超过30米，以防止异花授粉情况。你可以选择种植其中的任何一种。

■每两周使用一次高氮肥料，直到玉米穗长出来。

■乌鸦很喜欢吃玉米的嫩芽，当嫩芽长出时，乌鸦就会直接扯下来吃掉。用一个充气浮排盖在嫩芽上作为保护，直至植株长至30厘米高。

怎么收

■玉米生长60~110天就可以收割了，具体时间与品种有关。所以你将会在8—9月收获玉米。玉米成熟的一个标志就是玉米须开始变干，呈褐色。你也可以剥开一根玉米，戳一戳玉米粒，如果玉米已经成熟的话，玉米粒会长得很饱满，而且会流出一种牛奶般的液体。

■把刚摘下的玉米迅速冷藏，让其保持新鲜味道。尽早吃掉它们！我们可不能眼睁睁看着新鲜美味的玉米在地里烂掉。

■如果你种植的是彩色玉米的话，把玉米皮撕下来，然后将玉米皮丢在一个较为干燥的环境中，放几个星期，让其自然硬化。

■大部分品种的玉米一株上只会长两穗，所以在种植前，需要考虑清楚种玉米所需的面积与你能得到的玉米数量是否平衡。

种植品种

联合3号、会单4号、豫玉22、长城799、3202等。

黄瓜

（黄瓜属）

怎么种

■ 黄瓜喜欢温暖的天气，所以在土壤温度未达16℃时，不要播种。5月底到6月是播种的时间。

■ 给植物搭一个棚架，这样可以节省一些空间，黄瓜也不会与地面接触。

■ 在菜园土壤表层下方1厘米处播种，每个小土堆中种四粒种子，土堆的间距约为1米。当植物发芽后，间苗，每两株植株共用一个土堆，或者将植株间距扩大为30厘米。

■ 先在室内的纸花盆中种下种子，在植物生长了3周之后再移植到户外。（在移植前，一定要炼苗。）

■ 许多黄瓜品种在一个植株上有雄花和雌花共存。雌花的后面有一个小黄瓜，如果雌花没有被授粉的话，花朵会凋零，然后掉落下来。

■ 定期浇灌黄瓜，否则黄瓜的味道会变苦。

■ 黄瓜藤可以一直不断地生长出新的黄瓜，直到秋天进入霜冻期。

怎么收

■ 收割黄瓜的方法是直接从黄瓜上方带刺的茎部割下。

■ 在黄瓜很嫩的时候采摘，或者在你种植的黄瓜品种生长到了合适的大小之后进行采摘。黄瓜发芽后45~65天会成熟，具体时间依品种不同而异。

■ 持续采摘，植株上会继续生长黄瓜。

种植品种

昆明早黄瓜、日本青长、广州二青、上海杨行、昭通大黄瓜、北京大刺瓜、中农1101、津杂1号、津杂2号、扬州长乳黄瓜等。

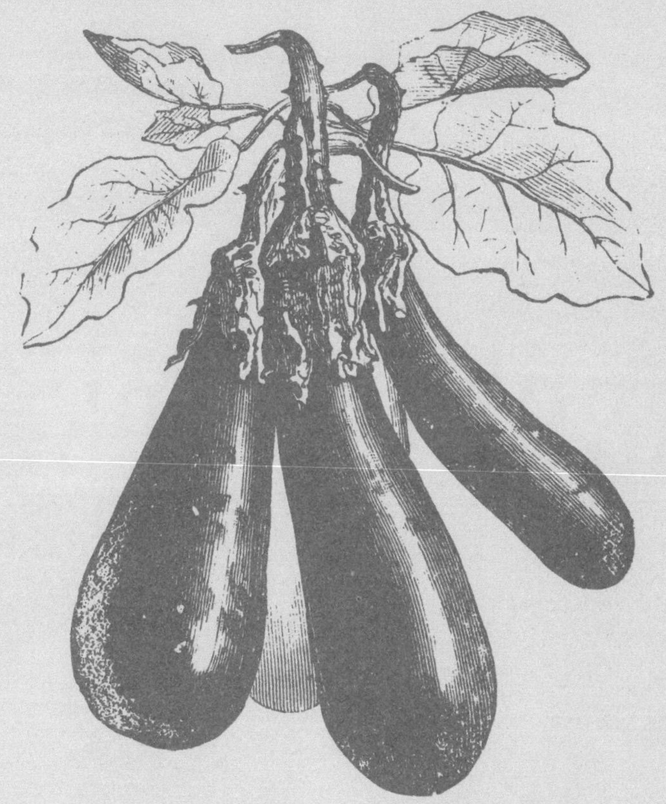

茄子

（茄属）

怎么种

■ 茄子需要一个很长、很热的生长季，所以如果你所在地区比较凉爽的话，请把茄子种在一个钟形玻璃盖下，或者拱形温室里。

■ 在霜冻期的最后一天前8个星期，开始在室内先把种子种下。把种子种在花盆中，放在一个加热托盘上。该设备可以将花盆内的土壤加热至24℃以上。植物将会在5~17天内发芽。

■ 强化幼苗，在6月时用钟形玻璃盖或其他保温设备，将植株移植到户外。

■ 植株间的距离为30厘米。

■ 用番茄笼来固定挂着沉重的果实的枝干。

怎么收

■ 用一把修树枝的剪刀或者一把锋利的小刀，从茄子果实上方3厘米左右的茎上割下。

■ 当茄子的皮变得闪亮时，就可以收割了。茄子需要55~75天生长成熟，具体时间依种类而定。一般来说，8月是收割茄子的季节。

种植品种

丰研2号、天津快圆茄、农友长茄、京茄10号、海花茄二号、西安绿茄、北京灯泡茄、新济农2000长茄等。

羽衣甘蓝

（芸薹属）

怎么种

■2月中下旬时，先在室内种下种子；或者在6月下旬直接把种子种在菜园中，但要遮阳、防雨。

■将种子置于土表下方1厘米处，种子间的间隔为3厘米。种子将会在5~17天内发芽。

■当幼苗长到大约8厘米高时，就逐渐开始间苗，直至植株之间的距离为30~60厘米。

■羽衣甘蓝可以在7月下旬至8月下旬开始种植。

■10月下旬至翌年的3月都可以食用。

怎么收

■在间苗的时候，把多余的甘蓝吃掉——羽衣甘蓝可以清炒一下吃。

■收割羽衣甘蓝的方法是，在植物的底部割下其外围的叶片。

■羽衣甘蓝生长了50天之后可以收割，或是当你需要的时候就去摘一些。

■在那些没有漫长的冬日的地区，可以把羽衣甘蓝一直放在地里，要用的时候直接收割。

■如果羽衣甘蓝放在菜园里，下一个春季它们会开花；它们的花吃起来很像蘸着蜂蜜的西蓝花。

种植品种

科伦内、温特博、阿培达、维塔萨、沃特斯等。

韭葱

（葱属）

怎么种

■韭葱的生长需要很长时间，但无需太多照料。不过最后的果实绝对值得那漫长的等待。

■在霜冻期的最后一天前10周，在室内种下韭葱的种子。将种子铺撒在深达10厘米的花盆内，然后在上面放上6毫米的精肥。

■保持一个稳定的湿度；种子会在6~16天内发芽，嫩嫩的小苗密密麻麻挤在一起，像是绿色的头发。

■把幼苗移植到菜园中，植株的间隔为13厘米，都种在深达20厘米的坑中。

■慢慢地往坑中填土，将靠近根部的韭葱茎盖住；这样会使韭葱的茎部长得又长又白。

■以1~2个月为间隔，种植一些秋冬的韭葱品种，以便在夏末时期到隔年初春，都可以一直收获韭葱。

怎么收

■当韭葱的宽度达到1厘米时，就可以收割了。韭葱最早可能在7月就可以收割了。

■在温和的天气中，韭葱可以在菜园中安然度过秋冬两季。

种植品种

美国鸢尾和伦敦宽叶等。

生菜

（莴苣属）

怎么种

■ 生菜（叶用莴苣）是一种喜寒作物，在春天连续播种和秋末播种，生长得最好。

■ 1月底至2月上旬，先在室内种植生菜，然后在3月移植到室外。也可以在3月时，直接在室外播种。

■ 把生菜的种子撒在土壤表面，然后用土薄薄覆盖一层，往下压一压使种子与土壤接触。种子将会在5~15天之内发芽。

■ 生菜的种子很小。有可能你会过量种植，不过没关系。等种子发芽后，间苗至20厘米，收获后尽情享用嫩生菜吧。

■ 6月初之前，或当地热天开始之前，每隔两周就种一些生菜。生菜的种子在高于25℃的土壤环境中无法生长。所以在秋末的时候再开始新一轮的生菜种植，等待冬天收获吧。

■ 快速长成的绿色生菜叶有一种甜味。要想生菜有甜味，就需要足够的氮和水分。如果你的生菜发苦，那么它在生长的过程中可能水不够，或者长得不够快。持续地浇灌生菜，并每隔几周就使用一些液体肥料，才能收获味道最佳的生菜。

怎么收

■ 生菜在生长35~55天后就可以收获了，具体时间依品种而定。

■ 当收割松叶莴苣时，每隔几天就从底部剪下一些叶片，然后让作物继续生长。

■ 球形生菜，比如罗蔓生菜和黄油味脆生菜，则可以从底部直接割下，留下根株的部分。使用液体的高氮肥料可以让生菜在根株部分长出一些小球生菜。

种植品种

射手101、皇后、东方福星、生菜王、美国大速王、玻璃生菜、大湖等。

洋葱

（葱属）

怎么种

■在中国长江以南地区，在冬季之前，洋葱一直在长顶部的绿芽。直到冬季开始，昼长变短，洋葱的球茎部分开始生长。洋葱顶部的绿芽越多，下面的球茎就越大。

■洋葱的种子会在6~16天内发芽。

■在秋天时节，将洋葱的种子种在菜园中，置于土表下方1厘米处。如果在室内种植的话，在一个深达10厘米的花盆中播撒最多70粒种子，然后移植到菜园中，将长得如发丝一般的绿色嫩苗分开。

■将植株之间的间距调整为至少13厘米。

■你可以买一些洋葱栽子——看起来像是十分干瘪的小洋葱。把这些洋葱栽子，作为移栽的幼苗处理。

怎么收

■洋葱生长60~100天后，就可以收获了。一般来说，5月底至6月上旬是收获洋葱的时候。

■把花茎割掉，这样植物的养分会进入球茎中，而不会浪费在花茎上。

■当洋葱的顶部开始萎缩、脱落的时候，停止浇灌。你可以在顶部还没有脱落的洋葱上踩一踩（并且把洋葱的顶部踢掉），以加速这一过程。

■1周之后，收割洋葱。在储藏之前，让洋葱表面的皮干掉，以便保存。

种植品种

大水桃、北京黄皮、黄玉葱、台农选3号、千金、万金、北京紫皮、南京红皮、广州红皮、东北顶球洋葱、黄高早丰1号、红太阳等。

豌豆

（豌豆属）

怎么种

■种植荷兰豆、甜豌豆和豌豆，荷兰豆和甜豌豆的豆荚均可以食用。

■安装一个棚架，豌豆藤会顺着棚架往上长，然后再沿着水平的棚架继续生长。

■当土壤可以耕种时，马上种豌豆。

■将豌豆种子种在土表下方3厘米处，种子之间的间隔为5~10厘米。

■直接将豌豆种植在菜园中，种子将会在6~14天内发芽。

■如果你所在地区的春季十分寒冷潮湿，那么就先把种子种在室内的纸花盆中，当幼苗长到5~8厘米高时，再移植到室外。

■在早春时节种植豌豆，每隔两周就补种一些，直至4月上旬。如果春季一闪而过，你还来不及把豌豆种子种下的话，就在秋天的时候种一些豌豆，当季就可以收获了。

怎么收

■荷兰豆在种下60天后，就可以食用了。而甜豌豆和豌豆则要85天才会成熟。

■当荷兰豆的豆荚开始鼓起来的时候，就可以采摘了；甜豌豆的豆荚饱满了，就可以采摘了。这两种豌豆可以生吃，也可以稍微烧一下食用，比如清炒。

■当豌豆的豆荚中因为充满了豆子而有些起伏不平的时候，就可以采摘了。

■豌豆藤——植物顶端的15厘米可以被掐下，拌在沙拉里，也可以清炒一下或者与意大利面一起烧着吃。

■豌豆花也是可食用的，可以直接从豌豆藤上拔下拌在沙拉里。观赏香豌豆的花是不可食用的。

种植品种

赤花绢荚、甜脆豌豆、白花豌豆、荷兰豆、中豌4号、美国豆苗、小青荚、杭州白花、大荚豌豆等。

辣椒

（辣椒属）

怎么种

■辣椒需要一个又长又热的生长季才能成熟。

■在你所在地区霜冻期最后一天前10周，先在室内的花盆中种植辣椒种子，花盆的下面垫上一个发热托盘，把土壤的温度加热到21℃以上。种子会在8~25天内发芽。

■当室外温度到达约16℃，且晚间温度不会低于10℃时，把幼苗移植到室外。幼苗之间的间隔为30~35厘米。

■钟形玻璃盖或者其他保温设备，可以提高外界温度。

■当夏天温度升高时，移除保护装置，因为温度过高会导致辣椒无法结果。

怎么收

■收割辣椒，只要在辣椒果实上方的根茎处割断即可。

■辣椒在移植至室外生长55~100天后，就成熟了。具体时间依品种而定。一般来说，收获时间在7—8月。

■当辣椒长至绿色的时候，就可以食用了。但是会在成熟的过程中变成黄色、红色或橙色，依品种而定。

种植品种

扣子椒、五色椒、小米椒、鸡心椒、贵州七星椒、陕西大角椒、长沙牛角椒等。

樱桃萝卜

（萝卜属）

怎么种

■ 分别在春秋两季种植樱桃萝卜。

■ 樱桃萝卜几乎一下子就长好了，所以要认真考虑清楚自己一次种多少，吃多少就种多少。

■ 在3月中旬或8月初，直接在菜园中播种。把种子置于土表下方1厘米处，种子间的间隔为1厘米。

■ 种子会在4~11天发芽。在其发芽以后，尽快将其间苗至3~5厘米。

■ 樱桃萝卜的生长需要许多水分，否则就会长得太小太辣以至于不能入口。

怎么收

■ 樱桃萝卜生长20~30天后，就可以收获了，所以当你种下3周之后，就可以考虑把它们从地里拔起来了。

■ 樱桃萝卜生长得很快，很快地就会长出花柄，上面托着粉白色的小花，放进沙拉里面吃很不错。那些饱满的果实，也是可以食用的，很甜很脆，有一股清爽的萝卜味。在果实里面的纤维变得太多之前把它们拔起来，然后拌进沙拉里，或者清炒着吃。

种植品种

美樱桃、二十日大根、四十日大根、上海小红萝卜、女子味、密尔、罗莎等。

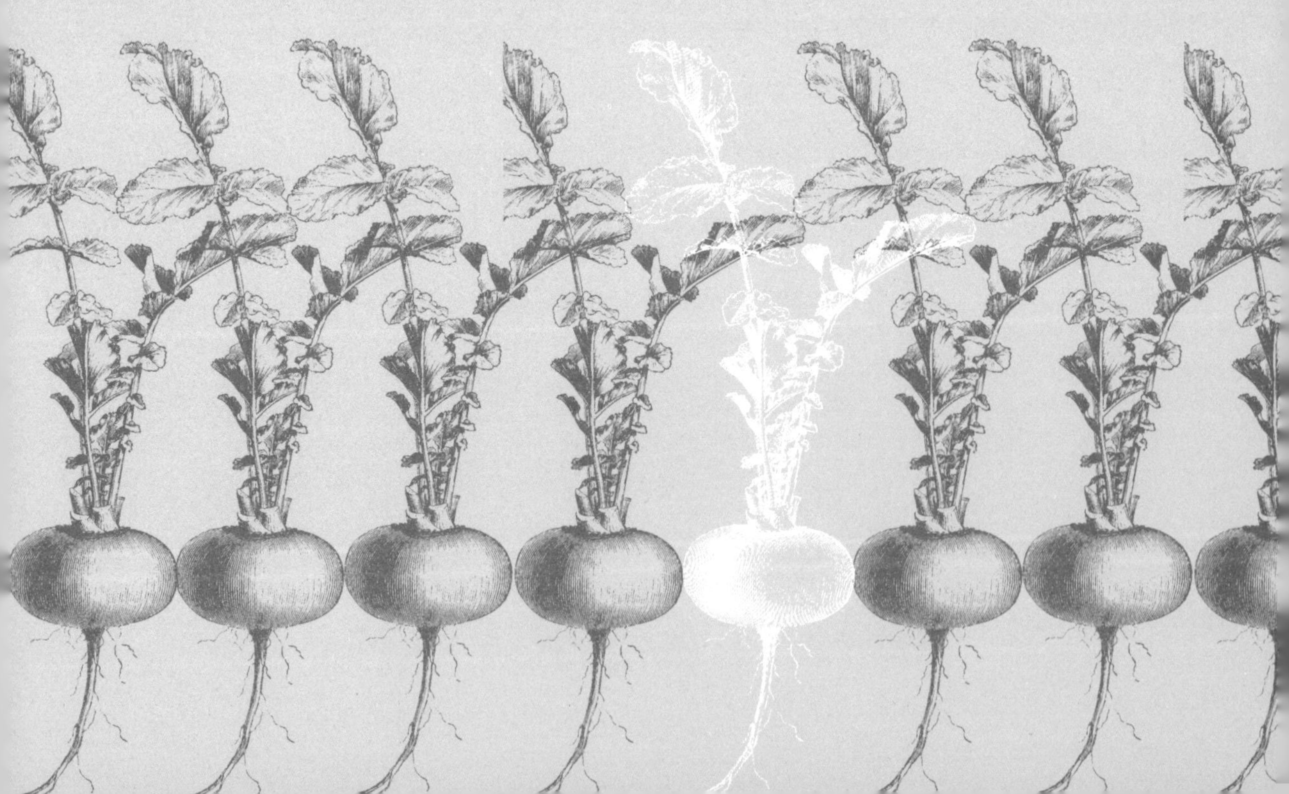

怎么种

■ 菠菜是喜寒作物，在炎热的天气中会生长过速，所以最好在早春时节就开始种植，然后在夏末的时候再进行新一轮的种植，秋天的时候就可以大丰收。

■ 在4月初，土壤温度达到5℃或8月时，把菠菜的种子种下。在10月中旬至11月上旬种植的菠菜可以越冬，然后春天来临时，就是第一种可以收获的蔬菜了。

■ 把种子置于土壤表层下方1厘米处，种子间的间隔为3厘米。种子会在6~21天之内发芽。

■ 间苗至8厘米。

■ 每周续种一些，以延长收获季。

怎么收

■ 用剪刀自土壤上方的植物的底端剪下，即可以收获菠菜。小心一些，不要损坏了植物的中心。

■ 当菠菜长到8厘米高的时候就可以开始收割了——那时差不多是种下后的3周。

■ 另外，菠菜在生长了35~50天后，也都可以收割了。

■ 如果你的菠菜长得太快，可以捏一捏菠菜的茎秆，然后施一些液体肥料，植物可能会缩回去。

种植品种

华菠1号、广东圆叶、春秋大叶、辽宁圆叶菠、沈阳圆叶、迟圆叶菠等。

菠菜

（菠菜属）

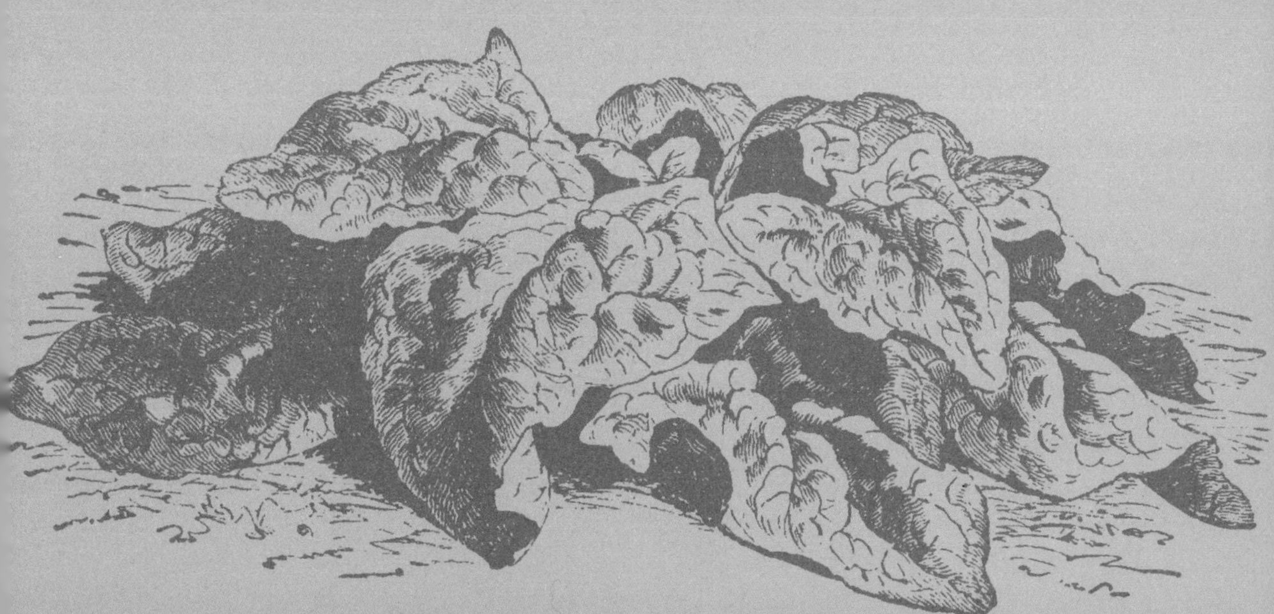

（南瓜属）

西葫芦

怎么种

■在3月中下旬至4月下旬，于室外种植。

■你也可以在种植期前3周，先把种子种在室内的纸花盆里。

■把种子置于土壤表层下方3厘米处，种子间的间隔为15厘米，每3~4粒种子占一个小丘，小丘之间的间隔约为1米。种子会在5~14天内发芽。西葫芦的"小丘"，其实不是一个小丘，只不过是对一堆种在一起的种子的称呼罢了。

■所有的南瓜属植物在同一株植物上都分别有雄雌两种花。雌花的后面有一个小小的瓜。当花被授粉之后，这个小瓜就会生长。如果花没有被授粉的话，这个瓜就会枯萎，掉落在地。你可以用一根羽毛或者一个小画笔，自己手动授粉，从雄花的花蕊上沾一些花粉，撒在雌花上。

怎么收

■收获西葫芦，在其果实的顶端的茎处剪下即可。

■摘，摘，摘——千万不要放过任何一个西葫芦的（你可以把很大的西葫芦烤一烤食用）。当西葫芦长得较小的时候，差不多是在种下的40天后，就可以收割了。直到秋天，都可以一直收获西葫芦。

■西葫芦可以适用于代替任何需要茄子的菜中。你可以试着做一锅西葫芦帕玛森乳酪，作为夏末时节的盘中餐。

■西葫芦的花也可以吃：你可以摘一些雄花或雌花（也要在植株上留一些，以让植株结果），然后去掉中间的雄蕊或雌蕊。西葫芦的花很光滑，有着天鹅绒般丝滑的口感，吃起来有一些西葫芦的味道。西葫芦的花可以直接吃，也可以塞上肉馅、裹上面粉后油炸着吃。

种植品种

绿宝石西葫芦、长青1号西葫芦、长绿西葫芦、京葫3号、笨西葫芦、蔓生西葫芦、扯秧西葫芦等。

冬南瓜

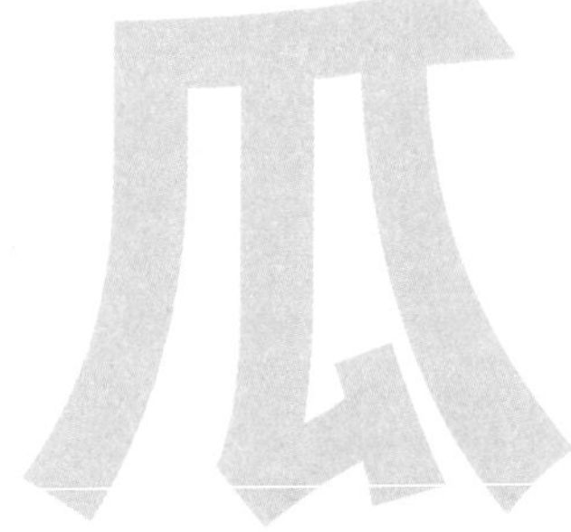

（南瓜属）

怎么种

■ 和西葫芦的种植方式基本相同，唯一不同的是冬南瓜“小丘”的间距约为2米。大部分的冬南瓜都是蔓生植物，茎会一直在地上蜿蜒生长。你可以搭一个架子，让南瓜藤在上面生长。

■ 用一个尼龙吊索来固定吊在瓜藤上的果实。

怎么收

■ 冬南瓜生长至成熟需要80~100天，秋天的时候可以收获。

■ 当冬南瓜长至合适的颜色，且长出了一层硬皮时，就可以收获了。你可以用大拇指的指甲来检验一下冬南瓜是否成熟。当冬南瓜皮很硬，你的指甲在上面完全不会留下痕迹的时候，就可以收获了。

■ 收割完冬南瓜以后，如果天气干燥的话，把南瓜放在菜园中或者储存在一个阴暗干燥的地方，放上3周让其自然硬化。冬南瓜不能在低于10℃的地方放太长时间。

■ 烤冬南瓜子是一种高蛋白的小零食。将冬南瓜子清理出来，然后与一点油、盐和红辣椒拌一拌，放进烤箱烤一下。

种植品种

黑子南瓜、墨西哥南瓜、印度南瓜、蜜本南瓜、蛇南瓜、黄狼南瓜等。

叶甜菜

（甜菜属）

怎么种

- 春天和秋天都是种植叶用甜菜的季节。
- 将种子置于土壤表层下方1厘米处，种子之间的间隔为8厘米。
- 种子会在5~17天发芽。把种子种得更密集一些，然后将叶甜菜间苗，多出来的幼苗可以拌在沙拉中食用。
- 植株长到8~10厘米高时，间苗，使植株间距为30厘米。

怎么收

- 叶甜菜发芽后的60天左右，就可以收获了，不过你可以提前收获一些甜菜叶。
- 选择一些长约20厘米的甜菜叶，在地面上方3厘米处剪下叶子即可。
- 将嫩叶整片拌在沙拉中，或者略炒一下吃。成熟的叶片上的主茎有点韧，可能很难嚼，所以要把主茎切下再食用。

种植品种

青梗叶甜菜、四季牛皮菜、玉白菜、剥叶甜菜、红梗叶甜菜、青梗君达菜等。

番茄

（茄属）

怎么种

■番茄既有可能是有限生长型植物（一种长到既定大小，然后都在几乎同一时间开花、结果、成熟的植物），也有可能是无限生长型植物（一种在整个生长季中都会不断地长出藤蔓和花朵的植物）。

■在你所在地区的霜冻期最后一天前6~8周开始，在室内先把番茄种子种下。在一个深达10厘米的花盆中，将2~3颗种子置于土表下方6毫米处。种子会在6~14天内发芽。当植物长出第一对真叶时，将植株间苗，每个花盆中只种植一株植物。

■使用加热托盘（为了提高土壤温度）和强烈的灯光，可以确保室内幼苗茁壮生长。

■强化幼苗，在白天将花盆搬到室外，持续一周。然后将幼苗移植到菜园中，或者种植在室外的容器中。

■种在菜园中的幼苗间的间距应保持在8~10厘米。番茄是十分有力的“挖土机”，可以从茎部长出许多根系，疏松土壤。将位置较低的叶子剪下，然后将茎部埋在深处，这样就可以有效地构建一个健康、庞大的根系。

- 有限生长型番茄植株需要用木棍来支撑挂满果实的枝丫。而无限生长型番茄则需要搭一个坚固的棚架来支撑。
- 在比较寒冷的天气里，你可以用一些可以延长生长季的东西——比如临时的或永久性的覆盖物或者保护措施，来帮助提高外界温度。
- 保持土壤湿度，尤其是容器中的土壤湿度，以减少番茄患脐腐症（果实脐部形成黑斑块并出现凹陷的症状）的概率。
- 那些番茄爱好者会告诉你，你不能种太多的番茄，但是这样的建议可以让你想一想你最喜欢的番茄是哪一种：樱桃番茄，切片吃的番茄，还是制作新鲜的番茄酱用以冷冻保存。
- 你可以修剪没有结果的叶片和枝丫，来加速番茄的成熟过程。在8月中旬时，将还没有结果的花移除。减少浇水量，让植物在压力下，专注于结籽（在植物内部）。

怎么收

- 成熟的番茄的脐部应该十分结实，但也是按得动的。成熟的番茄应该很容易就可以从茎部摘下来。
- 番茄可以在7月初成熟，也可以在8月成熟。
- 每天都可以收割一些番茄，例如樱桃番茄。
- 在种植季末，将一束差不多要熟的番茄剪下，不要从藤上摘下，然后把它们放在厨房，那些番茄会慢慢成熟。
- 如果在种植季末你还有很多没有成熟的番茄，你可以用这些番茄做成开胃小菜、酸辣酱或小西点。把没有从藤上摘下的番茄放在厨房，每周观察它们成熟的过程——当被按压的时候，成熟的番茄的底部会微微有些凹陷。

种植品种

可以种植的番茄品种非常多，你可以事先在本地的农产品市场里尝一尝，然后选出你最喜欢的品种来种植。

佳粉10号、绿宝石、佳粉15、中杂9号、中蔬4号、瑞星1号、瑞星5号、金冠5号、金冠8号、东农706、东农712、金棚1号、金棚8号、浙粉201、浙粉702、红玉、红太阳、京丹1号、京丹2号、黑珍珠等。

草本植物

罗勒

（罗勒属）

怎么种

■罗勒是一年生的喜温作物。

■只有当天气变暖——5月底到6月时，罗勒才可以在室外开始种植。

■土壤温度为21℃，而且夜间温度不会低于10℃时，生长状况最佳。

■把幼苗间苗至30厘米。

■在罗勒开花之前，将小花掐去，这样植物会长出更多的叶片。

■对于种植在容器内的植株，你可以每隔几周少量使用一些高氮液肥。

■罗勒喜欢温暖的环境，如果你所在地区比较寒冷的话，你可以使用钟形玻璃罩或拱形温室来种植罗勒。

怎么收

■掐下或剪下茎干旁的叶片。仔细地洗净，因为罗勒叶很容易沾上污垢。

■在整个夏天持续收割，这样植株也会不断生长。

■罗勒在霜冻期一开始就会死亡。所以要提前把整株植株收割下来（或者把植株放到室内灯光下。）

■收获后的罗勒可以晾干，或者加入一些橄榄油和冰块一起放在食品料理机中，为冬天的烹饪增加一些调料。

种植品种

柠檬罗勒、丁香罗勒、绿罗勒、甜罗勒、德国甜罗勒、斑叶罗勒、茴香罗勒、桂皮罗勒、紫罗勒、莴苣罗勒等。

细香葱

（葱属）

怎么种

■细香葱（虾夷葱）是葱属的植物，从小的球茎中生长出来。细香葱是常年生的，在冬天会枯萎，夏天又会生长起来。

■细香葱既可以从种子开始种，也可以从幼苗开始种植。

■在3月初开始种植细香葱种子，将种子置于土表下方6毫米处，种子之间的距离为3厘米。种子会在7~14天内发芽。

■将幼苗间苗至15~20厘米。

■一丛细香葱会同时长大。这样的细香葱可以由中间一分为二。直接挖下，然后把一部分的细香葱移至另一块地方，放在容器中，或是送给朋友。

怎么收

■你可以食用新鲜的细香葱，直接在植株底部用剪刀剪下一把（或你需要多少就拿多少）。

■细香葱的花——小小圆圆的薰衣草花一样的花——可以拌在沙拉中食用，也可以整个或者分开，用作装饰。

■用细香葱的花来做香草醋，香草醋的颜色会呈现出十分漂亮的粉红色。

■把细香葱的茎部切碎然后和奶油奶酪拌在一起食用。

种植品种

新葱1号、新葱2号、德国全绿等。

香菜

（芫荽属）

怎么种

■香菜（芫荽）是一年生蔬菜，在炎热的天气中能迅速生长。

■从4月初一直到6月，每隔两周种一次香菜，这样能够保证总有足够的香菜叶可以食用。

■把香菜的种子撒在土壤上，再用土壤薄薄覆盖一层。持续浇水，保持植物的水分，10~16天后种子就会发芽。植株之间要有8~10厘米的距离。

■如果你在8月播种，秋天就能收获一部分，还有一些可以越冬。越冬香菜早春开始生长，并且生长较慢。越冬香菜可以让你收获三季或者更多。

怎么收

■香菜长到8~10厘米的时候开始修剪。

■用剪刀修剪香菜顶端，这样香菜能长得更好。

■让少数几株香菜开花结种，得到的种子就是胡荽。鲜胡荽可以用旺火炒，也可以用作沙拉酱调料，干胡荽可以用来再种植，或者用来做腌泡菜。

种植品种

北京香菜、山东大叶、厚阳秋香菜、白花香菜、紫花香菜等。

牛至

（牛至属）

怎么种

- 牛至是原产于地中海地区的多年生蔬菜，在高日晒、低湿度、排水状况很好的土壤环境下长势旺盛。
- 种植牛至最简单的方法是买一株小的牛至植株。
- 牛至是一种耐寒植物，在容器中生长较好，尤其是在赤陶容器中。可在菜园中五区种植。
- 牛至在冬天凋谢枯萎，春天到来之前要把它地面以上部分剪掉。
- 牛至也可以作为一年生植物种植，寒冷天气到来之前可以整株收获。

怎么收

- 早上把没开花的茎剪掉，扎成捆，在黑暗通风的房间晾干。叶子变干之后，把茎上的叶子剥掉，之后把叶子放在袋子或罐子里进行储存。
- 要采摘单独茎干，这样可以新鲜使用，剥掉茎上的叶子时要用手。
- 牛至的紫色小花开在茎的顶端。牛至的花可以在沙拉或插花中用作装饰。把牛至的花储存放置会重新生出种子，这种情况下这些种子可以再发芽。

种植品种

小叶牛至、金顶牛至等。

欧芹

（欧芹属）

怎么种

■欧芹是两年生植物——第一年生长，第二年开花、结种，之后枯萎。很多种植者把欧芹当做一年生植物种植。

■欧芹的种子发芽很慢，因此在种植前一晚要把它的种子浸在温水中。适宜在3月种植欧芹，并把种子置于土壤表层下1厘米处。21~28天后种子就会发芽，冒出地面。

■当植株长到10厘米左右高的时候把植株隔开，间隔15厘米。

■你可以将欧芹种植在菜园或者容器里。

■欧芹的主根很长，因此在松软的土壤中或者在较高的容器中长得最好。

怎么收

■有需要的时候就可以剪收叶子。

■季末的时候把欧芹晾干以供冬天使用：把欧芹铺在报纸或者硬纸板上晾干，避免阳光直晒，然后置入密闭容器保存。

■芜菁根欧芹（欧芹的亲缘植物）的根可以食用：播下种子，生长3～4个月之后就可以收割。烘烤过后的味道跟欧洲萝卜很像。

种植品种

普通香芹、皱叶香芹、那不勒斯香芹、蕨叶香芹等。

迷迭香

（迷迭香属）

怎么种

■迷迭香是原产于地中海地区的灌木植物，在高日晒、低湿度、排水状况很好的土壤环境下长势旺盛。

■种植迷迭香最简单的方法是种植小的迷迭香植株。

■迷迭香是常绿植物，耐寒，可在菜园第八区种植。迷迭香是一种芳香可食用的修剪灌木（可以修剪成别致的形状），也可用作树篱。

■每季新枝上会开出紫色或者蓝色的花。

■放在容器中可作一年生植物种植，当年霜冻期开始前要收割。

怎么收

■做饭或烧烤时有需要就可以收割迷迭香的茎。叶子可由茎上剥落，并且剁碎使用。

■可以将茎干扎成捆，在黑暗通风的房间晾干。把茎上的干叶子剥掉，之后把叶子放在袋子或罐子里进行储存。

■在室外菜园里的时候，迷迭香的花朵尝起来非常美味，是一种淡淡的，带点甜的迷迭香味道的花蜜。

种植品种

粉红迷迭香、金斑迷迭香、铁叶迷迭香、宽叶迷迭香、抱木迷迭香等。

鼠尾草

（鼠尾草属）

怎么种

- 鼠尾草是原产于地中海地区的灌木植物，在高日晒、低湿度、排水状况很好的土壤环境下长势旺盛。
- 种植鼠尾草最简单的方法是种植小的鼠尾草植株。
- 鼠尾草是落叶植物，冬天会脱落大部分或全部树叶。可在菜园第四区种植。
- 在容器中可作一年生植物种植。

怎么收

- 做饭或烧烤时有需要就可以收割鼠尾草的茎。叶子可由茎上剥落，并且剁碎使用。
- 可以将茎干扎成捆，在黑暗通风的房间晾干。把茎上的干叶子剥掉，之后把叶子放在袋子或罐子里进行储存。
- 鼠尾草的叶子可以做成鼠尾草油炸果，或者用黄油煎鼠尾草叶。

种植品种

五福花鼠尾草、地埂鼠尾草、蕨叶鼠尾草、华鼠尾草等。

百里香

（百里香属）

怎么种

■百里香是原产于地中海地区的灌木植物，在高日晒、低湿度、排水状况很好的土壤环境下长势旺盛。

■种植百里香最简单的方法是种植小的百里香植株。

■百里香是常绿灌木，叶小，可在菜园第五区种植。在容器中生长良好。

■可作一年生植物种植，整株可在秋末收割。

怎么收

■做饭或烧烤时有需要就可以收割百里香的茎。叶子可由茎上剥落，也可把整根茎放入汤中或炖的食物中，但上菜之前要取出。

■百里香的枝可在夏天剪除，在黑暗通风的房间晾干。把茎上的干叶子剥掉，之后把叶子放在袋子或罐子里进行储存。

■小簇的百里香粉色花蕊是极好的装饰品，也可作为装饰加入香草花束中。

种植品种

长生百里香、宽叶百里香、西里西亚百里香、利巧百里香、香柠檬百里香、浓香百里香等。

当你撒下种子开始种花的时候，
必须保证这些花能有机生长。
买植物的时候要保证从可靠的渠道购买，
这样才能避免买到用过化学药品的植物。
可食用的花株经常用作餐盘装饰品。

FLOWERS

怎么种

■矢车菊是一年生花卉，花为白色、紫色或深浅不一的蓝色。

■适宜在春天种植矢车菊，栽种于花盆中或直接种于菜园中。

■任由矢车菊结果的话，这种花第二年会自行开放。矢车菊是一种能迅速蔓延的花。

怎么收

■单独采摘矢车菊的花，只取花瓣部分，可食用，味淡香。

■矢车菊颜色繁多，非常适用于插画设计。

种植品种

紫色矢车菊、白色矢车菊、浅红矢车菊、蓝色矢车菊等。

矢车菊

（矢车菊属）

怎么种

■琉璃苣是一年生植物，枝叶有绒毛，花朵较小，成簇，蓝色，中心为黑色，有些琉璃苣的花朵呈蓝色和粉色。琉璃苣整株闻起来和尝起来都有轻微的黄瓜味道。

■4月末将琉璃苣的种子种在菜园里。

■蜜蜂等传粉者喜欢停留在琉璃苣花朵上，采摘时注意避开。

■琉璃苣的种子是幼年鸣鸟的重要食物，因此为了支持乡间野生物种生存，请让琉璃苣结果。

怎么收

■采摘花朵，用来制作沙拉或装饰奶酪盘。

■用冰块冷冻琉璃苣的花，夏天可加入冷饮中。

■琉璃苣可以在菜园里重新结种，第二年春会重新开花，但不会迅速蔓延。

种植品种

蓝色琉璃苣（最为常见）、白色琉璃苣（比较少见）。

琉璃苣

（琉璃苣属）

金盏花

（金盏花属）

怎么种

■ 金盏花是一年生植物，花似雏菊，在多凉爽天气的气候条件下生长最好。花朵味微苦但不会难以接受。

■ 早春将金盏花的种子置于土壤表层下6毫米处。

■ 金盏花在夏初（在一些气候温和地区会在春天）和秋天两次开花。

■ 金盏花可以自行繁殖，因此只需种植一次即可。

■ 金盏花方便种植，容易生长，能自行繁殖，但不会迅速蔓延。花可食用，制作成精油可迅速愈合抓伤、咬伤、晒伤。

■ 金盏花在温和的气候条件下可每月开花。

怎么收

■ 采摘金盏花的花朵时要注意逐个采摘，可将花瓣撒于沙拉或三明治上。

■ 花可用作插画设计。

■ 可将花瓣在纸上铺开薄薄一层晾干。金盏花干花可碾碎，代替藏红花用于烹调。

■ 可自制家庭止痒粉：将金盏花干花碾碎，加入紫草干叶和薰衣草花蕊，将其与小苏打混合即可。

种植品种

金盏花颜色呈深浅不一的橘色、杏黄色、黄色和乳白色。

宝石（Gem）系列、橙王（OrangeKing）、柠檬皇后（Lemon Queen）、红顶（Touch of Red）、太平洋美人（Pacific Beauty Mix）等。

石竹类

（石竹属）

怎么种

■石竹，也被称为石竹花或者康乃馨，多年生植物，夏初开花，花呈白色或深浅不一的粉色或红色。石竹香味浓郁，味甜辣。

■从种植有机花卉的花农那里购买石竹的植株。

■将石竹栽于炎热且阳光普照的地方；石竹偏爱碱性土壤，可将石竹靠近混凝土的垫脚石或者人行道栽种。

■夏末将没用的花朵全部剪掉，以使植株修整。

■石竹类在寒冷地区可作一年生植物种植。耐寒度适合在菜园三到八区种植。

怎么收

■采摘花朵，将花蕊用于装饰或加入沙拉中。

■石竹类的花可制作成可爱芳香的花束。

种植品种

高山石竹、长苞石竹、林生石竹、钻叶石竹等。

怎么种

■旱金莲是一年生爬藤或聚丛型花，花呈喇叭形向外展开，花色为深浅不一的橘色、红色、黄色或者粉色。叶子为圆形或扇形，有些类型的旱金莲叶子为杂色。旱金莲的花和叶味辛辣。

■适宜在3—6月将旱金莲的种子种在花盆中或菜园中，置于土壤表层下1厘米处。

■旱金莲不需要额外的肥料，但在较好的土壤条件下有规律地浇水能使得它的生长情况最好。

■旱金莲能够自行繁殖，但不会迅速大面积扩散。

怎么收

■旱金莲的各部分均可食用，大部分情况下可生吃。采摘旱金莲的花朵和叶子，可用于拌沙拉和三明治。

■旱金莲很容易长蚜虫，因此要定期采摘旱金莲的花并且在食用之前仔细检查。

■咬下旱金莲花瓣尾端，就可以尝到它甘甜辛辣的花蜜，这是一种可口的水果汁。

■旱金莲的花可以用来制作香草醋，醋可呈现跟花瓣同样的鲜艳颜色。

■收获种子，用以腌制，可替代刺山柑。

种植品种

天蓝旱金莲、玉叶旱金莲、短距旱金莲、多叶旱金莲、三色旱金莲、裂叶旱金莲等。

旱金莲

（旱金莲属）

怎么种

- 向日葵是一年生植物，以茎长花大著称，也有短茎的或多茎的向日葵类型。花的颜色分多种：乳白色、古铜色、栗色、橘色和黄色。花心颜色有深有浅。
- 4月或5月，当土壤温度达到24℃以上的时候，播种向日葵的种子。7~14天后种子就会发芽，冒出地面。
- 将向日葵的植株间苗，植株之间间隔30~45厘米。
- 将种子种在纸盆中或者玻璃罩中可以更早发芽。
- 将植株较大、头部较重的向日葵系在桩子上或者让它们倚着栅栏生长，这样向日葵的头部在越长越大的时候可以依靠桩子或栅栏。
- 向日葵具有异株克生特质，也就是说向日葵能抑制其他植物的生长。因此要为向日葵准备单独的花床，密集种植，这样长起来会很美，并可以在夏天提供一个乘凉的好地方。

怎么收

- 当向日葵的花朵背面的叶子开始萎缩的时候，把花剪下来，但要保留足够长的茎，这样才能把花朵倒挂在车库或储藏室晾干。
- 可以直接从成熟的花朵中取出新鲜种子，剥落种子的壳，里面是可以直接食用的果核，味甜且温和。
- 可以烘烤种子自己食用，也可以把种子喂鸟。
- 未开花的花蕾可以烹调。
- 保存干燥的种子以备再次种植。

种植品种

向日葵种类之多，不胜枚举。挑几种样子花哨的，享受向日葵的美景吧。

（向日葵属）

向日葵

水果树木

苹果

（苹果属）

怎么种

- 苹果最好种在菜园的四到九区。
- 苹果树会长到6~12米，挑选一种圆柱形的或者矮生或半矮生苹果树，可以在较小的空间或较大的容器中生长。
- 墙式苹果树以二维方式生长，形状为扇形或篱笆形，并且比完全长成的树木占用空间小。
- 很多种类的苹果树可以种来作为警戒栅栏。
- 为了能最好的坐果，种植两种可以同时开花的苹果树，或者种植一种野苹果树和一种食用苹果树。或者可以种植二合一或者三合一的树，即在同一个树干嫁接超过一种的苹果。
- 秋天或者冬天可以把苹果树种在花盆中或者在早春种下苹果树，苹果树这时已经长出了裸根茎。
- 找一个适合你所在地区种植的抗疾病的苹果树品种，学习一些苹果树修剪知识。

怎么收

- 一些苹果树的果子早在8月中旬成熟，有些晚到10月底才开始成熟。
- 拧动并拖拉苹果，如果它从茎上脱落，说明苹果已成熟。
- 把苹果从中间切开，查看苹果的种子，如果种子呈黑色，说明苹果已成熟。
- 早熟的苹果储存期限较短，晚熟的苹果可以保存较长时间。

根茎适合城市农场的苹果树类型

柱形苹果树（Columnar apples）：
M7、M26

矮生型（Mini-dwarf）：
M9、M27、P22、EMLA27

半矮生型（Semidwarf）：
M7、M26、M106、EMLA26、EMLA111

怎么种

■杏树在菜园的四到九区种植。

■选择一种根茎矮生型的杏树，比方说Mar 2624或者洛弗尔（lovell），比较适宜小型城市农场。

■很多种杏树可以自行受精，但如果旁边生长着同时开花的另外一种杏树会使得坐果更成功。

■适当间苗以增加空气流通，避免褐腐病（一种覆盖在果实表面的厚厚的土灰色真菌）。

怎么收

■杏子在6月到8月期间成熟，取决于杏子的种类和当地气候。

■杏子成熟时非常方便采摘。

■杏子可直接食用，也可以把杏子装罐，冷冻或晒干。

种植品种

水晶杏、大香白杏、金妈妈杏、红玉杏、麦黄、少山红、红梅杏、大接杏、大扁杏、山杏等。

（杏属）

栅栏式

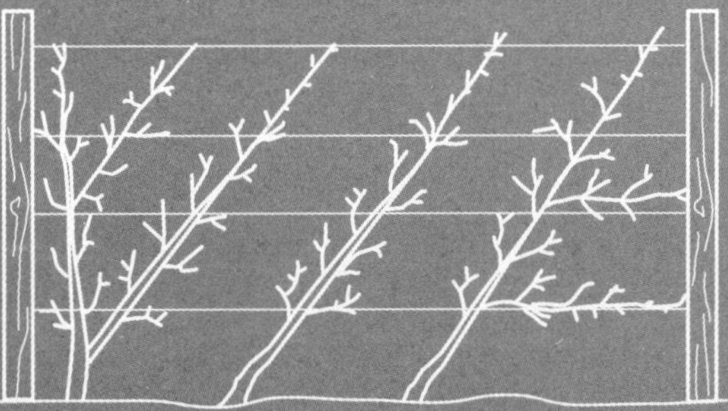

篱架式

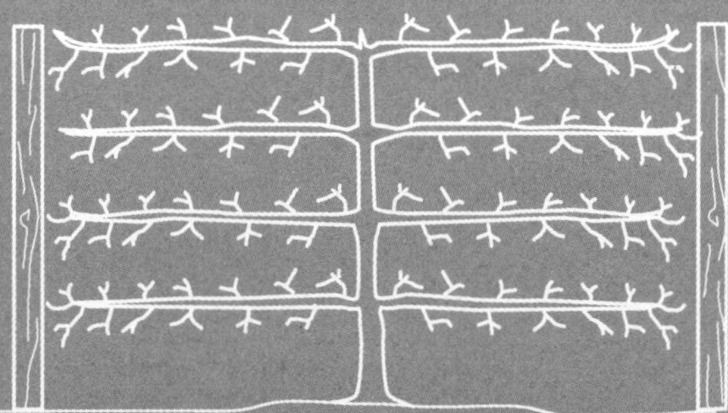

樱桃

（李属）

怎么种

■味甜的樱桃种于菜园中5～9区，味酸（用作果馅饼）的樱桃种于6～10区。

■挑选一种生长G–5根茎的樱桃种类（或甜或酸）。这样的樱桃树会长到正常樱桃树高度的一半，这样更适合城市农场，也方便结网防鸟类破坏。

■味酸的樱桃均可自花授粉，不需要其他树木为其授粉。有些味甜的樱桃可以自花授粉，而另外一些则需要其他种类为其授粉。购买之前要仔细了解清楚。

怎么收

■如果事先结网遮盖，就无需担心鸟类吃樱桃了。

■樱桃种类不同，果实采摘的季节也不同。采摘季节可以跨越整个6月。味酸的樱桃比味甜的成熟晚。

■采摘果实时，拧转细长的茎并轻轻拖拉，小心别把果实的茎拉下，这样会对果实造成损害。

■樱桃果实可以直接食用，也可以把甜味樱桃或者酸味樱桃做成糖浆保存装罐，冷冻或者把果实晾干。

种植品种

红灯、红蜜、红丰、早红、早大果、黑珍珠、先锋、软皮蛋等。

桃子和油桃

（桃属）

怎么种

■桃子和油桃可在菜园五到九区种植。

■选择一种根茎矮生型的桃树，比方说洛弗尔（lovell）或者普米优选（pumi select），这比较适合规模较小的农场。

■桃子可以混种，一棵树上可以嫁接好几种桃子。

■桃子和油桃在夏季炎热的气候条件下生长旺盛，有少数几种桃树适宜在夏季较为凉爽的环境气候中种植。

■适当间苗以增加空气流通，避免褐腐病（一种覆盖在果实表面的厚厚的土灰色真菌）。

怎么收

■天气炎热的地区7月开始就可以采摘桃子和油桃了，天气较凉爽的地区要到8月份才开始采摘果实。

■桃子和油桃成熟了可以很容易从树上采摘。

■桃子和油桃是极易腐坏的。可以直接食用，装罐或冷冻（果实可从中间切开，或切片冷藏）。

种植品种

桃子：菊红脆、世纪红、早蜜、白银桃、鸿福1号、晚巨蟠、早久保、绿化9号、晚蜜等。

油桃：瑞光5号、瑞光7号、华光油桃、瑞光11号、艳光油桃、瑞光18号、瑞光19号等。

怎么种

- 沙梨（Pyrus pyrifolia）像苹果一样香脆，尝起来是梨子的味道，最好种植于菜园五到九区。
- 半矮生根茎型的水梨树品种很多，这样的果树可以长到四五米高。
- 为了能更好地坐果，最好种植两种可以同时开花的梨树。或者可以种植二合一或者三合一的树，即在同一个树干上嫁接超过一种的梨树。
- 秋天或冬天可以把梨树种在花盆中或者在早春种下梨树，梨树这时候已经长出了裸茎。
- 找一个适合你所在地区种植的抗疾病的水梨树品种，你可以学习一些水梨树修剪知识。
- 半矮生根茎型梨树可以在树墙上生长。

怎么收

- 沙梨在成熟时可以采摘。仔细检查你所种植的梨树品种的成熟期，每隔几天检查同一个梨以确定是否成熟。
- 沙梨可以在冰箱里储存几周。

种植品种

雪梨、酥梨、口包梨、鹅蛋梨等。

（梨属）

怎么种

■ 洋梨（Pyrus communis）最好种植于菜园四到九区。

■ 半矮生根茎型的洋梨树类型很多，这样的果树可以长到四五米高。

■ 为了能更好地坐果，最好种植两种可以同时开花的梨树。或者购买二合一或者三合一的树，即在同一个树干上嫁接超过一种的梨树。

■ 秋天或冬天可以把梨树种在花盆中或在早春种下梨树，梨树这时候已经长出了裸茎。

■ 找一个适合你所在地区种植的抗疾病的青梨树品种，你可以学习一些青梨树修剪知识。

■ 半矮生型梨树可以种植成栅栏型或篱架型。

怎么收

■ 从夏末到秋天可以采摘洋梨，这取决于你所种植的梨树类型。

■ 洋梨应该在成熟之前采摘，之后可以放在厨房的柜台上或者冰箱里成熟。应该在洋梨紧实颜色青绿时采摘，这时果实的种子是黑色的。

西洋梨

洋梨

（梨属）

李子

（李子属）

怎么种

- 把李子树种在菜园四到九区。
- 选择半矮生的根茎型的李子树，这样的品种比较适合在你的城市农场中存活下来。
- 有些李子树可以自花授粉，而有些则需要其他树木的帮助才能开花结果。
- 让一棵李子树嫁接上一些不同的品种，就可以很好地异花授粉，这是个不错的选择。
- 如果你居住地的霜冻期来得迟，那请你选择开花时间较晚的李子树品种。
- 间苗以增加空气流通，避免褐腐病（一种覆盖在果实表面的厚厚的土灰色真菌）。

怎么收

- 根据不同的品种差异，李子果实从7月开始成熟，具体情况依品种而定。
- 收获时把李子从树上采摘下来；如果果实成熟了，它很容易就能从枝丫上摘下来。
- 李子可以生吃或者装入密封罐内冷冻、晒干保存。

种植品种

红香李、蜜李、五月李、玉黄李等。

更多
水果

MORE FRUIT MORE FRUIT MORE FRUIT

蓝莓

（越橘属）

怎么种

■蓝莓是一种落叶灌木的果实，应种在三到八区。

■在菜园里种一些蓝莓，既可以欣赏到它们在秋季美丽的颜色，也可以品尝它们甘甜的果实。

■蓝莓适宜种在酸性土壤中；适合种植在其他喜欢酸性环境的植物旁，比如杜鹃花和针叶类植物。当它们被当成树篱来种或者种成一小片时，更容易维持土壤的pH值。

■城市农场空间有限，应该选择矮小的品种；可以把它们种在容器里，果实生长期间要经常浇水。

■你可以选择种植在不同时令（种植季的早期、中期、晚期）成熟的蓝莓来提高产量。

怎么收

■还未成熟的蓝莓果实是红色的，也就是说要等到它们长成深蓝色的时候才可以采摘。

■蓝莓从7月初到整个8月会陆续收获，具体情况依品种而定。

■不要一下子将它们采摘完，应该每天摘一点，这样你就可以每天吃到最新鲜的蓝莓。成熟的蓝莓应该很容易就能从植株上摘下来。

■蓝莓可以生吃或者冷冻。做蓝莓酱或者把它们放在馅饼中烤着吃。

种植品种

美登（Blomidon）、粉蓝（Powderblue）、芬蒂（Fundy）、达柔（Darrow）、北蓝（Northblue）、夏普蓝（SHarpblue）、蓝丰（Bluecrop）等。

醋栗

（醋栗属）

怎么种

■醋栗是一种中等大小的落叶灌木的果实，应该种植在三到八区。

■可以种植红醋栗或者黑醋栗。

■醋栗是自花授粉的植物。

怎么收

■醋栗果实在6月底或7月初成熟。

■把果实一个一个摘下来是很繁重的活，你可以把一个枝干上的果实一下子撸下来，拿个碗在下面接着。有些叶子会掉进碗里，但你可以在厨房把它们拣出来。

■醋栗最常见的食用方法是榨成果汁，制成蜜饯，或者像提子的保存方法一样晒干。

种植品种

小醋栗、大醋栗、坠玉等。

接骨木果

（接骨木属）

怎么种

■接骨木果是大型落叶灌木接骨木的果实，适合种植在四到九区。

■接骨木果生吃会中毒。

■接骨木果会长成大型灌木，有着一丛一丛的扁平伞形花朵；花朵呈白色或粉色，在5月盛开。蓝色或黑色的果实在夏天成熟。

■接骨木果是一种很好的树篱植物，和其他灌木一起生长，既可做装饰又可食用。

■冬天修剪一下接骨木果的树枝会让它们长得更密实。

怎么收

■接骨木果是一种古老的药用植物。你可以用它的花（新鲜的或晒干的）泡茶或者将果实榨汁放在糖浆、果酱或酒中。

■制作接骨木果花露的方法：剪大约15个接骨木果花茎，把它们放在加糖的柠檬水里（用2个柠檬果皮和果汁兑约700毫升的沸水，再加450克糖），浸48小时。这种液体可作果汁饮料，倒在加冰的苏打水或杜松子酒里一饮而尽。

■夏天接骨木果果实沉甸甸的时候，修剪一下它的枝干。老一点花茎上的果实不能吃，果实的皮和籽都有轻微毒性。可以制作浆果，把它们从根茎上采摘下来压榨，用作果汁、糖浆或者酿酒之用。

种植品种

欧洲接骨木果：阿勒索（Allesso）、黑带（Black Lace）、黑美人（Black Beauty）、约克（York）、诺瓦（Nova）等。

美洲接骨木果：布鲁埃德（Blue Elder）等。

怎么种

■ 无花果是落叶灌木或者落叶小乔木，适合种植在七、八区到九、十区。

■ 无花果是很好的装饰植物，可食用。有些品种还可以在容器内种植。

■ 天气凉爽的时候，应该把无花果种在一面朝南的墙下，以获得更多的热量。

■ 大多数无花果有两次收获季：一次是秋天种植春天成熟（这些无花果不应种在七和八区）；更大的一次收获是在春天种植秋天成熟。

■ 无花果不需要异花授粉。

怎么收

■ 在夏末秋初时节，收获无花果时可以手提着一个果实，扭一下拉一下，就会轻易地掉下来。

■ 无花果可以生吃或冷冻、晒干，或放在糖浆或白兰地中罐装储存。

种植品种

青皮、蓬莱柿、沙漠王（Desertking）、布兰瑞克等。

无花果

（榕属）

怎么种

■ 葡萄是一种蔓生藤本植物，应该种植在五到九区，它的枝蔓会缠绕在支架上。

■ 如果葡萄藤附在横向生长的篱笆上那是再好不过了，这样结出的葡萄是最美味的。

■ 葡萄藤在冬季需要修枝。

■ 葡萄品种一般分为即食的和酿酒的两种。

■ 具体种植的葡萄品种，要看你当地热量条件如何。

怎么收

■ 葡萄完全成熟之后才可以采摘；可以隔几天采一个葡萄尝一下味道。

■ 葡萄在秋季收获，用刀或者修剪枝丫的剪子把葡萄一串一串从藤蔓上采下来。

■ 葡萄可以直接吃或做成果汁或果酱，也可以晒干自制成葡萄干。

种植品种

咨询专家以确定你那里最适合种植哪种葡萄。

葡萄

（葡萄属）

草莓

（草莓属）

怎么种

■根据不同品种，有些草莓通常在6月（一季结果型）可以有较大的产量，或在整个夏天结出少量的果实；有些草莓会有两次收获季，一次在初夏，一次在夏末。

■林生草莓株形比较紧凑，会结出小的纤细的甘甜果实，而这些植物可以作为地被植物融入菜园的景观之中；这样的草莓适宜在半阴的环境中生长。

■你可以去购买一些生长繁盛的无病害的植株。

■以微微抬高的行列种草莓，每隔40厘米种一棵，每行间隔90厘米。如果出现枝叶横生的状况，就应该试着把它们限制在行列的范围内（修剪一些枝叶，以避免太拥挤）。

■植物种子应该埋在土壤里，这样根系就会在土层之下，但是要确保生长点（也就是叶子生长的地方）位于土壤之上。

■草莓可以种在特制的“草莓陶盆”里，也就是两边有口袋的赤陶容器，但要悉心照料确保植物不会干枯。

怎么收

■当草莓散发芳香、颜色红润时，它们就成熟了（具体情况依品种而定）。

■采摘成熟的草莓时用手将其从茎上拔下来。

■草莓可以生吃，或者冷冻或做成果酱加以保存。

种植品种

硕丰草莓、春旭草莓、明晶草莓、石莓1号、星都号草莓、石莓3号等。

怎么种

■覆盆子和黑莓都是藤蔓植物；它们会从地面上长出新的藤蔓，以抬高它们的高度。藤蔓可以长到10~15厘米高，稍加修整可以变成篱笆。

■覆盆子和黑莓品种各异，有的收获季只在夏天，有的收获季在夏天和9月（可以连续不断结果）。

■对于一次性结果的品种，在9月剪掉结果的藤蔓，这样新生长的藤蔓在翌年可以重新结果。

■对于四季结果的品种，可以在深冬或早春修剪藤蔓。而新生的藤蔓会在8月或9月有一个产量较大的晚的收获季。

■选择一种无刺的黑莓品种，这样一家人一起采摘会更有趣更轻松。

怎么收

■覆盆子和黑莓7月成熟（对于连年结果的品种是在8月或9月成熟）。

■每隔2～3天去采摘一次确保没有果实遗漏。

■成熟的覆盆子很容易采摘，而且会落下一截白色的叶柄；黑莓成熟时会很甜很容易采摘（白色的果核会粘在果肉上）。

种植品种

黑莓：黑莓（Marionberry）、泰莓（Tayberry）、博伊森莓（Boysenberry）、无刺罗甘莓（Thornless Loganberry）、无刺三角皇冠莓（Triple Crown Thornless）、无刺黑珍珠（Black Pearl Thornless）等。

覆盆子：博恩（Boyne）、莱瑟姆（Latham）、托拉米（Tulameen）、萨尼治（Saanich）、米克（Meeker）等。

四季结果的覆盆子：萨米特（Summit）、卡洛琳（Caroline）、罗萨那（Rosanna）、秋天布里顿（Autumn Britten）等。

覆盆子和黑莓

（悬钩子属）

锄草耕作的次序

如果可以种植的蔬菜和水果种类实在太多了，无法缩减选择范围。我的建议是：

先种一些自己喜欢吃的东西；

然后还要种一种浆果植物或者果树来自制果酱；之后再试着种植一些稀有的或者濒临消失的蔬菜品种。和别人分享你所种的植物和你在城市农场所学到的知识，犹如种子在风中撒播一般，将你的知识撒向远方。

第八章

保持植物生长势头

灌溉是城市农民最大的开销之一。明智而适当地灌溉既可以节省水资源、节约成本，也可以促进植物健康生长，从而取得更好的收成。在这一章里，你将学到浇灌植物所需的水分用量、如何选择正确的灌溉工具以及哪种灌溉技术可以确保每滴水都可以得到充分利用！选择正确的花园位置，培育健康的土壤，不过如果你忘记灌溉，或者没有进行规律而持续地灌溉，那么到收获的时候你可能就要大失所望了。蔬菜中水分含量占到80%~95%，并且需要持续充足的水分来供养其生长。所以你的职责就是保证靠近植物根部的土壤水分均匀，这样植物便可以得到生长所需的水分。如果没有持续充足的水分，你的收获季就来得晚而且收获量少，蔬菜个头也小，而且尝起来略微泛苦。所以，让你的花园得到充足的水分是城市农民们最要紧的工作之一。

节约水的办法

培植健康肥沃的土壤

你可以通过在土壤中添加有机物质和堆肥来增强土壤的吸收能力。有机物质吸收水分，然后缓慢地把水分释放给植物和土壤里的微生物。健康的土壤对暴风雨产生的径流也有很好的渗透作用。堆肥可以减慢沙质土壤的排水速度，并且有助于黏土变松，从而使水分得到更好的吸收。

护根

只要一整年都用护根，任何灌溉计划的效果都会大大提升。正如你所知道的那样，护根可以给土壤遮阳，从而减少水分蒸发。护根具有可渗透的特性，这样可以保持土壤中有机物质的水分，从而增加土壤中的水分含量。

滴灌或者用渗水管

用滴灌或者渗水管工具缓缓地浇水，让水渗入到土壤深处，因为那里的水分蒸发缓慢，方便植物吸收利用。滴灌系统让水驻留在土壤表层而不是植物叶子表面；这样便减少了水分蒸发流失，控制了疾病传播。

分类种植植物

根据植物的水分需求进行集群是很有道理的，因为它可以让你的工作变得轻松点。把新的需要频繁浇水的新植物种在一个区域，这样方便你集中进行灌溉。当然你也可以把老的生长多年、不需要太多水分的植物种在一起。把耐旱的植物种在花园的外围，因为一旦扎根，它们并不需要过多照料。

明智的灌溉技术

缓慢地浇水

理想地来说，灌溉一株植物就像斟茶一般——你需要小心翼翼地去浇灌适量的水，从而使土壤在你浇水的时候就可以进行吸收。你可以用英式洒水壶在幼苗和苗床上轻柔地喷上薄雾般的水层。虽然并不实用，但这是一种缓慢浇水的好方法。草坪和花园里浇的大部分水都在渗入根部前流失了。所以要让水渗入到土壤深处；翻耙一下土层，检查水渗透的深度。如果灌溉中出现了水坑，就把水管关掉，让水完全被土壤吸收掉再重新开始浇水。

孩子 + 浇水 =

减少灌溉频率但让每次灌溉更深入

通过让土层顶部3~5米的土壤在每次灌溉的间隙自然风干，来刺激根系更加健康强壮地生长。允许土壤在每次灌溉的间隙稍稍风干，从而促使植物根系在土壤里深度扎根，寻找更多的水分。

这会促进根部生长系统更健康，更庞大。健康的植物对疾病有更强的抵抗力，并且在面对极端气候、干旱以及高温情况时更坚韧，恢复能力更强。植物的根系都是向着水分生长。如果你只让水分积聚在土壤表层，那植物就必然扎根在土壤浅层。

浇水的小贴士

- 保持植物根系附近的水分均匀。要知道你的植物是否缺水，翻耙一下土壤，看土壤是否很潮湿，颜色是否很深。
- 幼苗比成年植物更需要经常浇水。
- 早晨是最适合浇水的时间。
- 需要浇灌的是土壤，而不是植物。
- 浇水要深入土壤，次数不要那么频繁。把水压调低一点让水渗透进土层，而不是仅仅冲刷表层。
- 你通过护根、增加堆肥、把水分需求量相等的树种在一起来节约用水。

不间断地灌溉

定期地在相同时间段给植物浇相同数量的水。比方说，你可能会每隔两天给你的花园浇10分钟的水。如果你一天或两天忘记了浇水（或者浇水计划紊乱），也不要尝试通过过度浇水来弥补。不规律地浇水是花苞腐烂或者果实断裂、畸形的主要原因。

晨间灌溉

水滴落在靠近土壤的叶子上，会增加感染真菌疾病的概率，比如晚疫病和白粉病。早晨十点之前浇水，会给植物足够的时间来晾干它们的叶子，降低疾病传播的概率。夜间浇水也是可行的，但是会让土壤受凉（这对能量作物不利），招引鼻涕虫（蛞蝓），

触手可得的快乐！

教孩子们如何浇水时，我们把这比作是从杯子里喝水的过程。但当你喝水时，并不只是张开嘴巴，把水倒进去，你是真希望水能够进到嘴巴里而已。如果你喝得太快，你可能会呛到或者把水全洒到衬衫上。所以应该小心地啜饮吞咽。

不用给你的孩子们购置洒水壶。因为我们有循环利用酸奶杯就可以了。酸奶杯很容易从桶里装水，并且很适合孩子们小手的大小。浇灌植物的方法和他们喝水的方法一样。让植物呷一口水，然后让土壤吸收水分。也就是啜饮吞咽。

也会传播疾病。不过无论是在一天里的什么时候，如果你发现植物急需水分，不要犹豫，立刻浇水。

给你的花园锄草

杂草长势迅猛，而且会和植物们争夺水分。用堆肥和滴水灌溉的方法来抑制杂草萌芽。土壤潮湿的时候拔草较为容易。在杂草生根之前把它们掩埋在土壤里会有助于土壤保持肥沃。

设定时间

通过用一个手工校对或者电池制动的计时器，来控制隔多久洒水器或者灌溉系统运作一次的时间间隔。这样的话，如果你在收获或者锄草时分神了，也不用担心会浇水过度。

修整裂缝

保持水龙头和水管正常使用，保证随时都可以满足植物的水分需求。由于漏水的水龙头和水管连接器漏水，大量的水被浪费掉了。漏水的水管连接器使用质量优良的耐用的产品进行替换。

浇水量

给植物浇水的正确方法：

- 在发芽之前苗床必须保持潮湿。然后在种子生长的时候，就可以不用太频繁地给它们浇水了。
- 新移植的植物和幼苗在移植后的一周内需要每天浇水。待它们长成后，每棵植物每周需要4~8升的水。
- 果树在花朵和果实生长的时候需要较多的水。果实成熟之后，就不需要那么多水了。
- 耐旱的植物和常青的灌木在它们完全长成之前（2~3年内）需要持续不断地浇水。这些植物在它们扎根之后，每个夏季只需要浇2~3次水。

植物根系的深度决定了你需要给它们浇多少水。扎根浅的植物需要频繁地浇水，因为表面几厘米的土壤在炎热的天气里和沙质土壤里很快就风干了。扎根深的植物更耐旱，因为它们可以充分利用土壤深处的水分和营养成分。

植物根系的深浅

较浅（0.3~0.45米）	中等（0.4~0.6米）	较深（大于0.6米）
西蓝花	菜豆	芦笋
结球甘蓝	甜菜	秋葵
胡萝卜	茄子	欧防风
芹菜	芥菜	南瓜
大白菜	生菜	大黄
甘蓝	豌豆	红薯
玉米	辣椒	番茄
黄瓜	土豆	西瓜
韭葱	大头菜	南瓜
洋葱	西葫芦	
樱桃萝卜	白萝卜	
菠菜		

普通蔬菜的水分需求量

水分需求量高	水分需求量中等	水分需求量低
西蓝花	菜豆	朝鲜蓟
花椰菜	甜菜	芦笋
芹菜	甘蓝	秋葵
大白菜	结球甘蓝	欧防风
黄瓜	胡萝卜	红薯
生菜	玉米	
芥菜	茄子	
洋葱	韭葱	
豌豆	辣椒	
樱桃萝卜	土豆	
西葫芦	南瓜	
	大黄	
	大头菜	
	番茄	
	白萝卜	
	西瓜	
	南瓜	

关键的浇水时间

持续不断地浇水	根系和球茎生长期	植物叶子生长期	植物花朵和果实生长期
芹菜	甜菜	西蓝花	菜豆
大白菜	胡萝卜	结球甘蓝	哈密瓜
甘蓝	秋葵	花椰菜	黄瓜
韭葱	大头菜	生菜	茄子
芥菜	白萝卜		秋葵
樱桃萝卜	朝鲜蓟		豌豆
甜菜	芦笋		辣椒
	欧防风		土豆
	红薯		南瓜
			西葫芦
			番茄
			西瓜
			南瓜

蔬菜的水分需求

所有的蔬菜都需要大量的水分，但是有些蔬菜比起其他蔬菜需水量更大。大多数蔬菜都有很高需水量或适中的需水量。

浇水的重要时期

一旦扎根，蔬菜们在某些浇水关键时期就需要保持湿润。有些蔬菜在它们的生长期内都需要水（也就是持续不断地需要）；其他的在它们的根系和球茎成形和扩张时期需要水。比如生菜和西蓝花在叶子生长时需要水；结出果实的蔬菜在花朵和果实生长时需要水。这个“浇水的关键期”图表让你了解不同的植物在何时对水的需求最旺盛。

如何浇水

很显然浇水这件事是因植物而异。这里主要针对不同植物及其在不同生长区域的浇水指南。

■ **苗床**：保持土壤表层5厘米潮湿来促进均匀发芽。每天浇水（如果你的土壤风干得快，那就两天浇一次水）。保持土壤潮湿，但在植物生长期少浇水。每隔两三天给它们浇一次水。用手指触摸土壤来检测土壤是否潮湿。

■ **幼苗或者移植的植物**：在起初的两周内，每天或者隔一天浇水，然后是每隔两三天浇一次水。为了节约水并且给予移植的植物一个良好的开端，不要在炎热干旱的天气里种植。在凉爽的清晨移植，并且在移植之前和之后都要浇水。为了减少对后继用水的大量需求，应该在天气凉爽的早春或秋天移植树木或常青树，这时水汽蒸发较为缓慢，而且雨水可以帮忙缓解移植对植物造成的动荡影响。

■ **容器**：夏天的时候，每天都要检查你的植物。浇足够的水直到水从底部的小洞中排出。通过在土壤里增加堆肥和椰子壳粗纤维来提高土壤的蓄水量。

■ **大型草本植物、灌木和树木**：在它们完全成长之前，它们都需要水，特别是在干旱炎热的天气下。常青的植物需水量要小一点，因为它们的根系更发达些。移植后的第一个月内，植物每星期需浇三次水。第一年内一星期浇一次水。

浇水要视你的土壤而定

培育植物的土壤决定了植物的需水量，并且土壤也是计划灌溉系统的重要考虑因素。沙质土壤排水好，但也风干得快。减少浇水量但提高浇水频率可以让你的土壤从表层到根系都很湿润。黏土需水量少一点，但要花费更多的时间来吸收——滴灌和渗水管对黏土是个不错的选择。正常的土壤潮湿程度是指从土壤中感觉适度的湿润到轻微的湿透。

你的植物得到足够的水分了吗？

触摸土壤

浇水1~2小时后用一柄小铲子翻耙一下土，看水渗透到多深。如果根部区域的泥土不那么湿润，那再浇点水。如果土壤湿透了，那就是你浇水太多了。泥土应该看起来黝黑而潮湿，像恶魔蛋糕那样。

观察你的植物

注意观察植物缺水或者水分过多的症状。有些植物日光照耀下会自然地枯萎或变得松软；但是在晚上凉爽的时候就会挺直茎秆。那些水分过多的植物也会看起来没精打采，并且叶子枯黄萎缩。在你准备浇水之前，要检查一下土壤，确认土壤是潮湿而不是浸在水中。如果土壤微冷湿润，就等到傍晚或者清晨再如往常一样地浇水。如果土壤湿乎乎的，就暂停几天浇水，然后缩短你的浇水时间。如果你的土

准确掌握水分问题的根源

水分不足

症状	蔬菜
口味苦涩	生菜，西蓝花，樱桃萝卜，黄瓜
叶子粗硬	韭葱，甘蓝，菠菜
豆荚很瘦小	菜豆，豌豆，辣椒
不发达或者过老的根系	樱桃萝卜，甜菜胡萝卜，秋葵，白萝卜
茎秆稀疏	大黄，芹菜
枯萎的茎秆或者果实	朝鲜蓟，辣椒，菜豆
畸形或者稀少的根系	甜菜，胡萝卜，樱桃萝卜
畸形的果实	番茄，辣椒番瓜类蔬菜

不持续浇水

症状	蔬菜
果实的花苞段变枯，然后变成棕色开始腐烂	番茄，辣椒，番瓜类蔬菜，黄瓜，茄子
果实裂开	番茄，黄瓜，甜菜，胡萝卜

浇水过多

蔬菜	症状
所有的蔬菜	叶子变黄，然后枯萎
	变黄的叶子枯萎后没有新叶子生长出来
	根系腐烂
	茎秆变软糊掉
	土壤的表层和叶子的背面有霉点、海藻、苔藓

壤从表层到植物根部都非常缺水，那不管在一天中的何时段，你都应该缓慢地浇水，犹如斟茶一般。

浇水的方法

浇水工具是你工具库里使用最频繁的装备。一年四季每个星期你都要用几次水管和洒水壶。想象一下，销售花园工具的商店里的亮闪闪洒水壶是一个多么大的诱惑。闪亮的红色喷嘴有十种不同的喷洒模式，而且压板机是多么酷啊！但是不要被这些工具迷住了。喷嘴和洒水壶的裂缝会变脏变潮湿；一两个季度后，零部件就会卡住不能使用，而且不能维修。坚持使用零部件少、简单、依据实用主义设计的洒水壶，它们使用周期长，而且容易维修。

喷嘴

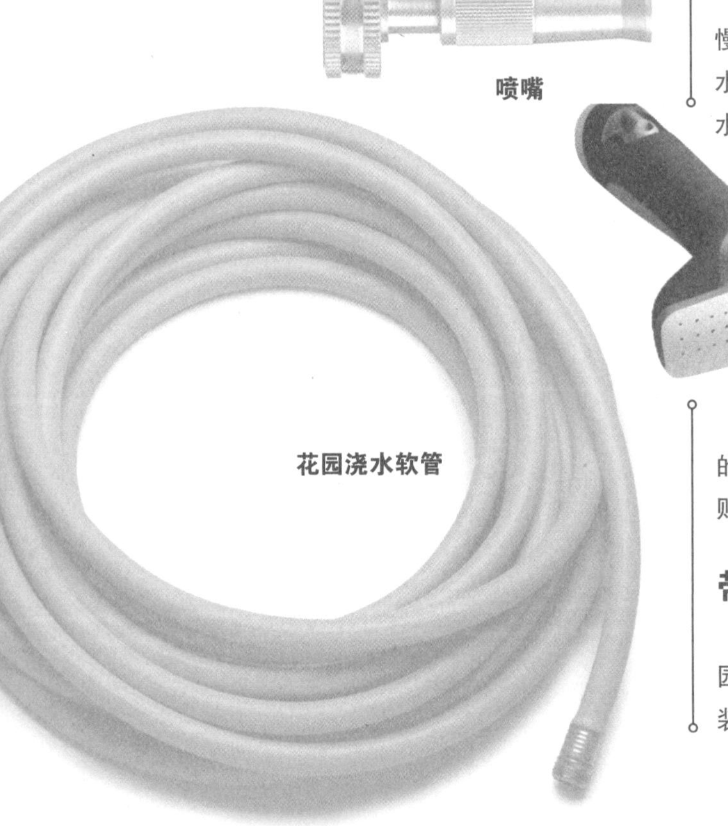

花园浇水软管

建立简单的灌溉系统

一个扇形或者圆形喷头的简单花园水管加上一个节流阀和简单的洒水壶，这些就是花园管理者给花园灌溉所需的全部工具。要建立一个强大的基础灌溉系统，你需要一个喷壶、花园水管、球形阀门、喷嘴以及洒水器。有了这些，就万事俱备了。记得要把水压调低一点，这样水就能缓慢地渗入土壤，而不会冲刷到花园小径或人行道上。

喷壶

喷壶

如果你想要温柔缓慢地对苗床和幼苗浇水，喷壶再适合不过了；洒水壶有点太粗鲁了。很多塑料做的喷壶制作低劣，仅仅用几年就手柄断裂，喷头老化。高质量的塑料喷壶配有可替换喷头，值得你花钱去购买。镀锌的英式喷壶看起来很棒，虽然价格不菲，但是能用很长时间。高质量的塑料镀锌喷壶的喷头可以喷洒适当的或者中等水量的水雾。喷头不是被拧紧在喷嘴上，而是紧紧贴合在喷嘴上。

带有水闸的花园浇水软管

使用一根高质量的、加强版的、无铅花园、船、房车用的软管。在软管的尾端你可以装一个铜质的球阀，它可以随着你的位置适时调整，这样你就不用来回跑开关水龙头了。一个手柄粗壮的球阀比那些只有按钮形手柄的球阀使用更为方便。圆形或扇形的喷头会喷射各种流量的水流，从水雾到中等流量的水流。

球阀

洒水器

可选择的灌溉系统

有很多精巧独特的方法来重新利用普通的浇水工具。手工自制的滴灌小玩意可以通过旧桶或者水罐加以制作。在一个20升水桶侧边或者靠近其底部的地方，凿一个洞，这样水便会缓缓滴入土壤。这是用液体化肥给植物施肥或灌溉的绝佳办法。用一个20升的水桶给外围植物南瓜或者朝鲜蓟灌溉。

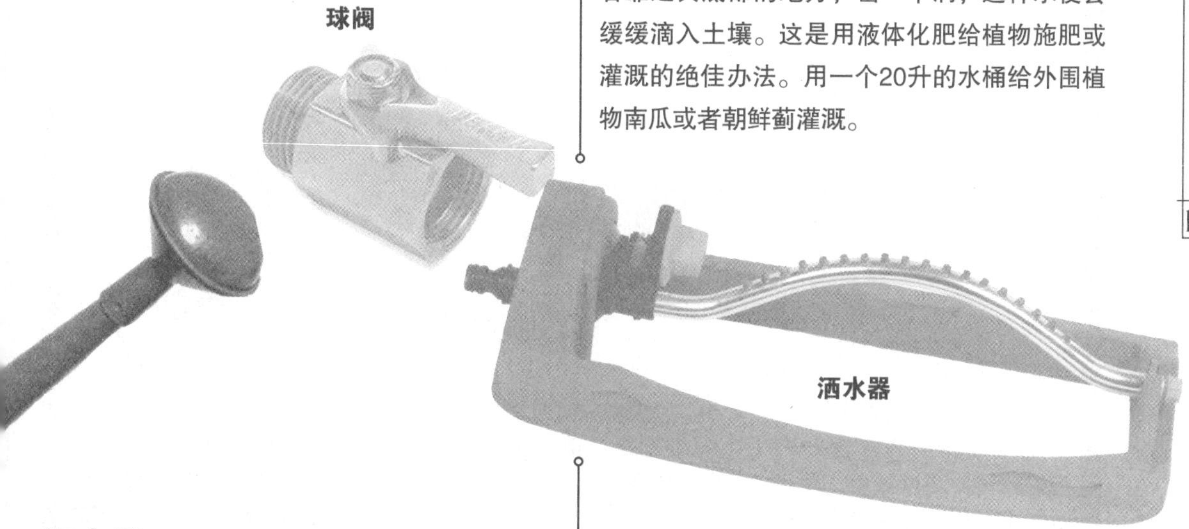

洒水器

洒水器品种很多，要用金属质地的（而不是塑料的）洒水器，它们有固定的模式和一些可移动的部件。

- 铆钉的洒水器——设计简单，没有移动部件，容易调整以适应各种各样的苗床，并且有多种的洒水角度。
- 其他类型的洒水器——有各种不同的喷水模式来适合不同的苗床。
- 震动的洒水器——这些经典的洒水器给大型的蔬菜园和草坪浇水再适合不过了。

洒水器能灌溉一大片土壤，促使草木和种子生根发芽，提高你的收成。在你的洒水器上安装一个定时器，避免浇水过量。适时调整你的洒水器，避免浇水区域越过花园范围或者洒到车行道上去。

铺设水管

一旦你把一截软管固定到你的水龙头上，你就成了一个水管工。不过不要害怕。铺设水管并不是一件困难或令人惊恐的事情。铺设水管过程中，能够发生的最糟糕的事情就是水管有裂口。所以你的职责就是确保软管或者灌溉系统没有裂缝。每次进行花园水管铺设时，去3次五金店是不可避免的。如果你去一两次就完成了铺设任务，那你就是这项工作中的佼佼者。

所有花园软管的阴极连接点都会随着时间流逝而开始漏水。如果你的软管在水龙头处漏水的话，就要更换一下阴极连接点的橡皮垫圈，然后检查一下是否可行。如果是旋轴的地方漏水的话，那你就需要修一下软管或者重新买一个。

零部件更换

大多数部件在五金店里会和花园类物品放在一起；
软管钳可能会被放在统称的水管铺设类中。

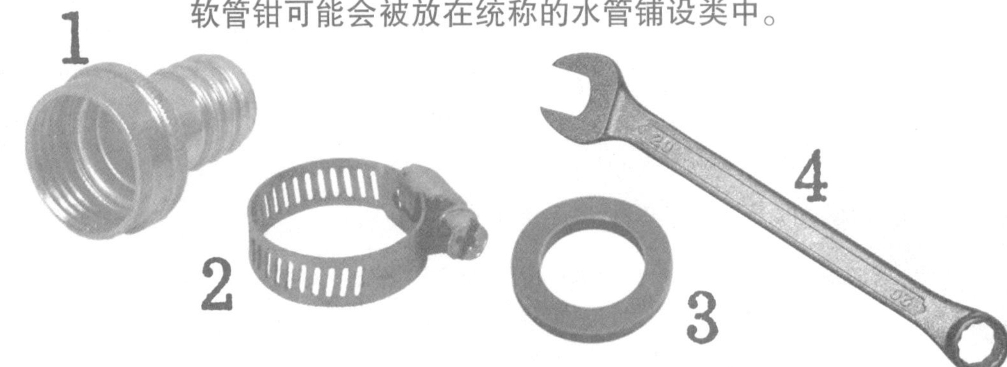

1 铜质的阴极和阳极连接器：塑料的连接器和塑料的软管钳难以组装，而且会漏水。应该花点钱来买铜质的连接器和简单的金属软管钳。

2 软管钳：大多数花园软管都适合用1.4~1.8厘米大的水管钳。

3 橡皮垫圈：每个季节都要换一次橡皮垫圈。

4 扭紧水管钳的扳手：当你扭紧水管钳的时候，开有槽沟的螺丝刀可能会打滑，戳伤你的手（我手上有个为此而留下的伤疤）。扳手是个更好的选择。

如何换一个漏水的软管连接器

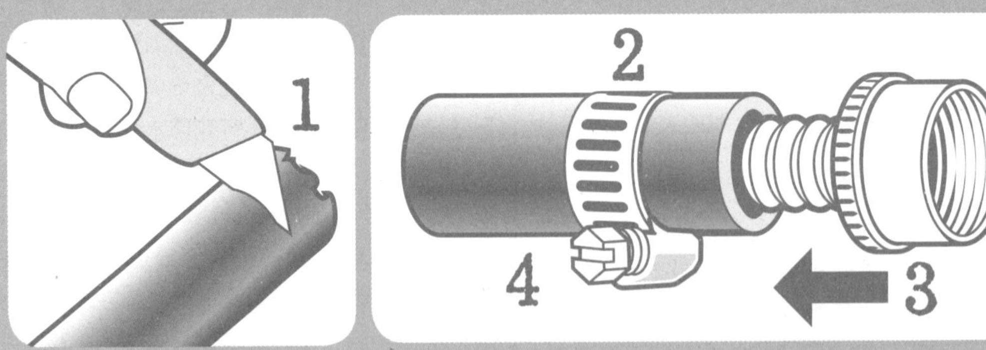

1 切掉已经坏掉的部分。 2 套入软管钳。 3 把新的装置插进去。 4 扭紧软管钳。

修理你的软管

修理很容易——你需要做的就是把铜质的阴极连接器和软管钳换一下。确保你的连接器内径和软管内径一样大。我第一次去五金店的时候就随身带了一小节软管，保证我不会买错。

用尖锐的切割刀把旧的连接器割掉。把软管钳滑到软管上。把新连接器的内径推到软管上（如果你需要一点润滑剂的话，使用一点洗碗用的清洁剂）。内径就会紧密地契合在一起。把软管钳滑高一点，这样它就会靠近阴极连接点的底部。扭紧软管钳（用扳手。一字螺丝的杠杆力不能大到让软管钳固定好）。对，就是这样。把你的新软管固定在水龙头上，然后庆祝你的裂缝修理成功吧！

适用于每个花园的简单滴灌方法

连续几年使用洒水器或者喷嘴之后，你可能会想改进一下，尝试改用滴灌。滴灌是用于植物浇水的一种意想不到的高效率的方法。至少在我使用滴灌系统期间，效果是很让人震惊的。我从来不会为浇水而费神；所有的事只要依靠一个定时器，就可以按部就班地进行。我的花园很葱郁，植物长得很茂盛，而且收成也很好。但是滴灌需要计划，需要基本的管道铺设技能、订购零部件、搭建和铺设滴灌系统，以及勤快地去维持它正常运转。

滴灌通过低容量的小型喷头把水直接洒进土壤。

它们很有效，因为它们仅仅浇到的是土壤，从而减少了水分蒸发和疾病的传

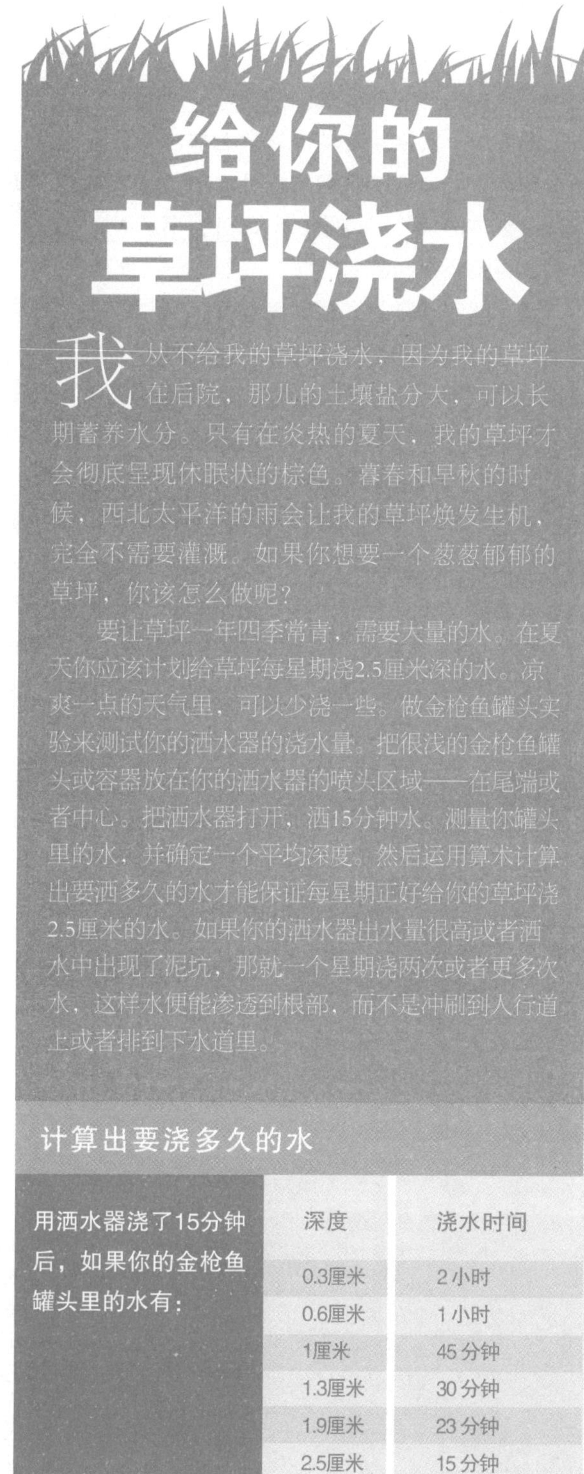

给你的草坪浇水

我从不给我的草坪浇水，因为我的草坪在后院，那儿的土壤盐分大，可以长期蓄养水分。只有在炎热的夏天，我的草坪才会彻底呈现休眠状的棕色。暮春和早秋的时候，西北太平洋的雨会让我的草坪焕发生机，完全不需要灌溉。如果你想要一个葱葱郁郁的草坪，你该怎么做呢？

要让草坪一年四季常青，需要大量的水。在夏天你应该计划给草坪每星期浇2.5厘米深的水。凉爽一点的天气里，可以少浇一些。做金枪鱼罐头实验来测试你的洒水器的浇水量。把很浅的金枪鱼罐头或容器放在你的洒水器的喷头区域——在尾端或者中心。把洒水器打开，洒15分钟水。测量你罐头里的水，并确定一个平均深度。然后运用算术计算出要洒多久的水才能保证每星期正好给你的草坪浇2.5厘米的水。如果你的洒水器出水量很高或者洒水中出现了泥坑，那就一个星期浇两次或者更多次水，这样水便能渗透到根部，而不是冲刷到人行道上或者排到下水道里。

计算出要浇多久的水

用洒水器浇了15分钟后，如果你的金枪鱼罐头里的水有：	深度	浇水时间
	0.3厘米	2小时
	0.6厘米	1小时
	1厘米	45分钟
	1.3厘米	30分钟
	1.9厘米	23分钟
	2.5厘米	15分钟

播。同样也会把来回移动水龙头和洒水器的时间节省下来。杂草也会更少，因为被湿润的土壤只是那关键的一小块，所以杂草也很少生长。建立一个滴灌系统是很复杂的事，而且需要细致的计划。你的滴灌系统可以按各种需要来适应具体的植物。设置一个定时器来定时，尽管你可能还在睡梦中！

渗水管经常被用来替代滴水管，因为它们虽然是非常简单的系统，却可以很轻易地被安装到花园软管上。渗水管会沿着软管的整个长度来排水，让水在很长的周期内缓慢渗出。它们可以每个季度都移动。你可以买到0.6厘米的渗水管，而标准尺寸是1.3厘米。如果长度超过15米或者在陡坡上，它们工作效率会低很多。在你的渗水管上覆盖一层堆肥，这样就能避免日照对它的损害了。每个星期都让它运作30~40分钟。为了测试你需要浇水的时间长度，把你的渗水管开20分钟，并且在它停止浇水的一个小时后检查一下土壤潮湿程度。渗水管是用循环利用的轮胎做成的，所以可能会有关于这些软管的安全性和毒性的担忧（参见“浇水中的安全问题）。

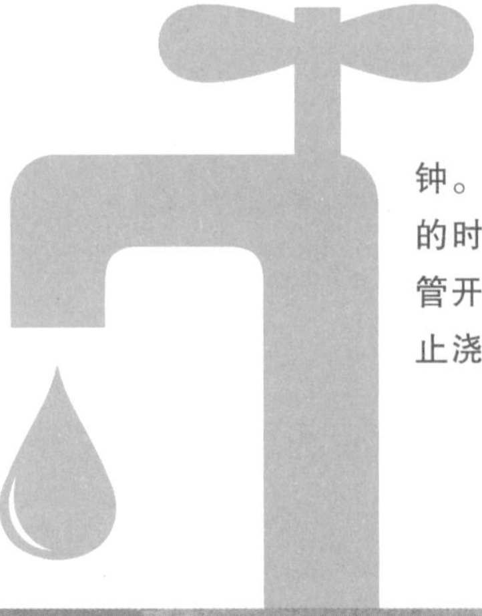

建立起一个简单的滴灌或渗水管系统

从细小的计划开始，给一两种蔬菜作物制作一条简单的灌溉管道。把你所要买的部件列一个清单，然后计划去五金店3次。如果你上网买滴水灌溉工具，请订购比你认为所需要的数量多一些，并且保留发票。

把你的规划图设计得简单一些。使用同轴的喷射管而不是单轴的喷射管，因为前者比后者可能出现的问题要少。每条管道上喷射器或者软管越多，你就越需要检查修理裂缝或堵塞——这就像是在规模庞大的节日庆典上要找到那一个出问题的圣诞节灯泡。在滴水管和渗水管上覆盖5厘米的堆肥来减少蒸发。用稻草、树叶或者碎草来做护着蔬菜的护床（木屑对多年生的植物或者灌木非常管用）。（参见第十二章的关于工具的说明指南。）

浇水中的安全问题

渗水管——这些黑色的软管有各种各样的长度，水可以通过微小的针孔般的洞缓缓地渗入土壤——它们一般都是由循环利用的橡胶轮胎制作而成。循环利用橡胶轮胎是废物利用的绝佳办法，而且可以让尚可利用的材料避免被当做垃圾填埋掉。但是有些花园主人却担心有毒的化学物质会从橡胶中过滤到花园土壤里。如果是这样的话，那这些化学物质是不是就被可食用的植物根系给吸收了呢？

几乎没有证据可以证明这些化学物质会从软管里过滤出来，尽管这是有可能的，因为有些相关的实验已经证实过了。某些被做成橡胶质堆肥产品的轮胎——为了看起来像木屑，会被染成棕色——会向土壤渗透污染物。这

基本的滴灌系统构成

逆流防护器或者返虹吸装置：防止脏水或者化肥被吸附到自家的饮用水供应链中（很多新建的房屋在软管的围嘴上装了逆流防护器）。

压力调节器：让水流喷射得更平稳均匀；防止连接器和管道被冲走。居住用水的水压可达到551千帕；大多数滴灌和渗水管道的水压需要69~172千帕。

过滤器：把沉淀物排出你家的饮用水供应链中，防止它们堵塞灌溉系统内部管道。

定时器（可选的）：对于忙碌的城市农民来说，便宜的手工制作或者电池驱动的定时器是个很好的选择：手工定时器就像煮蛋计时器一样，需要你在打开水之后，把指针调到你所需的时间长度。电池驱动的定时器可以被设置为每天或者一周几天浇特定时间的水。

直径为1.3厘米的坚固的主线管道：它们贴附在你的软管围嘴或者花园软管上，并且向苗床浇水。如果这个管子弯曲了，那它便会扭绞在一起，阻碍水流。肘形或者T形的小零件是在拐角处使用的。

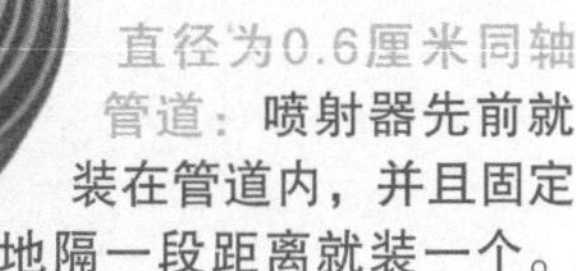

直径为0.6厘米同轴管道：喷射器先前就装在管道内，并且固定地隔一段距离就装一个。你可以选择拥有喷射器的同轴管道，这些喷射器相距15厘米、23厘米或者30厘米，选哪一种取决于你的土壤类型和花园布局。

直径为0.6厘米的坚固水管：用这个水管来连接微型喷头或者跨越你不想浇水的小路。

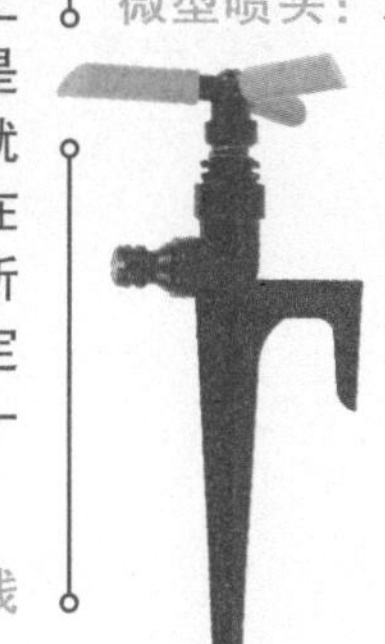

微型喷头：对于保持苗床湿润和给幼苗、果树浇水来说，小型的低容量的喷头再合适不过了。喷头的模式可以根据苗床的形状来调整。微型喷头易碎，容易受损。

各种各样的连接器、接头和转接器：要建立一个更为复杂的灌溉系统则需要一些软管连接器、水管接头以及其他一些小物件。

些污染物会过滤到我们的灌溉系统中，并流向溪流中，以此污染鱼群和其他物种。但没有直接的证据证明这样的事会发生在软管上，软管的表面积比一小块一小块的橡胶质堆肥表面积小多了。

花园里其他的软管也可能对健康造成危害。你可能会在你买的花园软管上注意到警示：饮用危险。这指的是内部的PVC涂层和铜质的小零件，它们含铅元素。有些研究表明铅会渗漏出来，当你在外面给花园浇水时，用水管饮水会是很不明智的选择。

但是对于花园呢？铅在土壤里的可移动性很差，因为它被其他的元素抑制住了；它不会被根系所吸收，也不会被冲刷走。有所顾虑的园主可以选择用作海上或者房车使用的无铅的软管，或者用医疗级别的塑料树脂和镀镍的铜质零件所制作的新型加强版花园水管。即使这样，在用它喝水之前，还是把水管冲刷一遍比较好。

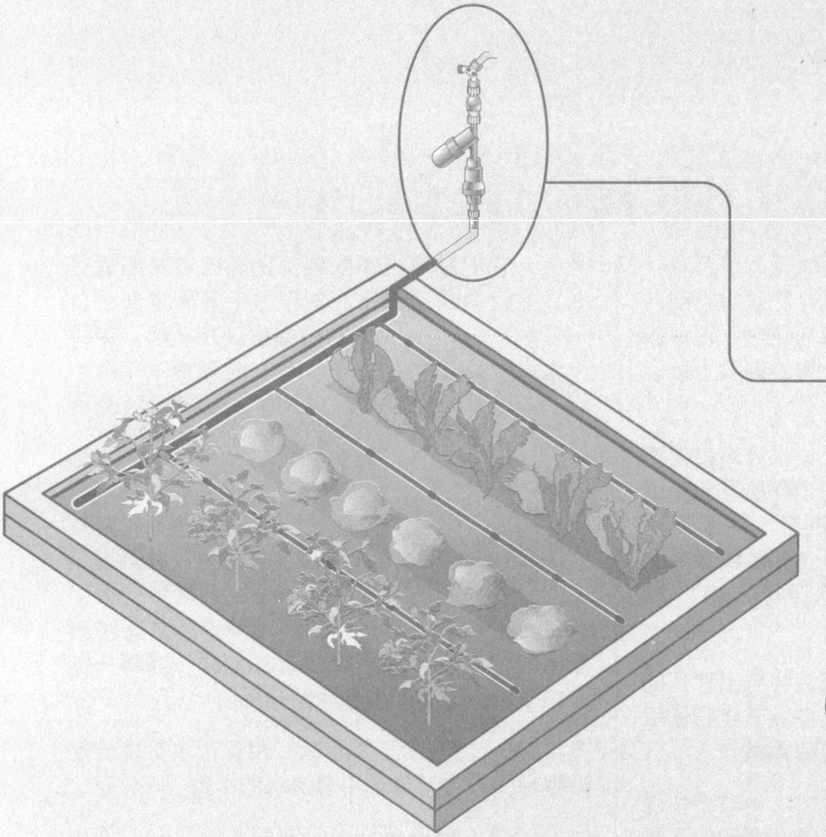

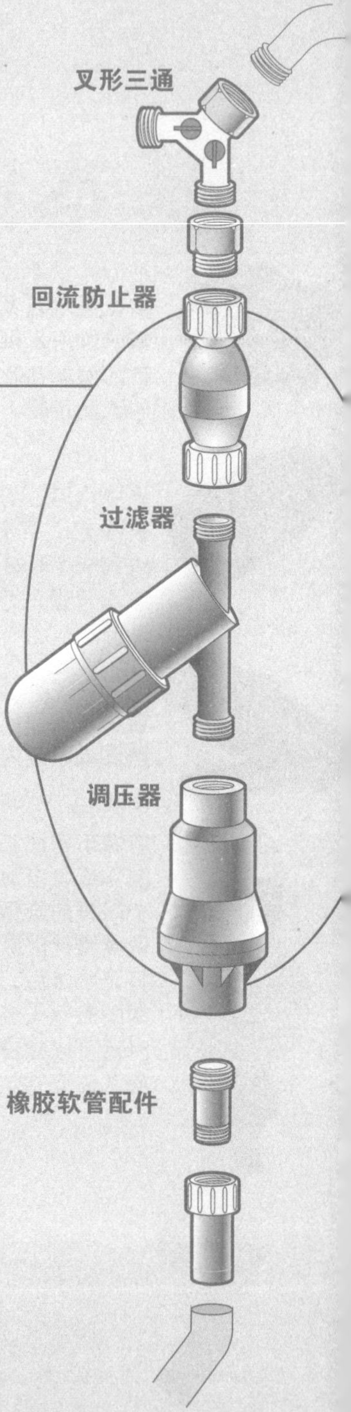

建立主要的装配

建立主要的装配并把它固定到你的外部水龙头的Y形部件上。每个滴灌或者渗水管系统需要装置3个非常关键的部分。

装置你的软管龙头

1. 逆流防护器或者返虹吸装置
2. 过滤器
3. 压力调节器
4. 定时器（可选）

如果你决定使用定时器，那它应该放在压力调节器后面。把你的花园软管固定到主要装配的尾端，然后连接到你的花园土层的直径为1.3厘米长的主线上。

把水管固定好

你的滴水管和渗水管有它们自己的存在方式。你应该把它们固定好，否则它们会不受控制地缠绕卷曲起来。必要时，砖头和岩石能起到作用，或者你可以买土壤电线固定钉来固定住你的渗水管和滴水管。机智聪明的城市农民会自己制作固定钉。用30厘米长的很重的测量线（也可以是旧的衣架），把它们弯曲成U形，宽度足够让你的水管穿过。确保你的固定钉至少有10～15厘米。

防冻措施

要保护你的滴灌系统，防止它们在霜冻天气中受损。冬天把主要装配以及定时器移到室内——因为这些部件无法抵御霜冻天气。把水管塞拿掉，用水冲刷主线，冲掉任何堵塞物。然后把所有管道里的水排空。如果你居住在冬天没有霜冻期的地方，你可以把你的滴灌管道放在室外。把直径为0.6厘米的水管盘成圈，并用绳子将它们系起来。把水管盘起来，这样春天的时候更容易找到它们。如果你住在长达几个月霜冻期的地方，那就把你的滴灌水管拿到室内，这样居住饮用水就不会在水管里结冰，也不会让喷射器或微型喷头受损。

收集雨水

节约用水的一个办法就是用雨桶收集雨水。很简单，就是把一个雨桶放在落水管的下面，然后用收集的雨水给你的装饰性（非可食性）植物浇水。雨水可能对可食用的作物不安全，因为在大多数屋面材料中都含有重金属（参见第177页“屋面材料和水”）。

现成的水桶（其中有一种是可以在不用的时候放在楼梯下的阴蔽处）可在很多地方买到。资源丰富的城市农民可以从当地食品加工处

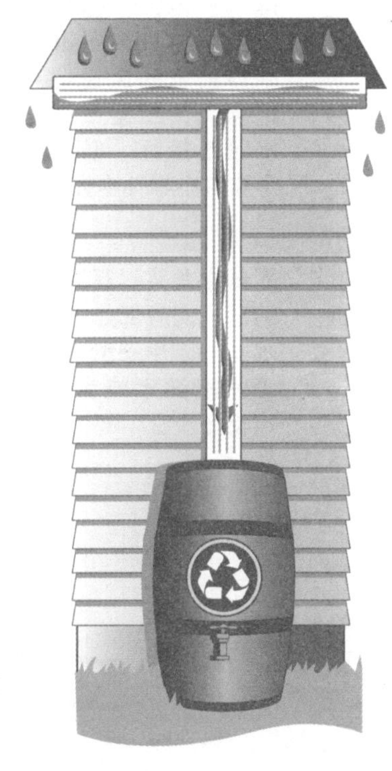

雨桶的装置

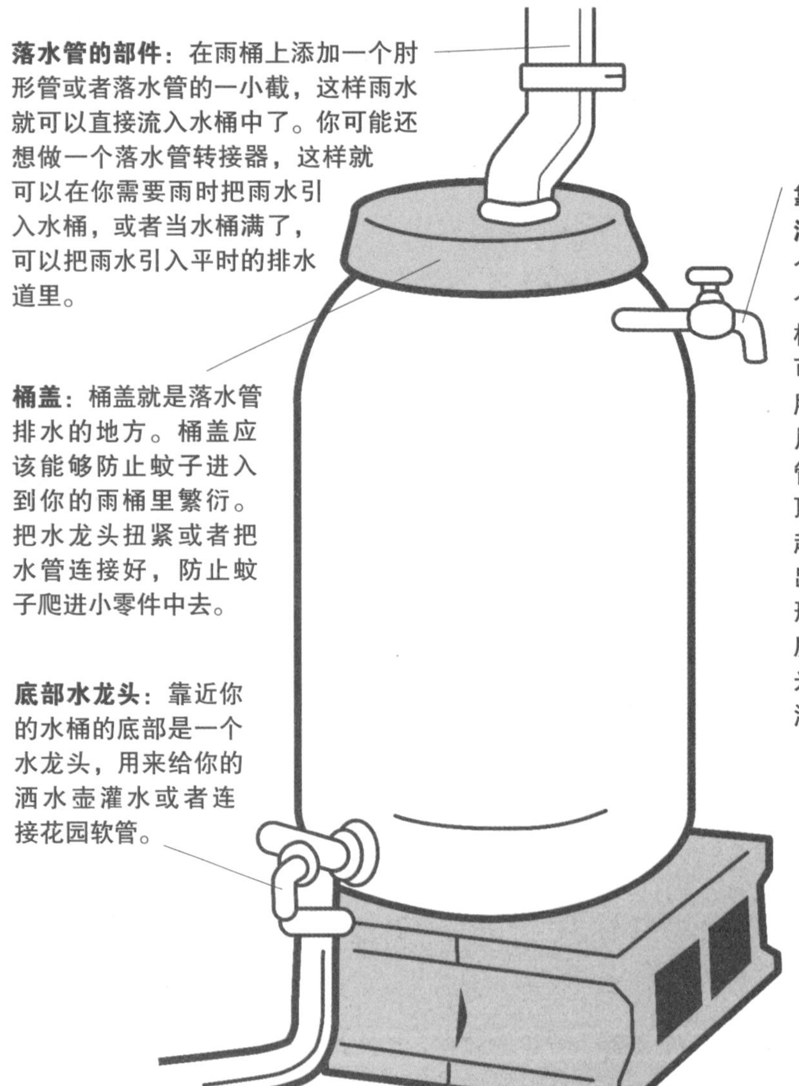
落水管的部件：在雨桶上添加一个肘形管或者落水管的一小截，这样雨水就可以直接流入水桶中了。你可能还想做一个落水管转接器，这样就可以在你需要雨时把雨水引入水桶，或者当水桶满了，可以把雨水引入平时的排水道里。

桶盖：桶盖就是落水管排水的地方。桶盖应该能够防止蚊子进入到你的雨桶里繁衍。把水龙头扭紧或者把水管连接好，防止蚊子爬进小零件中去。

底部水龙头：靠近你的水桶的底部是一个水龙头，用来给你的洒水壶灌水或者连接花园软管。

靠近水桶顶部的溢流龙头：把一个水管连接到这个水龙头，这样溢出的雨水可以被引流到你所需要的地方。用一小段花园软管把几个水桶的顶部水龙头连接起来。确保溢流出来的水成漏斗形，并且离你家房子地基至少2.5米，防止地下室漫水。

获得循环利用的200升的圆桶，然后把它们装在水龙头上。循环利用的水桶应该拥有食品级别的质量保证——在被重新用作盛水容器前，它们都盛过橄榄、辣椒或者腌菜。

放置雨桶的位置

把你的雨桶放在你可以方便利用的落水管下，并且要靠近你的装饰性苗床（如果可能的话）。在雨桶下垫一块60厘米高的煤渣砖，以抬高水压，这样更容易把喷水壶放在水龙头下面。雨桶一般只能储蓄200升的雨水。把几个雨桶连接起来可以增大蓄水量。

维修你的雨桶

雨桶并不需要太多的维修。保持你的排水沟清洁，这样雨水就可以无阻碍地流到你的雨桶里。保持桶盖清洁防止堵塞，并确保溢流水龙头干净。用过几年后，把水桶排空，打开顶盖，用温和的洗碗液清洗。

屋面材料和水

不是所有的屋面材料都是相同的。在你制作一个雨桶之前，确保你收集的雨水可以使用。

涂釉的铁材料和釉面砖很少渗出或者不渗出污染物质。从这些屋面材料上收集而来的雨水可以用来灌溉蔬菜和其他可食用的植物。

沥青瓦屋面含有各种化合物，一旦渗出会有毒。但是从这种屋面上收集的雨水可以用来灌溉灌木植物或者其他你不会食用的植物。

被化学物质污染过的瓦面和屋顶碎屑是有毒的，不应该从这样的屋面上用雨桶收集雨水。

铜质的屋面或者水沟可能渗出重金属物质到雨水中。所以这样的水不应该用于灌溉可食用的植物。如果你的屋顶上有锌质的抗苔藓的管带，那就不能从这种屋面上收集雨水。

窗上种植

（在窗旁设置小型垂直式水栽菜园，用来种植草本植物及蔬菜等农作物。）

想要在没有院子的条件下种植植物吗？

你所需要的就是公寓或者办公室里一户向阳的窗子。“窗上计划”会教你如何在典型的1.2米×1.8米的窗子上种植多达25种植物。

植物生长在小罐中。小罐被固定在循环利用的塑料水瓶中。瓶子被一列列地挂在你的窗子上。水和营养物通过罐子用泵送的方法实现供给。“窗上计划”销售各种各样大小不同的工具，并且提供关于如何建立并运行你的农场的大量信息。这个社区的用户会在网上分享各种故事和小窍门。

窗上种植不仅适用于没有户外花园空地的城市居民，也适用于极寒天气下冬季管理花园不可行的人们。

你会在你的窗上种植什么植物呢？可以制作沙拉的蔬菜是最受欢迎的选择，但是你还可以种豌豆、樱桃萝卜、樱桃番茄和草本植物。想一想，在隆冬时节的每个星期你可以收获足够多的蔬菜来制作新鲜沙拉！

更多信息：
windowfarms.org

给干渴的植物浇水

给你的城市农场浇水——不管它是窗上农场、容器里的花园还是你的花园住宅——是作为一个城市农民最重要的工作之一。建立一个简单适用的系统，用高质量的部件可以耐用很多年。尝试可以节约水的独具匠心的小设备，并且给你的植物浇适量的水，你的植物会很感谢你！

第九章

爱你的敌人

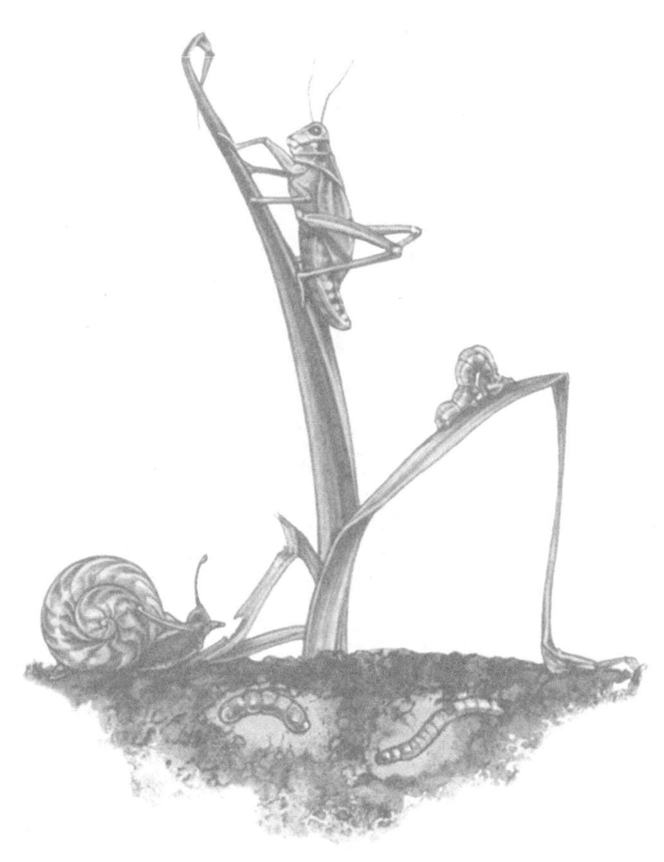

虫害和疾病感染的出现往往表明一种植物没有得到使其茁壮生长的营养。大多数病虫害都可以通过营造健康的土壤加以解决，这种方法能够确保植物生长在合适的地方，接触足够的水源。还有一种解决办法是构造一个多样性的菜园以吸引益虫前来栖居。

如果以上方法还是不奏效的话，我们建议采用有机方法来抵御害虫、杂草和疾病。这意味着，首先，我们要了解害虫与疾病得以滋生的潜在环境，然后采取相关措施，使植物重拾活力，同时还可以吸引大自然的捕猎者们前来维持生态的平衡，进而助你一臂之力。

用有机方法解决虫害

我们建议在你的城市农场采用有机方法来解决虫害和疾病感染。以下是预防、评估和处理菜园异样的流程。

预防

为了使你的植物健康成长，你需要营造健康肥沃的土壤，轮作植物，将合适的植物种植在适当的位置，充分灌溉和施肥，培育你的植物以促进空气循环。构造一个多样性的菜园可以为益虫和鸟类提供栖息地。清除受感染的植物体可以保持良好的环境卫生，从而阻止疾病的蔓延和害虫的侵扰。生病的植物体可以丢给家禽，扔进垃圾桶或者路边的废物回收箱里。

积极识别肇事者

除非你了解问题根源或者问题本身，否则你对害虫和疾病将会无从下手。你必须积极地识别出害虫，了解它们的习性和栖息地以便采取相应的措施来消灭它们。在你的菜园里，超过95%的生物对你和你的植物来说都是无害的。在你抱怨一些爬虫之前，请确认它的确是一种害虫。瓢虫的幼虫长相凶残，当它们大量出现时会令人不安。然而实际上，这些幼虫只以蚜虫、虫卵和水蜡虫为食。

当你发现你的植物被破坏，比如说叶片上有虫洞，你就要去寻找肇事者们。请注意叶上的咬痕和幼虫粪便。许多以植物为生的幼虫和毛虫是夜行昆虫，并在夜间进食。天黑出门时要带手电筒以便寻找破坏你植物的肇事者们。如果你发现植物有患病征兆，例如出现粉末状的霉点，就要开始每天的例行检查，以确认这些症状是否会蔓延开来或者传染到邻近植物。

可以利用书籍和其他园艺资源以及网络来积极地识别伤害你园中植物的害虫和疾病。

了解习性和栖息地

在识别出侵扰你植物的害虫后，你需要了解它们的生命周期、进食习惯、天敌和消灭方法。有些害虫在幼虫期只会破坏叶片，例如甜菜上的潜叶虫。用液态化肥可以很容易地去除被虫害的叶子，提高植物活力，从而避免植物受到进一步伤害。

益虫的幼虫与它们的母体往往大相径庭，这些年轻的菜园英雄们往往以害虫为食。识别出昆虫的不同成长阶段的形态可以帮助你判断哪些是益虫。

训练容忍力

每个菜园里都会存在疾病、贪婪的幼虫和杂草，没有反而是奇怪和完全不正常的。当你了解了害虫和它们破坏你菜园的方式后，你需要确认你是否能容忍这些现象的存在。

采用毒性最小的方法并观察结果

大自然会适时地帮你解决问题。由于害虫是一种重要的食源，等待和观察也许是最好的方法。玫瑰花上的蚜虫或许看起来很恶心，但是如果你的菜园里有活跃的昆虫和鸟群，那么菜园便可以成为一个捕食站。

蚜虫是菜园里的浮游生物——它们是许多益虫与鸟类的食源。只要观察即可知，瓢虫和草蜻蛉会和小型鸣禽、小黄蜂、大黄蜂、食蚜蝇以及微小的寄生蜂一起出现。这些生物和它们的幼崽都会以美味多汁的蚜虫为食。如果你的植物已经受到蚜虫的严重侵袭，则可以用水冲或手弹的方式来减少蚜虫的数量。

如果事情变得无法掌控，该怎么办？

如果蒲公英长满了院子，该怎么办？你需要找出解决方法，然后衡量该方法的价值。遍布草坪的蒲公英可以通过彻底地更换草皮来得以清除，或者用手松动或拔除蒲公英。你可以定期修剪草坪来减少蒲公英花的数量，或者将蒲公英花收集起来用于制作农庄的经典产品——蒲公英酒。

物理控制

运用物理方法阻止或祛除虫害和疾病是直接的控制方法。这些方法包括修剪患病的叶片，用手撵除小虫，设置浮动拱棚、铜制屏蔽等等。

生物控制

可以引进害虫的天敌，从而从生物学角度控制病虫感染。菜园相当于一个野生王国，所有生物之间都是吃与被吃的关系。让虫子们自行解决问题（或者引进其他的捕食者）可以非常有效地治理虫害，即便这种方法有些费时。

终极手段：清除不适合的植物

我从不在我的草坪上或

是家里喷洒任何有毒的化学品，所以我从未想过要采取有毒措施来解决菜园里的问题。我平时在开车、在办公室里上班和在城市里居住时都会遇见许多令人讨厌的东西——为什么还要刻意毒化我的菜园环境呢？如果在尝试了所有方法后植物还是受到感染，那么我会认为这是一个征兆，说明那株植物没有生长在合适的时间和地点。与其在我的菜园中喷射毒物，我宁愿清除那株植物或者将它移到其他的地方去。

昆虫也可以控制杂草！

有些昆虫可以控制杂草的疯长。大多数以植物为食的昆虫一生只会吃一种类型的植物。夏日的一天，我们在儿童菜园里发现了被象鼻虫感染的毛蕊花。象鼻虫只食用毛蕊花并且将虫卵产在高高的花茎上的心皮里。每个豆荚包裹着25万粒种子，每当花茎被风吹动或者被动物触碰后，种子都会飘散出去。化蛹前的象鼻虫幼虫在豆荚里孵化，以未成熟的种子为食。这些象鼻虫被用于农业以控制毛蕊花的生长——自从那年夏天有了象鼻虫，我们的植物就再也没有丰收过！

城市农场里的常见益虫

种植一个菜园会招来虫子——这是一件好事。令人安心的是，你农场里的大多数昆虫、蜘蛛和其他爬行（或飞行）生物不是益虫就是可以充当益虫的食源。益虫通过以其他生物为食或者传粉来保持菜园的生态平衡。为了吸引益虫的到来，可以留置一些野生的、没有人工修剪过的区域，为虫子们安置栖身之家，或者在你的菜园种植多种多样的开花植物。

认识一些昆虫

了解你菜园中的昆虫和蜘蛛群体是城市农业中的一大乐事，这很出人意料。我对虫子们的了解得益于我在儿童菜园的工作。15年里我几乎天天都和身高不到1米的孩子们一起探索菜园。孩子们离地面更近，可以注意到我们留意不到的东西。通过仔细观察和参考一些科普指南，你可以学到许多关于菜园生物的知识，这些生物包括节肢动物（蛛形纲动物、多足纲动物和等足类动物）和其他的像蠕虫和鼻涕虫一类的无脊椎动物。

强大的节肢动物

你在城市农场里发现的爬行类和飞行类生物都有很多共同特征，它们都从属于一类生物，即节肢动物。节肢动物的特征是外壳坚硬，两侧对称，附肢分节，身体分段并有许多对足。它们必须通过脱壳（外壳）或脱毛而成长起来。除了昆虫，你的城市农场里的节肢动物还包括蜘蛛、蜈蚣、千足虫、潮虫以及鼠妇。

蜘蛛（蛛形纲动物）是菜园里的主要捕食者，它们以其他蛛形纲动物为食。所有蜘蛛都有两部分连在一起的身体：它们的腹部与头部和胸腔连在一起，称为头胸部，头胸部里面腿部、口部、须肢和眼睛相互联结在一起。大多数蜘蛛视力不佳，它们运用触觉来捕猎。它们不一定需要织网来捕获猎物。蜘蛛的网可以成球形、漏斗形或其他特定形状。蜘蛛幼虫长得就像成年蜘蛛的缩小版；蜘蛛的卵产在有毛的卵袋里，卵袋和固定物体连在一起或蜘蛛放在腹部随身携带。

蜈蚣和千足虫（多足纲动物）是有着许多足的节肢动物，这些足与细长的身体连在一起。蜈蚣和千足虫都栖居在护根和有机残骸周围。蜈蚣是捕食者，以更小的虫子和鼻涕虫虫卵为食。蜈蚣呈砖红色，行动敏捷，有巨大的头部和颌，身体扁平，每一段身体两旁都长有1对足。千足虫仅以死去的动植物为食。它们在堆肥周围用数量巨大的小足迂回前行。当受到骚扰时，它们会缩成一个螺旋形。

还有另外两种节肢动物，也叫等足类动物，在城市农场里很常见。鼠妇和潮虫（等足类动物）隶属于甲壳纲——是螃蟹和古生三叶虫的陆生表亲。它们用鳃呼吸，有着坚硬的分段身体和7对足。鼠妇，又叫湿生虫，和犰狳很相似，也可以把身体卷起来。潮虫，也叫薯虫，有着更扁平的身体和须边，但是不能卷起身体。它们都是益虫，基本上都以死去的植物为食。这类生物喜欢栖息在堆肥箱中以废木料和其他有机体为食。

黏液质的无脊椎动物栖息在最健康的菜园生态系统中。蚯蚓、红孑孓和线虫都是益虫，因为它们能让空气进入土壤从而改良土壤，保持土壤的生态平衡。你发现的大多数其他蠕虫类动物都是些幼虫。鼻涕虫和蜗牛是城市农场里的不速之客。它们以腐烂的有机物为食，同时充当甲虫和蜈蚣的食源，但是它们同样喜爱你种植的美味蔬菜！鼻涕虫和蜗牛会隐藏自己，但是它们爬不快。在植物附近很容易就能捉到它们，可以把它们转移到多杂草的区域或者喂给鸡鸭。

在你的城市农场里，昆虫是小生物中数

量最多的。瓢虫、甲虫、苍蝇、蝴蝶、蜻蜓、蜜蜂和蚂蚁只是生活在你农场里的一小部分昆虫。所有昆虫都有2只复眼、1对触须和3部分身体：头部、胸腔和腹部。所有昆虫都有6只足，大部分都有2对翅。昆虫寿命很短，基本上为1年。有些昆虫以植物为食，有些则以其他昆虫为食。

昆虫身体外有一层坚硬的外壳，它们必须脱壳才能继续生长——新的更大的外壳在身体下面折叠起来。昆虫每脱壳一次即为一个龄期，成年昆虫会产卵。幼虫（比如毛虫）必须经过化蛹才能变为成虫（蝴蝶或蛾子）。一些昆虫的幼体被称为宁芙（比如沫蝉），它们逐渐变为成虫并在脱毛期长出双翅。

我们喜爱儿童菜园里的昆虫，但是却很难记住它们身体的各个部分。我们用以下这首由Tickle Tune Typhoon的朋友写的歌曲，再配上肢体动作来记忆昆虫身体的各个部分以及这些部分的位置。

今生为虫

Lyrics by Dennis Westfall, recorded on Tickle Tune Typhoon's Singing Science

[和着“宾戈游戏(Bingo)”的曲调]

C F C
我今生为一只虫
C G7 C
这就是我的样子
C F
（我有）1对触须和复眼
G7 C
（一共）1、2、3、4、5、6只足
C F
两对翅膀任我飞翔
G7 C
（还有）胸腔和腹部
G7 C
这就是我的样子

分隔段
[和着“老麦克唐纳(Old MacDonald)”的曲调]

C F C
我长身体却不长骨骼
G7 C
（我有）一层外壳
F C
它又硬又强包裹着我
G7 C
保护着我的器官

我的英雄们!

既然你已经知道了需要寻找什么,
后面列出了一些
在你的城市农场里常见的益虫。

瓢虫

（瓢虫科）

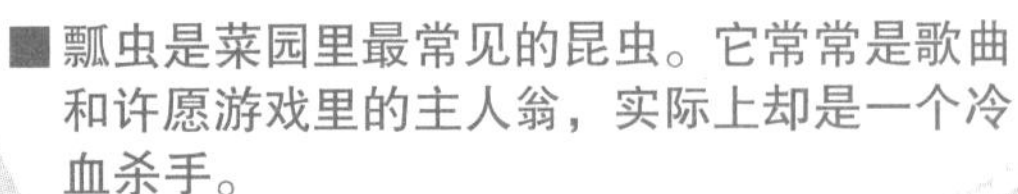

■瓢虫是菜园里最常见的昆虫。它常常是歌曲和许愿游戏里的主人翁，实际上却是一个冷血杀手。

■瓢虫有5000多种。它们大小不一（0.3~1厘米），颜色不一，有浅黄、橘黄、红色、灰色和黑色，有的身上还有斑点。

■瓢虫的幼虫形状像短吻鳄，有黑黄色的斑点。它们看起来令人作呕。成虫和幼虫都很贪婪；它们以蚜虫和其他昆虫为食。

■瓢虫的卵呈浅黄或橘黄色，形状像足球，一般成堆的产在蚜虫活动区里，树叶底下或树枝上。幼虫的孵化需要3~7天。

■瓢虫在化蛹前一般有5段龄期。你可以在进食的幼虫周围找到蜕掉的外壳。

■瓢虫的蛹粘在树叶、树干和菜园凉棚上，黑黄色的壳看起来几乎就像一只瓢虫。成虫从壳的一侧破蛹而出。

■成年瓢虫常年产卵。整个生命周期可以持续3~13天，取决于天气和食物。

■成虫在倒木、木质楼房的边角或者假山庭院里过冬。

■瓢虫一般以蚜虫为食，甲壳虫和其他软体昆虫也是它们的食源。

- 成年草蛉呈鲜绿色，身长1.3厘米，有两对巨大的透明翅膀。成年草蛉以蚜虫蜜露或花蜜为食，并会四处飞动以寻找配偶。
- 草蛉幼虫，别称蚜狮，生性贪婪，喜食蚜虫、螨虫和小虫卵。成熟的幼虫约为1厘米，形状很像短吻鳄，身上有深棕色和浅棕色斑点。
- 草蛉的虫卵呈淡绿色或灰色，产在蚜虫活动区中心、植物叶片上的细长叶茎上。
- 草蛉幼虫利用弯曲的下颌骨来刺穿蚜虫，吸食它们营养丰富的汁液。
- 草蛉每年可繁殖3～4次。
- 草蛉冬天在化蛹中度过。

草蛉

（草蛉科）

瓢虫，瓢虫，飞回家来！

在菜园小店买一盒冬眠的瓢虫并在菜园里放生，这是一件令人兴奋的事。作为捕食者出售的瓢虫往往在冬眠时被捕获。它们储存了大量的脂肪以便离开过冬地出去觅食。你买的那些瓢虫注定要飞走。将买来的瓢虫在邻居的菜园里放生也许是最好的办法，但是你不知道瓢虫将飞向哪里。省下你的钱，别管那些蚜虫了——捕食者终会现身。

步甲虫

（步甲科）

■步甲虫是菜园里常见的地栖昆虫，长相美丽，有着黑色和紫红色的外表，但却是一个贪婪的捕食者。在你的菜园里有许多不同种类的步甲虫，它们都是优秀的捕食者。金星步甲长相凶猛，爬得很快，有着巨大的下颌骨。

■步甲虫的幼虫有着细长的分段身体，六只足。身体呈白灰色，头部与胸腔呈红色。它们爬得很快，有着巨大而穿刺力很强的下颌骨。

■步甲虫幼虫以虫卵和其他地栖昆虫为食。幼虫在土里化蛹时不需要结茧或结壳（如果你在移栽植物时发现成长一半的白化虫蛹会感到毛骨悚然）。

■步甲虫将卵产在土里，每年繁殖一次。成年步甲虫在护根或植物残骸下过冬。

■成年步甲虫以糖蛾、根蛆和鼻涕虫虫卵为食。

■步甲虫栖息在树叶下的湿地和堆肥里，或者在岩石和粗麻袋底下。

■ 北美的隐翅虫有3000多个种类。

■ 隐翅虫是又黑又大的甲虫（1~3厘米），长相凶猛。当受到威胁时，隐翅虫会上演一出惊悚的表演——卷起腹部，张开巨大的下颌骨，看起来就像一只蝎子。

■ 隐翅虫爬得很快，有着细长的分段身体。

■ 隐翅虫栖息在菜园废墟里、石头和砖块下，也会时常出现在腐物和腐肉旁。

■ 隐翅虫以糖蛾、鼻涕虫虫卵和其他无脊椎动物为食。

■ 隐翅虫将卵产在土里或护根里。

■ 它们会在幼虫、化蛹或成虫阶段过冬，一季度可繁殖几次。

■ 隐翅虫幼虫和金星步甲幼虫很像，都呈奶油色，有着细长的身体以及红色的巨大头部和下颌骨。

（隐翅虫科）

蜈蚣

（蜈蚣科）

■蜈蚣呈红色，爬得很快，属于多足纲节肢类动物。它是凶猛的捕食者（1~4厘米），处于食物链的最顶端。在你的菜园里还会发现细长的黄色虫子，那是它的近亲。

■蜈蚣有着扁平的分段身体，每一段身体外都长有一对足。千足虫（马陆）长得更小，爬得很慢，每一段圆形的身体外长有两对朝下的足。

■蜈蚣的头部很大，下颌骨在捕食时可以刺穿猎物——但是蜈蚣的颌无法刺穿人类的皮肤。

■蜈蚣将卵产在土里，庭院废墟或者堆肥箱的垫料里。

■蜈蚣幼虫看起来就像成虫的缩小版；蜈蚣一年可繁殖一次以上。

■蜈蚣以鼻涕虫、鼻涕虫虫卵、蠕虫、苍蝇幼虫以及一些特定种类的蜘蛛为食。

■蜈蚣栖息在潮湿的腐物里或菜园里的石块底下，也会时常出现在堆肥箱里。

■在菜园里添加护根和有机物能够增加蜈蚣的数量。

以嘴部形状观察昆虫

当你面对菜园里的虫子不知所措时，只要观察它们嘴部的形状即可。昆虫（以及蜘蛛）如果有着钳子一样的嘴，那么它们便不会以植物为食——这种形状的嘴是用来进食其他虫子的。如果昆虫有着用来咀嚼或吸吮的嘴部，那么它们是以植物为食的——可以用手把这些虫子捡起来喂鸡。

食蚜蝇

（食蚜蝇科）

■成年食蚜蝇有黑色和黄色条纹，形似小蜜蜂，约为0.9~1.3厘米，能在空中飞得很快，喜欢盘旋于花瓣之上。

■每只成年食蚜蝇都有1对三角形的翅膀和1对巨大的复眼，头型较大。

■食蚜蝇幼虫眼盲，形似浅绿色的刺蛾。食蚜蝇的幼虫会混在绿色植物和蚜虫中。食蚜蝇幼虫的粪便为串状的蛀屑。

■食蚜蝇幼虫整个生长期间以蚜虫、粉蚧和其他软体昆虫（比如毛虫和蛆虫）为食。

■食蚜蝇只会将白色、椭圆形的卵产在植物叶子上。

■食蚜蝇在蛹期过冬。

蜻蜓、豆娘

（蜻蛉目）

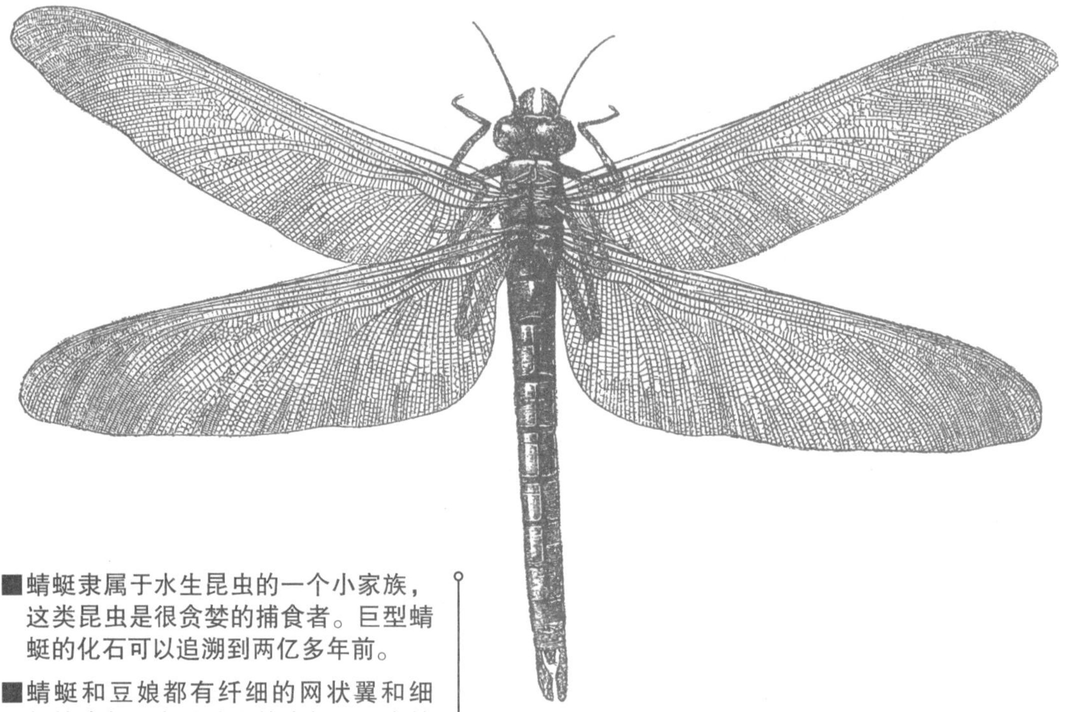

■蜻蜓隶属于水生昆虫的一个小家族，这类昆虫是很贪婪的捕食者。巨型蜻蜓的化石可以追溯到两亿多年前。

■蜻蜓和豆娘都有纤细的网状翼和细长的腹部，有着结实的胸部和巨大的复眼。

■蜻蜓比豆娘更大更结实，长2~10厘米，蜻蜓的翅膀向外伸开扩张并与身体平行。豆娘更纤细一些，长2~4厘米，豆娘的翅膀与身体呈90°垂直。

■蜻蜓类的蛹在水中生长，在水中变形——蜻蜓的蛹跟成年蜻蜓的外形完全不同。

■蜻蜓的蛹和成年蜻蜓以昆虫为食，尤其是蚊子的幼虫。

■为了使蜻蜓和豆娘更好地生长，最好提供一处水源，比方说池塘或者鸟浴池。

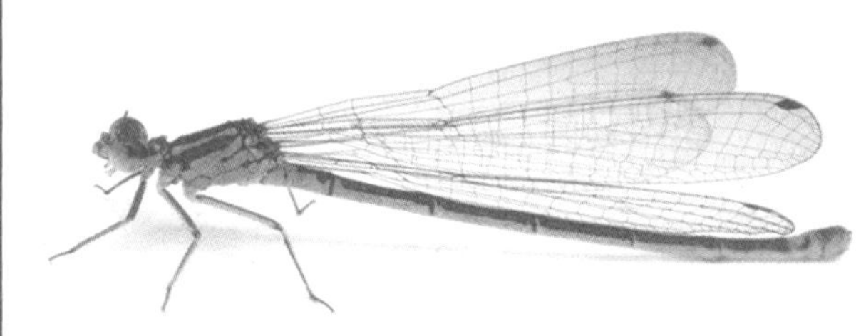

园蛛

（园蛛科）

■你可以在你的城市菜园或农场发现园蛛，长0.3~0.6厘米不等。园蛛是一种很重要的捕食者，能保持菜园或农场的生态平衡。

■园蛛能通过吐丝结成圆形的网，网上有轮辐，从中心向外呈放射状。这个网用来捕捉苍蝇或爬行昆虫。园蛛每天都会结一张新的网，以代替被扯坏的丝网。

■所有园蛛都有8条腿，相互连合的两部分身体，1对须肢，1个尖锐的下颌，以及8只眼睛。大部分园蛛视力较差，需要依靠腿上的细毛和身体来帮助捕食。

■捕食时，园蛛将困在网里的昆虫用丝包裹，注入毒液，然后开始享受它的美餐了。

■园蛛的寿命约为1年。新生一代的园蛛在棉质的卵袋里过冬。

■园蛛全年以昆虫为主食，天性害羞，受到惊吓会迅速离开。

蟹蛛

（蟹蛛科）

■生长在城市农场中的蟹蛛有很多种类。它们是很重要的捕食者，以多种多样的昆虫为食，能帮助菜园的生态系统保持平衡。

■蟹蛛并不结网，而是藏在花瓣之中，等待捕捉毫无警惕的昆虫。

■蟹蛛长为0.3~2厘米，颜色从棕色到绿色不等。有些种类的蟹蛛的颜色可以随叶子颜色的改变而改变。

■这一类蜘蛛被冠以蟹蛛之名是因为它们的前3对腿是朝向前面的，形似它的水生同名生物。

■蟹蛛的视力很弱，依靠触觉来捕食，蟹蛛捕食的时间为白天或者晚上。

[小秘诀] 儿童与小虫：虫屋能使牧场探险更有意思

建造一些虫屋，探索这些动物世界能帮助大人和小孩学到很多东西。照料动物对孩子们来说很有意义，这能帮助他们学会照顾地球上所有的生命。为地栖益虫和蜘蛛建造保护地能帮助你保持菜园的生物多样性。

你需要准备的物品

岩石和砖瓦
棍子和破碎的陶器
手抹泥刀
或者小件的挖土工具
用过的豆腐罐或酸奶桶
水
小虫可以吃的植物
粉笔、布、绘画用品
放大框或放大镜
介绍虫子的书和菜园工作指南

1. 在菜园中找一块地方，最好是一部分可以遮阴的，这样你可以保持地面潮湿。菜园的尽头是个不错的选择。

2. 挖一个浅浅的洞，把它用作水库（或游泳池），把豆腐罐或酸奶桶放进去，在里面装满水。

3. 把为虫子作食物的植物和花朵等聚集起来，在水面上把它们巧妙地铺开。

4. 沿着水区把岩石和砖瓦放在地面上，把棍子、破碎的陶器和叶子混在一起，做成床、门、滑梯、飞机降落场和其他有趣的虫屋装饰。

5. 用花朵装饰你的虫屋，用粉笔在石头上作标记，在你的住处悬挂指示牌。

6. 保持虫屋周围潮湿以促使生物“搬进”虫屋，在几周时间内一切要保持原状，不被打扰。

7. 开始探索吧！小心仔细地把虫屋拆开，查看并确定搬进来的生物种类，然后重建虫屋。

虫屋建好后，你会很难控制住自己不断地偷看是不是有虫子搬进来了。跟你的孩子们聊一聊栖息地破坏的问题——如果虫屋的石头一直移动，虫子就不会把新房子当成自己的家。在虫屋建造和探索之余阅读一些介绍虫子的书籍，并且探索一下空中的生物。

或者可以试一下这种方法

如果虫子让你和你的孩子觉得讨厌或者害怕，考虑一下把虫屋建成小的精灵美舍。这可是充满幻想的创造。可以是闪亮的装饰，可以是多彩的旗帜，这样能够吸引有魔力的小仙子住在你的虫屋里。从图书馆里查阅关于精灵的书籍，要往小处想。祝你玩得愉快！

石巢蜂

（蜜蜂科）

■这种可爱的蓝黑色蜜蜂是一种重要的早期传粉者，它为果树传粉，例如苹果树、梨树、樱桃树和李子树。

■这是一种小型的、温顺的昆虫，长为1~1.5厘米，石巢蜂只能存活很短的时间（从3月中旬到6月），但它可以每天飞到超过两百个的花瓣上为它的后代收集花粉。

■成年石巢蜂把一堆花粉存放在老树断枝的洞里或者石蜂房里。之后石巢蜂将卵产在这堆食物上。石巢蜂会把这密室用泥封起来（这就是石巢蜂名字的来源），然后在洞穴通道里开始堆积新的花粉堆。每个洞穴通道可能有5个育儿密室。

■石巢蜂的卵孵化后，幼虫以花粉为食，在夏季和秋天生长。到了冬天，幼虫会在育儿密室里化蛹；春天到来时幼虫成长为成年石巢蜂，并从洞穴通道中出来。

■为了促使石巢蜂生长，应该把蜂房挂在房子南面的屋檐下，这样可以避免雨淋和强风。在果树开花之前就挂好蜂房：在老原木或者小木头上钻出深约8厘米，直径为1厘米的小洞。

蜜蜂

（蜜蜂科）

■这是一种最常见的蜜蜂——身体有绒毛，腹部有浅黄色和浅黑色条纹。长为1.3~1.7厘米。蜜蜂是一种最重要的传粉者，可为你的城市农场里的果树、蔬菜和花朵传粉。

■除非受到威胁，否则它们不会对人类有攻击性。蜜蜂蜇人对它们来说是自杀式行为，因为蜇人后它们很快就会死掉。

■工蜂以花蜜为食，把花粉从一个植物上带到另一个植物上。你可以找一下蜜蜂身上用来储存花粉的亮黄色鞍囊。

■意蜂能常年产卵，除非在极端严寒的气候条件下。成年意蜂在蜂房里过冬。

■意蜂筑巢的地方为倒下的原木或者沉木，或者是在蜂箱里。

■哪里有花哪里就有蜜蜂，所以为了促使蜂群的生长壮大，应该要种各种各样的花和开花的香草，比如迷迭香、牛至、鼠尾草和薰衣草。

大黄蜂

（胡蜂科）

■大黄蜂是菜园里的最爱。大黄蜂长为1~3厘米，像一架笨拙的大型货运飞机。它们嗡嗡叫着绕着菜园飞，吸收花蜜，运送花粉。

■你可以在城市农场找到很多种类的大黄蜂。有些种类的大黄蜂体积很大，而有一些则比较小。一些完全是黑色的，而另一些身上会有典型的黄色和黑色条纹。仔细观察一下看你的菜园里有多少种大黄蜂。

■大黄蜂在地上筑巢，在地上产卵，它们的幼虫以花粉和花蜜为食。大黄蜂一年之内可以产几窝卵。

■每一个蜂群都只能存活一年，产生一个已受精的蜂王，它可以在地面上过冬。到了春天蜂王就会出现，在一个新的地点建立下一个蜂群，而其他的大黄蜂会在冬天死去。

■为了促进大黄蜂生长，你可以留一块没修剪过的杂草丛生的地方作为它们的栖息地，还要种植各种各样的开花植物。

寄生
黄蜂
（胡蜂科）

■寄生黄蜂是一种体积较小的，很少有人注意到的肉食黄蜂，它并不会咬人或者叮人。你可能看不到这种重要的昆虫，但你会注意到它们劳动的结果——死去僵掉的蚜虫和被杀死的毛虫。

■你可以在你的菜园里找到多种类的寄生黄蜂，比如蚜虫寄生蜂、赤眼蜂、小茧蜂、恩蚜小蜂和姬蜂。不同种类的寄生黄蜂捕食不同的昆虫——蚜虫、粉虱、菜青虫和天蛾的幼虫。

■寄生黄蜂把卵产在害虫寄主之上或之内，以此来繁衍后代。

■举个例子，蚜虫寄生蜂会把卵产在蚜虫体内。寄生黄蜂的幼虫会在蚜虫体内孵化，并以蚜虫的内部组织和器官为食。僵化的蚜虫是膨胀的，呈褐色，跟活着的蚜虫完全不同。在僵化的蚜虫体内，小小的寄生黄蜂会结一个茧，化蛹，之后作为成年寄生蜂从蚜虫的头部钻一个洞出现。

■为了促进寄生黄蜂生长，应该要种植多种多样的开花植物和蔬菜，之后就顺其自然吧！

黄蜂、小黄蜂和大黄蜂

（胡蜂科）

■这些恼人的、不受欢迎的野餐不速之客，你很难把它们当成勇猛的战士或者重要的捕食者。

■群居的黄蜂（包括大黄蜂属和小黄蜂属）每年都会建立新的蜂群。有受精能力的或者创建蜂群的蜂王在树上的木质纤维上开始建巢，地点通常在屋檐下或者地面上。

■黄蜂会在每一个蜂房的巢室里产一个卵。饥饿的黄蜂幼虫眼盲，以昆虫为食。建立蜂群的蜂王从菜园里收集昆虫以喂养它的后代；当它们成年后会做采集昆虫的工作，而蜂王会集中精力在产更多的卵上。

■成年黄蜂靠捕捉昆虫来喂养它们饥饿的后代，比如苍蝇、牧草虫、蚜虫和大蚊。黄蜂幼虫会给成年黄蜂一滴花蜜，这是它们生存下去所必需的。

■幼虫在巢里化蛹。很多幼虫会提前化蛹，从而为蜂群提供更多育婴者。

■每个蜂群会产生20~50个可受精的蜂王，蜂王在林地覆盖物或者菜园的残渣里过冬，到了春天就会出现，之后开始再一次的循环。可受精的蜂王很容易识别：它们比平常黄蜂体积更大，在早春或晚秋出现，并且体内有很多的卵。

可以吸引益虫的花

在你的城市农场里种一些花来吸引益虫吧。邀请所有的生物来你的菜园，这样可以让它们保持菜园的生态平衡。昆虫，尤其是益虫，对某些花情有独钟。

花	吸引的昆虫
大茴香	寄生黄蜂、寄蝇、瓢虫
Anjelica	草蛉、瓢虫、寄生黄蜂
一年生白烛葵	食蚜蝇、步甲虫
荞麦	食蚜蝇、小茧蜂
甘蓝类	草蛉、瓢虫
莳萝或者茴香	瓢虫、黄蜂、蜘蛛、寄生黄蜂、蜜蜂、大黄蜂、小黄蜂
独活草	益类黄蜂、步甲虫
金盏花	食蚜蝇、寄生黄蜂
美国薄荷属	蜜蜂、寄生黄蜂、益类苍蝇
旱金莲	蚜虫、步甲虫、蜘蛛
山萝卜	食蚜蝇、寄蝇
向日葵或者菊科	食蚜蝇、草蛉、寄生黄蜂、瓢虫、寄蝇、蜜蜂、黄蜂
百日草	瓢虫、寄生黄蜂、寄生蝇、蜜蜂

THE BAD GUYS

坏家伙们

大部分害虫尽管对城市农场者来说很麻烦，
但却是一个庞大的复杂的生态系统的一部分。
没有它们，益虫就没了食物。
认识这些害虫的习惯和生活环境
可以帮助你把害虫数量控制在一定范围内，
直到益虫的到来。

蚜虫

（蚜总科家族）

■蚜虫会侵袭植物，尤其是新生植物的多水松软的组织，蚜虫会刺穿并吸吮植物，能产生黏性的蜜汁。

■蚜虫在一个季节会经历无数次生命循环——它们似乎一直在不断繁衍后代！

■因为土壤贫瘠或者浇水不及时，蚜虫会侵袭多汁的植物和被挤压的植物。旱金莲和卷心菜是蚜虫的最爱。

■要控制蚜虫的数量就要用高压水流来挤压或者喷射掉植物上的蚜虫。

■蚜虫的捕食者包括瓢虫、蜻蜓、黄蜂、鸟和蜘蛛。要促使这些益虫的生长需要多种一些薰衣草和野甘菊之类的花。

■自制的肥皂喷雾可以有效控制蚜虫数量，因为自制肥皂喷雾可以使这些软体昆虫脱水并死亡。在一瓶装满水的喷瓶中加入两到三滴清洁剂。把这种喷雾喷在叶子或者枝干的正面和背面以使蚜虫窒息。首先要在已被感染的植物的一小片区域内使用这种喷雾，这样可以确保这种喷雾不会对植物造成损害。

■蚂蚁非常钟爱蚜虫产的蜜汁，它们会为这种甜美的上帝恩赐“开辟”一片专门属地。蚂蚁会为了把其他益虫赶走而战。可以通过保持植物周围的土壤湿润来打乱蚂蚁群，或者可以通过使用高压水流控制并减少蚜虫的数量。

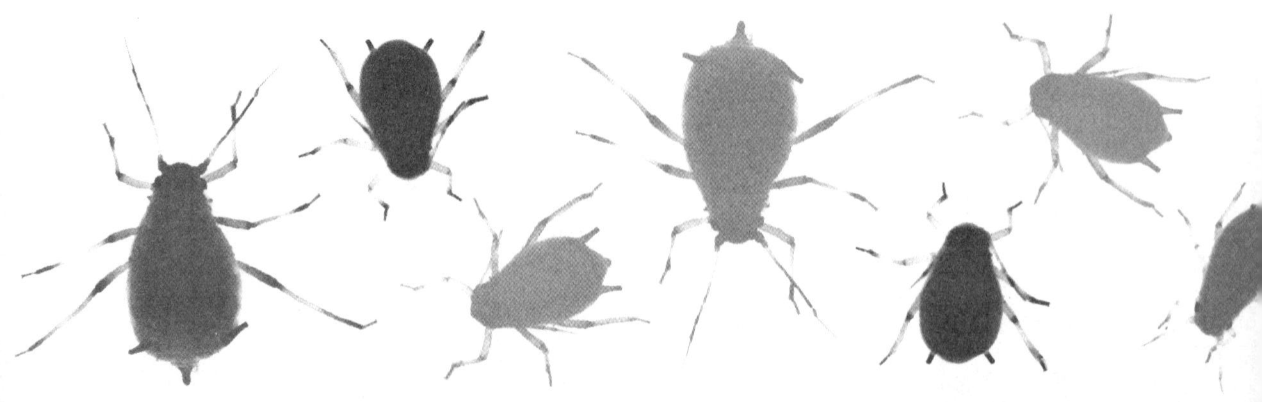

菜粉蝶/纹白蝶

（粉蝶科）

■纹白蝶是一种白色蝴蝶，两个翅膀上各有一个棕色的圆点。纹白蝶的毛虫行动较慢，皮肤呈天鹅绒绿色，边缘有浅黄色条纹。纹白蝶卵的颜色从浅黄色到橘色不等，形似一端直立的足球。蝴蝶只在芸薹属植物的叶子上产卵。

■一年有2～3代的纹白蝶出生。纹白蝶的幼虫在土里化蛹。成年纹白蝶在早春土壤变暖时冒出地面。

■纹白蝶以芸薹属植物为食，比如西蓝花、花椰菜、球茎甘蓝、羽衣甘蓝、芝麻菜、芥菜、樱桃萝卜和白萝卜。

■纹白蝶在幼虫时期破坏性最大，它们蚕食植物叶子，留下一堆堆的绿色粪便。白天你可以在叶子上找到这些绿色的纹白蝶毛虫。

■你可以亲手掐掉叶子上的毛虫，或者可以用可拆卸的小拱棚盖住目标作物来阻止成年纹白蝶落到叶子上并产卵，从而控制纹白蝶的数量。

■可以控制纹白蝶数量的生物包括寄生黄蜂、寄生蝇、草蛉、鸟，还有一些种类的甲壳虫。如果你看到园子里植物上有纹白蝶尸体，说明它的捕食者也在附近。

胡萝卜锈蝇

（粉蝶科）

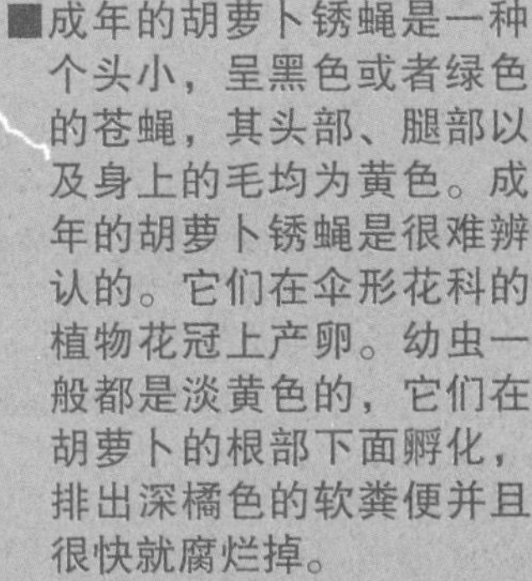

■成年的胡萝卜锈蝇是一种个头小，呈黑色或者绿色的苍蝇，其头部、腿部以及身上的毛均为黄色。成年的胡萝卜锈蝇是很难辨认的。它们在伞形花科的植物花冠上产卵。幼虫一般都是淡黄色的，它们在胡萝卜的根部下面孵化，排出深橘色的软粪便并且很快就腐烂掉。

■胡萝卜锈蝇每年可以产卵两三次。幼虫和蛹在土壤里冬眠。

■成年的胡萝卜锈蝇在胡萝卜、芹菜、荷兰芹以及防风草上产卵。

■可拆卸的小拱棚是对付胡萝卜锈蝇简便而又有效的工具。等到胡萝卜发芽并且长到几厘米高的时候，在菜畦上盖上小拱棚，浇水时再拿开。

蝇蛆及其对蔬菜的损害

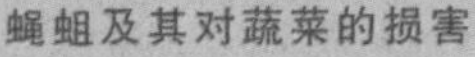

蝇蛆

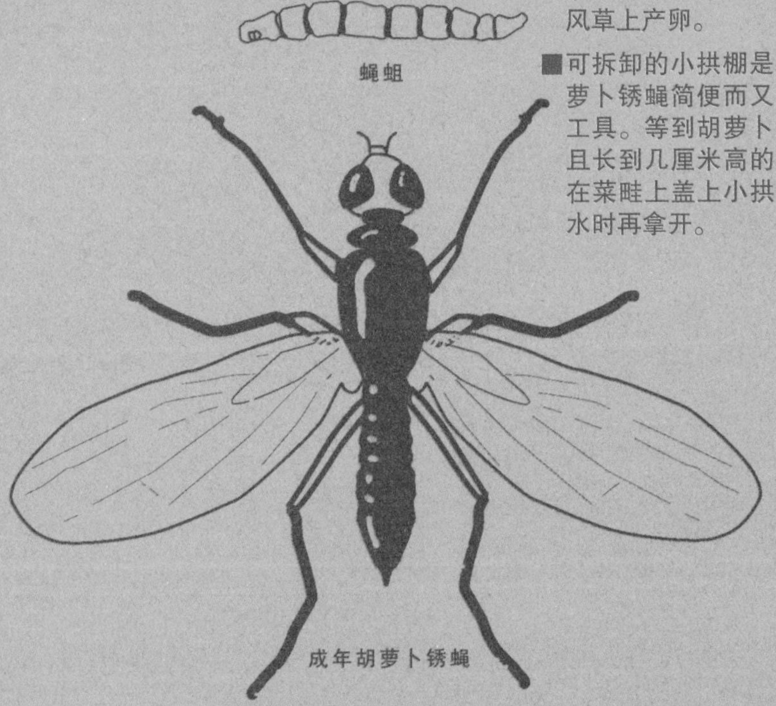

成年胡萝卜锈蝇

■这是一种躯体肥硕、体表光滑的毛虫，常出现在叶子间或者植物底部（即土壤表层）。它们是一些不知名的蛾的幼虫，黑色的头上长着一张巨大的嘴用以咀嚼。当它们受到惊吓时，躯体弯曲形成字母C的形状。由于吃的食物不同，它们的体色也从棕色、灰色到绿色不等。

■一季可产卵高达5次。在白天很少见到幼虫。虫卵都是在土壤里产下。

■幼虫在土壤里化成蛹。蛹是栗色的，身体像分节的胶囊，一节的长度是一支钢笔的直径，大约3厘米长。

■幼虫以新鲜蔬菜的茎和土表的花苗为食。

■用纸板条在花苗（或者种子）周围围起来，可以直接有效地防御地老虎。将卷纸管剪成5~8厘米长，将其插进土中，直至露出地表的高度约为3厘米。当花苗长到30厘米高的时候拿掉卷纸管，当你发现蛹时立即处理掉。

■赤眼蜂是地老虎的天敌。

地老虎 又名地蚕或切根虫

（夜蛾科）

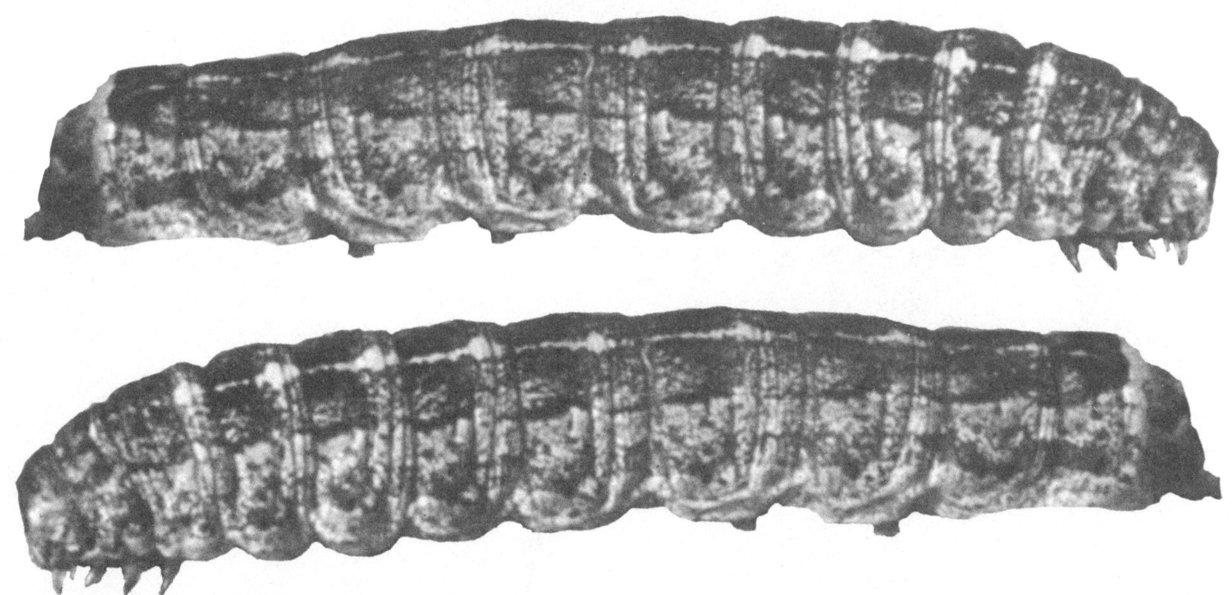

■潜叶虫是几种蝇蛾的幼虫阶段。蝇蛾在寄主植物叶子的背面产卵，当虫卵孵化后，幼虫潜入叶子里，开始以叶子里的细胞膜为食。

■每年都会产卵好几次，幼虫会在土壤里度过冬天。

■它们对叶子所造成的破坏看上去就像是棕色的窗子或者迷宫。如果将叶子拿起对着光，你会看见叶子里小小的蠕虫。

■潜叶虫主要出现在菠菜、甜菜叶上。你也可能会在豆类、黑莓、甘蓝、生菜、辣椒、马铃薯以及大头菜上看到潜叶虫。

■直接控制措施包括摘掉坏掉的叶子，清理掉叶子上的虫卵或者在庄稼上盖上可拆卸的小拱棚，以防止蝇蛾在叶子上产卵。施用液体化肥来增强受害植物的生命力，以便植物长大成熟不再受到损害。摘去受损部分的叶子，剩余的部分还是可以食用的。

潜叶虫

苹果蠹蛾

（卷蛾科）

■这种蛾个头不大，呈灰褐色。其幼虫对苹果和梨的果实造成各种破坏。成年蛾会在树叶、枝芽或者果芽上产卵。

■幼虫孵化后进入未成熟的苹果中，一直钻到果核，并且在里面停留很长时间。当它们准备好化成蛹时，又从果实的另一端钻出来，在果核里只留下它们的排泄物，一片狼藉。

■苹果蠹蛾一年产卵两次。当它们还是蛹时，会在树皮里或者落叶层里度过冬天。

■它们以苹果类水果的果核为食，例如苹果、梨以及柑橘的核。

■要除掉苹果蠹蛾，就要清理掉树木底部的落叶层，将掉落的果实捡起。将树上的果实用轻薄的塑料袋或者纸袋包起来，这样苹果蠹蛾就钻不进苹果了。

■到了旺季时，将树墩用一圈圈的粗麻布加上黏虫胶（一种黏性的物质）或者皱的卡纸包起来，防止幼虫爬到土壤里化蛹。在初秋的时候换新的麻布防止再生的幼虫爬下树干。

■茧蜂以及一些赤眼蜂是它们的天敌。

苹果实蝇

（实蝇科）

■成年苹果实蝇是个头小的蝇（0.6厘米），呈黑色，腹部有黄色的横纹。它们在苹果皮破的地方寻找细小的孔逐个产卵。幼虫呈白色或者淡黄色。

■苹果实蝇一年产卵一两次。其蛹个头小，呈棕色（看起来像一个胶囊），在土里度过冬天。

■其幼虫就在果皮下孵化，并且钻进新鲜的果实里，使得果实呈现棕色的糊状，以致很快就腐烂掉了。

■苹果实蝇残害苹果、蓝莓、樱桃以及李子。

■可使用黏性的绑带、轻薄的尼龙或者纸袋将果实包起来，可做一种无害的防护。

■蛞蝓（鼻涕虫）和蜗牛是许多城市农场里饥肠辘辘的不速之客。它们生存的意义就在于吃——作为杂食主义者的它们，偏爱菜园果蔬和猫粮。

■大多数城市农场上的蛞蝓和蜗牛都不是当地物种。它们可能是你的大麻烦，吃掉你的菜园，不过它们也为益虫和益鸟提供食物。

■蛞蝓是一种软体动物，外表看起来像没壳的蜗牛，体表湿润有黏液。在其黏液的帮助下，它们收缩肌肉并前行。当它们受到惊吓或者威胁时，会缩回两对触须——端部具眼朝上，感觉触须朝下。

■蛞蝓眼后长着一个皮革般的壳，是用来保护它们的内部器官的。壳上一张一翕的孔是蛞蝓用来呼吸的气孔。相比之下，蜗牛则有个漂亮的有螺旋纹的壳来保护它们的要害部位。

■这些小生物生活在岩石或者有机物质下面。它们用像舌头一样但可以锉磨的齿舌将食物弄碎放进嘴里食用。

■它们在岩石、粗麻布、纸板或者树叶覆盖层下产成堆的透明的如珍珠般的圆形卵。它们一季产卵多次。成年的蛞蝓和蜗牛在地下冬眠。

■用手摘去这些虫子是有效的方法；晚上或者清早巡视一下你的菜园。把它们抓住放到空旷的地方，喂给甲虫食用。蛞蝓也是鸡鸭喜爱的食物之一。

■使用铜防护网是将蛞蝓和蜗牛驱逐出菜园的有效方法。可以用8~10厘米宽的薄铜片将田畦、树桩或者容器围绕起来。当蛞蝓或者蜗牛爬到铜防护网上去，会受到震颤电击，这样它们就爬不过去了。要确保你没有把蛞蝓困进你的铜防护带里。

蛞蝓和蜗牛

（腹足纲）

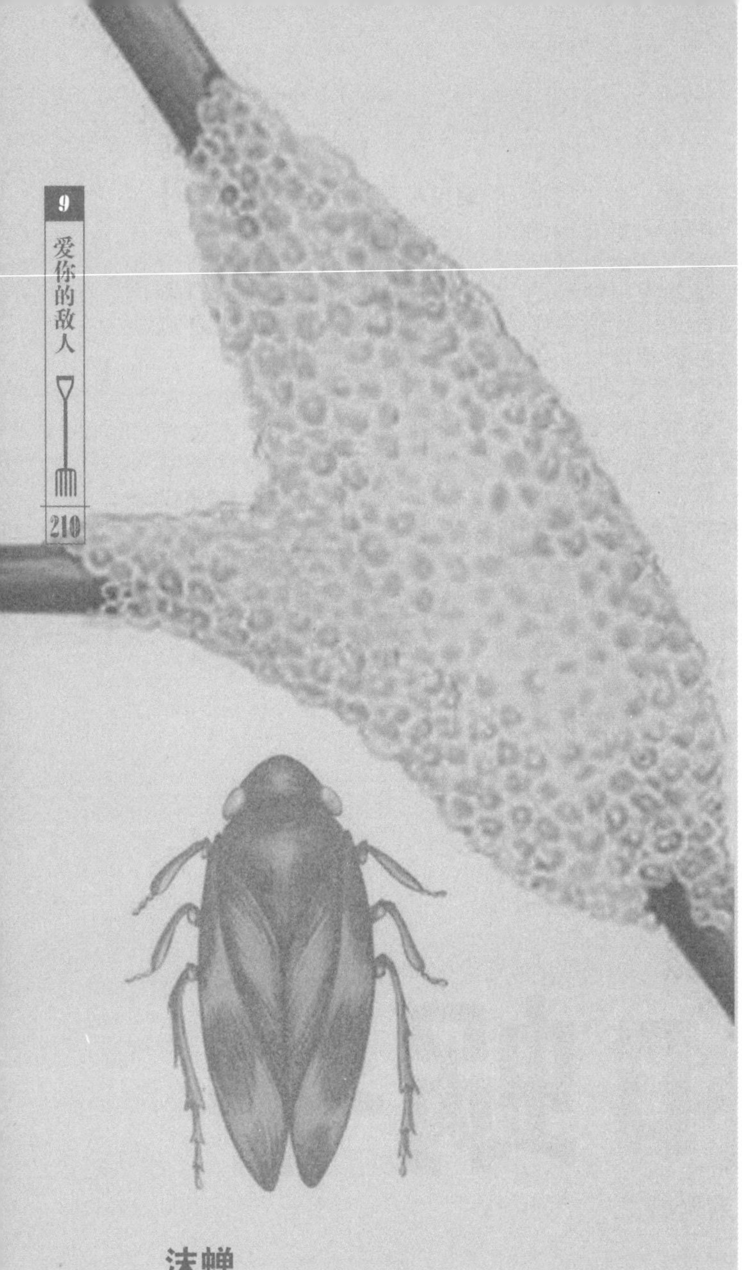

沫蝉

5月和6月初的时候，你会发现一团一团的白色泡沫在你的植物上，到底是什么在你的植物上吐痰呢？不要担心，这只是沫蝉，即吹泡虫的幼虫。这些小小的可爱的绿色昆虫不会对植物有伤害，但会为菜园里的捕食者提供食物。泡沫是一种黏性的液体，是幼虫吐出用以伪装和保护自己的。沫蝉的幼虫不会化蛹，但当它们脱掉了外骨骼后，就会长出翅膀，长成成年沫蝉。沫蝉在成年之前有4～6个龄期。看看你能否在一片泡沫中找到这种小小的绿虫。

捕食者和猎物

害虫	天敌
蚜虫	瓢虫、草蜻蛉幼虫、食肉昆虫、地蜈蚣、寄生蜂、食蚜蝇、大黄蜂、小黄蜂、鸟
甲虫，	食肉昆虫、寄生蝇、线虫、大黄蜂
毛虫	食肉昆虫、鸟、食蚜蝇、寄生蝇、土鳖虫、草蜻蛉、蜘蛛、大黄蜂、线虫
叶蝉	食肉昆虫、寄生蝇、草蜻蛉、螨捕食者、蜘蛛、大黄蜂
螨	大眼昆虫、螨捕食者、草蜻蛉、瘿蚊
介壳虫	瓢虫、甲虫、草蜻蛉、花蝽、螨捕食者、大黄蜂
蛞蝓	寄生蝇、鸟、隐翅虫、土鳖虫

并不是所有的害虫都有着6条腿，
1对复眼和1个腹腔。
很多城市里的农民必须要对付体形更大的4条腿害虫。
不论害虫大小，了解它们的习性和栖居地，
可以帮助你把它们赶出你的菜园。

兔子

■很多城市农民对野兔很头疼。它们吃菜园里所有的东西，它们饮食中将近80%是草，除非它们完完全全地吃掉你的生菜和西蓝花，否则你绝对不会发现它们。

■兔子每年都有3～4窝的幼崽，每窝都有6只幼崽。

■它们在清早给幼崽喂食，但是白天也能见到它们喂食（当数量很多时）。

■在有覆盖的拱形温室里种植青菜。

■把银聚酯胶带或者是旧的CD盘挂在田畦周围，这是个有效的威慑措施，因为兔子很容易就被吓到。防拦至少得有90厘米高，并且地底下要埋有电线，以防止兔子从地下打洞溜进菜园。

■将胡萝卜、生菜或者西蓝花作为诱饵，用捕捉器来抓兔子。把它们送去可以阉割的地方——许多大城市里有救助所，为野生兔子提供庇护所。

■它们的天敌有鹰、隼以及其他大型猛兽、野猫、郊狼和狗。

松鼠

■松鼠会挖出并吃掉秋天成熟的球茎、向日葵、南瓜、豌豆和豆籽，简直就是城市农场里调皮的恶棍。它们肆意破坏果树和浆果。它们把坚果埋遍了菜园，但往往又会遗忘，然后坚果又在春天里抽芽。有时候，被当地松鼠放错地方的花生神秘地在我的菜园里发芽了。

■它们一年产1～2窝幼崽，每窝有3～5只。

■它们生性狡猾，又很锲而不舍，很难阻止它们。可以在喂鸟器里放置松鼠挡板或者将果实和坚果用碎纸盖上。

■当你外出时，可以在向日葵上试用热油喷雾剂或者用胶皮管快速喷，把它们赶跑。

■将新栽培床或者花苞盖上铁丝网或可拆卸的小拱棚。

■松鼠没有天敌，它们对于大多数猫狗来说速度太快了。

乌鸦和八哥

■ 它们吃掉菜园里很多虫子。

■ 它们喜爱吃种子和嫩苗。

■ 用拱形温室或者可拆卸的小拱棚保护你的种子或者幼苗。将聚酯薄膜闪带挂在田畦周围，可以吓唬它们，让它们不敢靠近。

■ 稻草人（用来糊弄鸟类，使它们以为园里有人在那里）已被沿用几百年来吓走鸟。然而我不确定它们能否把城市里的乌鸦糊弄过去。

不要让猫靠近

猫最喜欢以刚刚播种过的菜园子当它的便桶了。在地上放置细铁丝网围栏或者在这个区域交叉地放上小棍子，使它们远离你的新田畦。不断受挫的城市农民会竖起竹制的串肉扦，就像一个尖顶的丛林陷阱，防止松鼠和猫去挖新的田畦。潮湿的土壤不会引起它们太大的兴趣，所以要保持土壤表层的潮湿，或者在畦上盖上一层小拱棚，直到你的种子发芽、长大一些。

老鼠及其他啮齿类动物

■ 啮齿类动物在城市的农场觅食，寻找水和庇护的地方。它们喜欢吃幼苗、种子和水果。还喜欢把干燥松软的堆肥箱当成自己的窝。

■ 这些啮齿类动物每年产3～4窝崽，每窝都有4～7只幼崽。

■ 它们有些钻入洞穴，住进岩石庭院、柴堆或者地下室里，而其他的则住在树上或者阁楼窄小的空间里。

■ 它们从来不偏食，几乎什么东西都能吃——它们喜欢吃鸡舍里的残留食物，甚至是鸡粪。

■ 它们能够从1.3平方厘米或者稍大的洞口穿过，将所有可能的进口用0.6厘米的钢丝网或者钢丝绒堵上。

■ 粮食熟了就要收割，保持堆肥箱内潮湿，要时常弄乱老鼠的窝。只喂鸡要吃的食量。

■ 猫、小型猎犬以及城市猛禽是它们的天敌。

鼹鼠和囊地鼠

鼹鼠属于在城市生态中被污蔑、被错误定位的角色。当它们在你完美的草坪上堆起一堆土，想不心烦都难。这些小土堆很难看，但是鼹鼠对于你的果蔬并不构成威胁。鼹鼠是食虫动物，能吃掉昆虫的幼虫和蠕虫，鼹鼠的出现说明你的土地很健康，很有生命力。

囊地鼠才是你不想在菜园里看到的。囊地鼠吃植物，尤其是块根植物，你可以通过土堆的形状来判断你要对付的是鼹鼠还是囊地鼠，鼹鼠堆起的土堆看起来像火山，土堆顶部像山顶一样。而囊地鼠堆起的土堆是扇形的，土堆顶部是歪的。

要逮住这两种小畜生都不容易——还记得电影《疯狂高尔夫》里面的比尔·默里（Bill Murray）吗？猫和狗是控制这些动物数量的好猎手。囊地鼠喜欢蔬菜作物——你可以将直径1厘米的钢丝网埋至地下45厘米深，高出地面20厘米，以此阻挡地鼠。也可以用药丸状的捕食者的尿液，将鼹鼠驱除出菜园。一旦看到鼹鼠的土堆和坑道就立即捣毁掉，这样可以把它们的活动范围控制在更适合的地方——你的菜园外围。

治理野草跟治理害虫和更大一点的有害生物没什么差别。要了解这种植物及其生存方式；辨别它是否有用或有益；使用最好的、无毒的技术来除掉这种植物或控制它的生长。

野生的或公共用地种植的旋花类植物

（旋花科）

■这种植物经常被称为喇叭花。这种多年生藤类植物靠根部蔓延，喜酸性、荒芜的土壤。这类植物的藤可长达9米，叶为心形，花是喇叭形的，公共用地栽种的花比较大、呈白色，而野生的花比较小、呈粉红色。它的根厚重、杂乱地铺展在土壤表层，但很脆弱，极易扯断——每一片根都可以长成一株新的植物。

■旋花类植物根部易碎，所以铲除这种杂草非常棘手。土壤如果非常坚实，不能通过松土将根毫发未伤地拔掉，可以先将这块地用腐叶等护根物覆盖，使除根更容易。护根物下部的根会蔓延生长但却容易拔掉。

■要把根清除干净，需要不断地往深处挖土。用筛子筛一下土壤，确保每一片根都被清除掉。

■如果植物的根钻进砖块或混凝土里，或者和树根缠绕在一起，用护根物覆盖以控制其生长，然后新的根一出现就拔掉。

■不要用旋花类植物堆肥。撒一些石灰来中和土壤的酸性。

■旋花类植物的藤可以做成绳子捆绑草束和篮子的提绳，还可以用来给孩子或稻草人做漂亮的皇冠！

繁缕

（繁缕属）

■繁缕是菜园或田地里最常见的一种野草。它是一年生植物，喜春秋天气，叶子很小，有裂片，花为白色，星状，非常可爱。

■繁缕（鹅肠菜）是判断土壤健康的非常重要的一个标志。如果它生长旺盛且为绿色，那么就证明土壤肥沃，可以种植蔬菜了。但如果它长势萎靡，僵硬似木，就说明土壤缺乏养分，需要施肥。

■繁缕不喜干热坚实的土壤。

■这种植物通过种子传播，它的种子几乎在刚一开花的时候就已在花中长成。

■清除这种植物需要在其刚开花而且种子还没传播的时候就整棵拔掉。繁缕富含氮，可以用来堆肥，而且也可以用作鸡食。

■繁缕嫩嫩的新叶、幼茎和花朵都可以剪下来掺入沙拉酱或者三明治里，有一种新鲜的青草味。但是老一点的繁缕太干有点像木头，不适合食用。

■这种生命力顽强、匍匐生长的多年生的植物在湿润的、排水不良的黏土或淤泥中生长旺盛。

■毛茛，像草莓或吊兰一样，依靠它的长匍茎蔓延生长，从长匍茎上会生出根，然后长成新的幼株。

■毛茛很容易挖掉。用挖土的叉子松土之后就可以把整棵毛茛连根拔起。尽管毛茛可能在薄膜下生长，用护根物覆盖可以有效地延缓其生长速度。

■不要用它堆肥，但是把它们扔给鸡吃是可以的。

■毛茛不能食用，有轻微毒性（虽不致命）。毛茛一般在园子里没什么用。如果你有小孩，不要将毛茛和可食用的植物种得太近，因为它看起来像欧芹，但只要吃一点就会导致严重的胃痛。

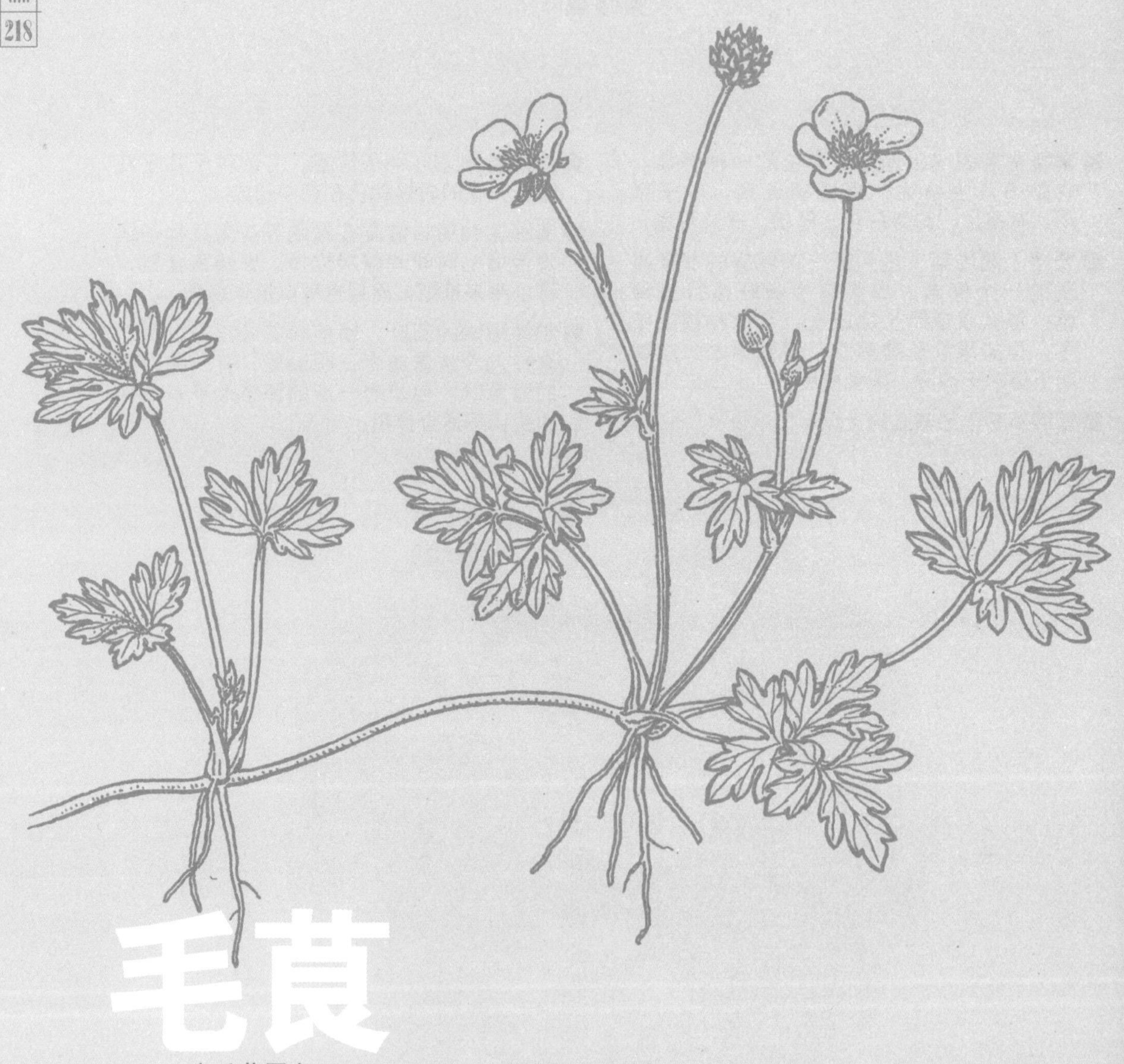

毛茛

（毛茛属）

蒲公英

（蒲公英属）

■蒲公英是多年生草本植物，有很长的主根，因此适应能力很强，可以在重质黏土及坚实的土壤中生存，也可以忍耐酸性土质。蒲公英是草坪和菜园里最常见的一种野草。

■在花还没有结籽之前就要松土，然后把根挖走。土壤比较湿润的时候，用一种加长的专门用来拔蒲公英的工具，把整棵植物从地面拔出。

■蒲公英的根和种子头部不可以用来堆肥。

■蒲公英所有的部分都可以食用——煮熟或生吃。叶子可以放进沙拉里或者蒸着吃。如果在比较嫩的时候采摘，然后再加一点水的话就不怎么苦了。蒲公英的花可以泡茶或制酒。它的根可以把皮削掉之后切成细丝，和其他根一起炒着吃。蒲公英富含维生素A和钙。

酸模

（酸模属）

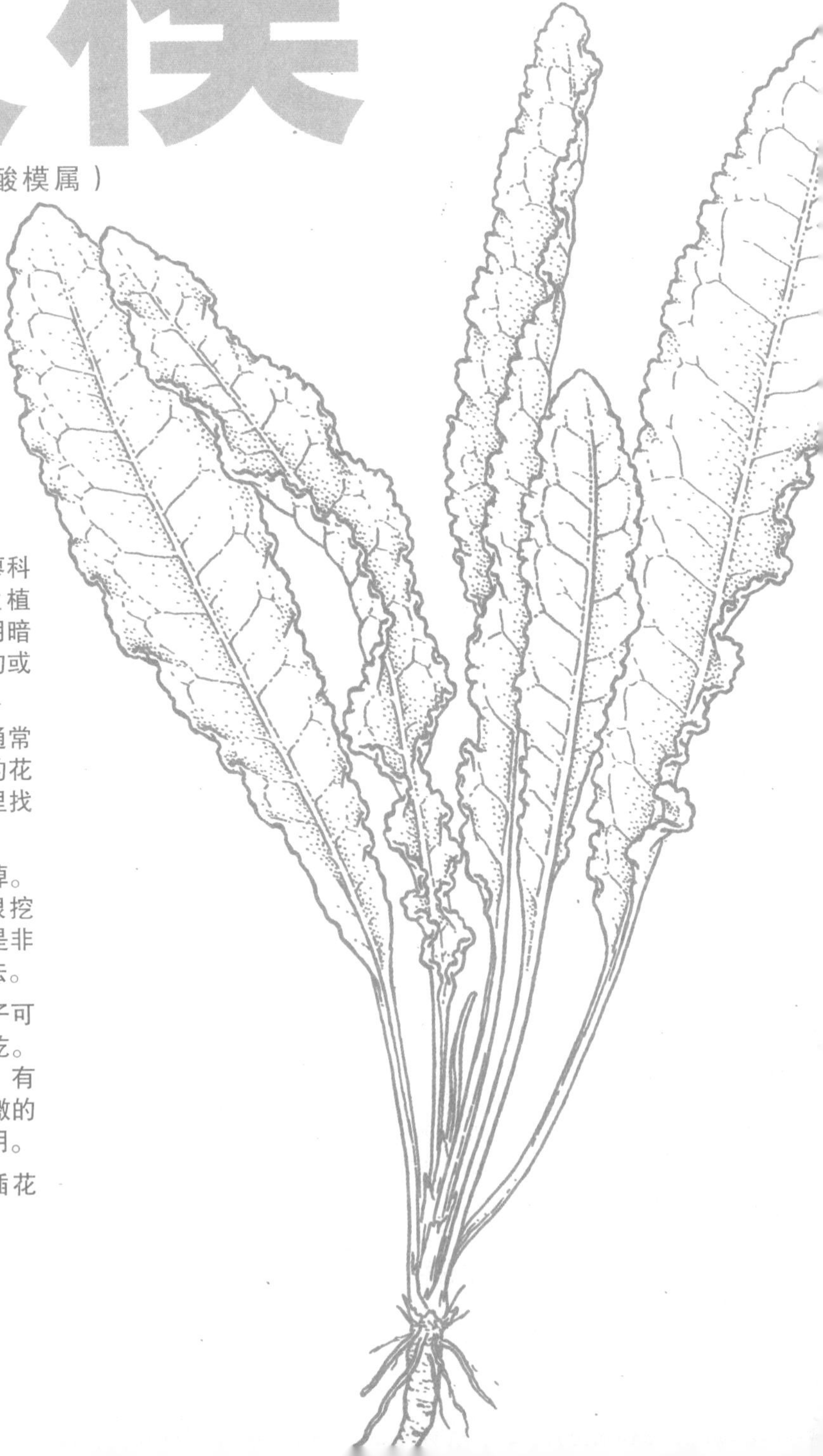

■酸模（野菠菜）属于蓼科酸模属的一种多年生植物，生长在阳光下或阴暗的地方，喜排水不畅的或有积水的酸性土壤。

■酸模通过种子传播，通常可以在草坪中、菜园的花坛里以及废弃的角落里找到它们。

■在结籽之前把花柄剪掉。土壤湿软的时候把根挖出。用护根物覆盖也是非常有效的除酸模的方法。

■酸模新长的中间的叶子可以摘来生吃或者炒着吃。新叶吃起来比较黏滑，有种新鲜的、淡淡的刺激的味道。幼根也可以食用。

■棕色的茎可以放在插花中，十分的美丽。

■马尾草是多年生植物，大约恐龙时代就已经出现了。园丁最讨厌的就是这种草了。它适应能力相当强，在湿润的土壤里长势旺盛——常见于沼泽地和重质土壤中。

■马尾草通过有结节的根部系统繁衍生长。

■拔马尾草的根只会促进它的生长，长出更多的马尾草。它的根很细，和土壤颜色一样，很难挖出。从土壤表层剪断它的主茎可以延缓马尾草的蔓延。用护根物覆盖不能抑制马尾草的生长，马尾草在柏油层下都可以生长。

■不要用马尾草堆肥，也不要用它喂牲畜。

■马尾草不能食用，但其绿叶可以用来做简易的洗刷工具或者用它来泡一种抗真菌的茶油。

马尾草

（石松属）

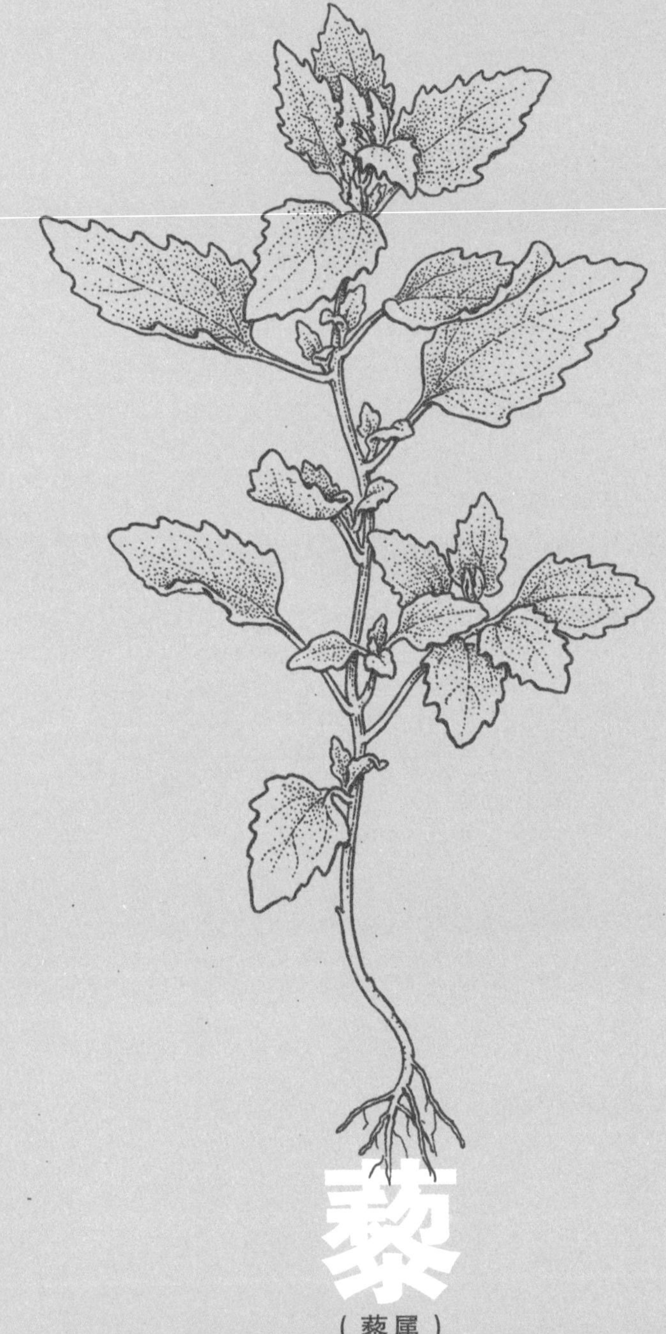

藜

（藜属）

■藜是一种一年生可食用的野草，生长在可耕地中。土壤肥沃的话长势旺盛（约1.8米高1米宽）。藜草如果比较小且缺乏活力，就说明土壤不够肥沃。

■藜草通过种子传播。

■结籽之前把整株植物拔掉用来堆肥或喂养牲畜。

■杖藜是一种美味的可食用的野菜，可以和花坛里的植物一起栽种。

■藜是一种美味又营养的绿色蔬菜。它的叶子加入沙拉或三明治中会有种油腻的像黄油般的味道。用橄榄油稍微嫩煎一下叶子和花苞，可以变成非常可口的配菜。

反枝苋

（苋属）

■ 反枝苋（野苋菜）是仲夏至夏末菜园里常见的与苋属植物相关的一种一年生植物。它在健康的土壤中生长旺盛，在营养匮乏的土壤中长势不旺（但依然可以顽强地生存）。

■ 反枝苋靠种子传播。

■ 把整株植物拔掉并不难，而且尽量在绿色的花蕾刚一出现就把它拔掉。

■ 结籽之前可以用来堆肥，结籽之后可以喂养牲畜。

■ 它的叶子生吃炒着吃都可以，但是味道平淡无奇，很容易被遗忘。

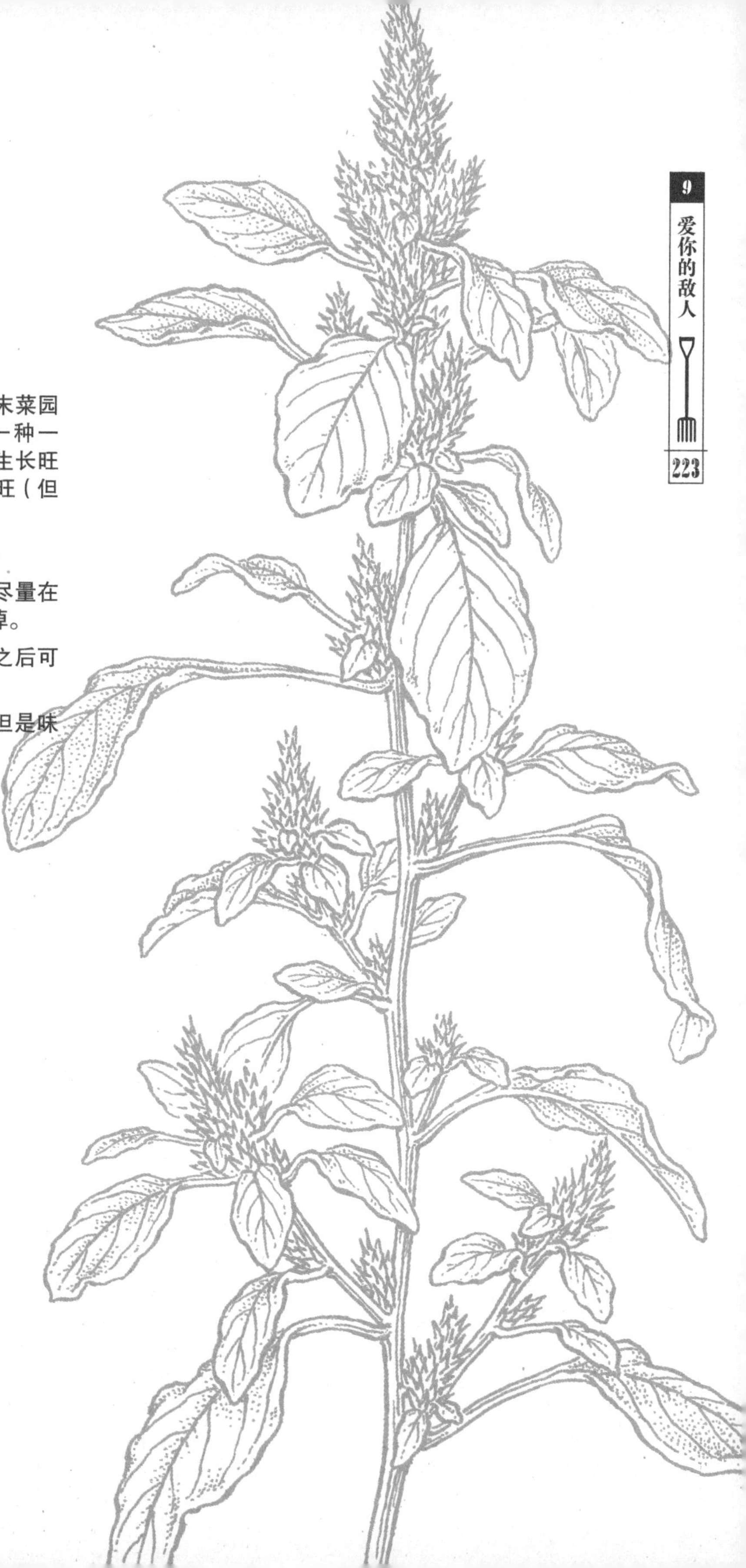

■车前草是一种生命力顽强的多年生药用草本植物。车前草有细叶和宽叶两种，有相似的习性和栖息地。

■车前草耐寒、耐旱，对土壤要求不高，路边、草坪及耕地中都很常见。

■车前草异常顽强，可以承受人们的踩踏及汽车的碾压。它通过种子传播，种子形成于布满白花的花茎上。

■车前草不显眼，可以在花坛中的任一角落里生存。拔掉整株植物用来堆肥或喂养牲畜都可以。

■车前草可以有效治愈夏天蚊虫叮咬。把车前草嚼碎，呈浆状，涂在蚊虫叮咬或痛痒的部位，敷10~15分钟，然后用凉水和温和的肥皂洗净，红肿及刺痒的症状就会消失了。

■晒干的种皮可以用作自制的纤维润肠剂。

车前草

（车前属）

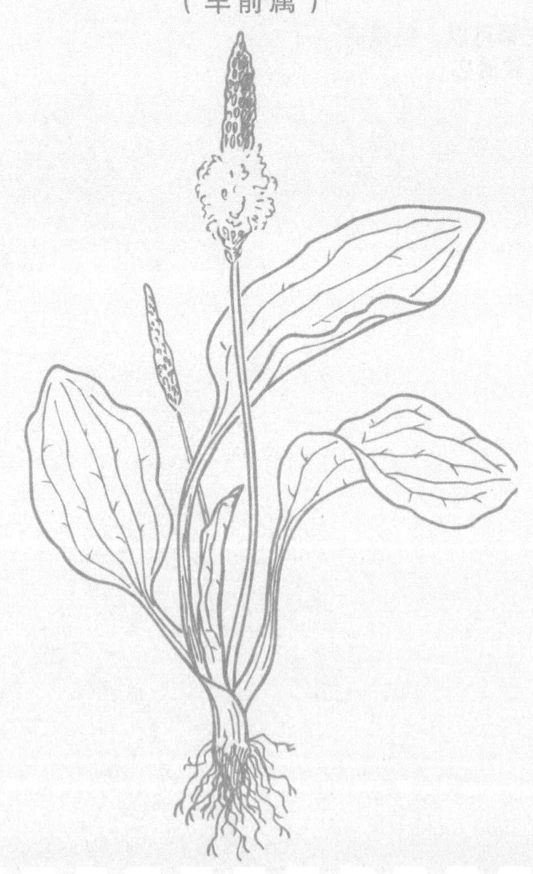

带刺的和柔软的草是孩子的最爱

你用感官来探索整个菜园的魅力时，一定会触摸到那些柔软的和带刺的植物。很多令成年园丁头痛不已的野草却对孩子们有着特殊的吸引力。对于这些小孩子来说，花蕊草柔软的叶子、大大的花柄，还有不计其数的种子是多么新奇的现象啊。这些软软的叶子是昆虫的毛毯或床，也可以用于自己搭建的小房子。干枯的花柄涂上蜡油可以做成超酷的火炬（当然在父母的帮助下）。

危险的和带刺的植物对于小孩子来说也很有魅力。绿色的黏黏的牛蒡毛刺（尼龙搭扣受此启发而发明）可以把花儿固定在纽扣孔上，还可以做临时的飞镖游戏。

起绒草，一种常见的野草，鲜绿的时候是储水容器，干枯的时候却是“最危险的植物”。起绒草的绿叶紧贴着主茎可以做成盛水的杯子，也可以是昆虫和鸟类来喝水的小池塘。当起绒草变干的时候，主茎上满是硬刺，花的顶部也都是针形的刺。让一些野草生长，可能会有意料之外的惊喜！

常见的疾病

植物的疾病也有自己的特性和栖息地。了解它们可以实施更有效的管理。

白粉病

■浅色的粉状孢子长在嫩芽或者叶子的两面。

■白粉病影响了很多的植物和果树，有几种不同的白粉真菌类型。

■真菌的孢子通过风力传播，长在叶子表面。真菌喜欢温和湿润的环境。没有生长在适合的环境中或疏于管理、长在贫瘠的土壤中的植物都很可能患上这种疾病。

■适中的温度、阴暗的环境有利于这种疾病的蔓延。没有得到充足水分的植物也可能患白粉病。

■几乎菜园里的每种蔬菜和水果都患白粉病，但是它只影响叶子不影响果实和蔬菜。

■葡萄还有果树的幼嫩组织会受影响——幼嫩组织可能会萎缩或畸形，幼果可能会长赤褐色疤痕或裂纹。

■种植抗白粉菌的物种。修剪植物枝叶增加空气流通。促进鸟儿和昆虫的活动。有些昆虫以这种真菌为食。

■在阳光充足的地方栽种植物。使用透雨软管或滴灌的方法避免叶子湿润。保持土壤健康，每三到四周给需要养分多的植物（如南瓜、黄瓜）施肥。把受到白粉菌感染的枝叶去除，扔进垃圾堆或者路边。给工具消毒以防传染。

■喷洒一些苏打喷剂来控制这种病的发展：将1升水、1茶匙苏打、几滴肥皂水和半茶匙植物油搅在一起即可制成。这种疾病出现时，把它们洒在叶子上即可。

晚疫病

■晚疫病是一种影响番茄和马铃薯的真菌疾病。19世纪40年代爱尔兰地区马铃薯产量大幅减产，晚疫病就是罪魁祸首。

■番茄的果顶会生出棕色斑点并腐烂。疫病表现为果实果顶棕色、小块下陷或者枝叶上出现暗黄色或棕色的斑点。

■晚疫病发作于非常潮湿、温度约为20℃的环境中。9月份潮湿凉爽的条件也是晚疫病的多发季节。

■这种疾病感染叶子和果实。患病3周后，整棵植物的叶子都会脱落。

■使用滴灌和透雨软管可以使叶子表面干燥。掐掉底部的叶子，修剪枝叶增加空气流通速度，让叶子表面更快干燥。在较高的拱形温室里种植番茄比较好（高为1.8~2.5米）。

■为抑制晚疫病的发展，保持卫生是非常必要的——真菌可以在受到感染的果实和植物上过冬。如果这种疾病出现就清除所有受到传染的果实和植株，然后对工具进行消毒。

脐腐病

■患这种病，果实的果顶先变黄，再变成棕色，之后开始腐烂。

■脐腐症是由缺钙以及果实成长期供水不稳引起的。（供水不稳指的是间歇性的缺水，干旱后又大量的供水现象）

■易感染脐腐症的有番茄、青椒、南瓜、黄瓜和茄子。

■持续浇水，使用氮均衡或低氮的肥料；保持土壤健康，保持土壤pH值适度，使得养分最大限度地被吸收；加入一些石膏使钙更易被吸收。

■摘掉患病的果实。施高质量的堆肥。

褐腐病

■粉状的褐腐病一般影响核果，如李子、桃子和油桃。果树的花也会患褐腐病，导致萎靡，嫩枝也会死亡。果实成长时，褐腐病会侵蚀成熟的果实，将其变成发霉、萎缩的僵果。

■保持卫生很重要：去除任何受到感染的果实或枝叶，并将其扔掉。真菌会在腐烂的果实中过冬而后影响新的枝叶、花朵。

■确保灌溉时不会浇到花苞、叶子和果实上。栽种一些抗疾病的品种。修剪果树或采摘果实使空气流通。适时改善土壤质量和施肥。

环境卫生
很重要！

分清敌友

多了解城市农场中的生物是一件令人新奇的事情。熟悉它们的习性和栖息地可以省去很多工作，减轻一些担忧。让自然生态圈维持平衡，积极地关注自然生态圈的变化是一件很有挑战的事情。

第十章

延长收获期

最大限度地利用你的菜园，更长时间地享受城市农田的产物。

有两种方法可以延长收获期：①利用吸热设备在冬季菜园中种植耐寒蔬菜；②将收获的蔬菜保存在食品储藏室中以供冬天食用。

秋冬蔬菜种植

不是每个人都适合种植冬季蔬菜。在耕种季结束后，许多种植者感觉轻松了。虽然他们喜爱而且也看重自食其力的生活，但是养活农作物需要耗费大量的劳力，如：浇水、收获。另外，将储藏的农产品都吃光也不是件容易的事。不过，就算你没打算全年种植，你依然可以在播种开始和结束期间采用季节延展技术来获得更多的农产品。

冬季种植主要有两种方式。你可以种植秋季和初冬吃的农作物，也可以种植在早春收获的过冬农作物。秋冬作物是在7—8月直接种到

菜园里的。从9月末开始，它们就成熟了而且可以收获了。过冬作物一般是夏季时播种，到9月份时将秧苗移植，这些幼苗会冬眠到春天再开始生长，这样就可以提早收获。

冬季菜园选址及准备

选择最温暖、光照最充足的地方作为冬季菜园。理想的地方是朝南或朝西，而且应有微坡以吸收热量。靠墙或者接近篱笆的地方可以吸收更多热量而且防风。较高的地方与低洼地或平地相比更容易吸热。黑色的防风器皿比淡色的材料吸收更多热量。

给冬季菜地施3~5厘米厚的堆肥或蠕虫粪便，如果你不想让农作物过分生长就不要用化肥。春天时，随着过冬蔬菜开始生长，再施些液态化肥，每隔四周施肥一次。种子和幼苗的空隙要比平常大一些，因为在低温土壤中微生物活动较少以致植物更难吸收到养料。给植物更大的空间可以减少它们对养料的竞争。可以通过铺地膜的方式给土地保温并保护过冬植物。

耐寒品种

许多蔬菜属于耐寒作物，诸如：生菜、莴苣、菊苣、莴苣缬草（野苣）、甘蓝类植物、豆科植物。这些蔬菜是典型的耐寒作物，它们可以在冬天顽强地生长。寻找耐寒作物或来自气候寒冷的国家像是俄罗斯的作物。到农贸市场去取经，当地的农民会种植耐寒作物以满足城市住户的需求。

可以从种植较易生长的莴苣缬草，或叫“玉米沙拉”开始。它是一种美味的，奶油味的蔬菜。莴苣缬草是小簇生长的、收获十分费力——城市种植秋冬菜园的农民可以享受到这一美味。冬季蔬菜在8月份播种或者在室内培育幼苗待到春季土地解冻时就移植到菜园中。

芝麻菜能够在寒冷季节生长而且基本不需要保护。也可以在拱形温室中成排地播种一些生菜或芸薹属植物的种子，看看会发生什么。

时机

全年种植是很有讲究的，即使对最用心的城市农民而言也是很有挑战性的。关键是时机。秋冬菜园是夏季播种天冷时收获的。

秋冬季收获的作物一般在7—8月时将种子直接播种在菜园中。过冬植物在8月时先种在盆中，9月时再移植。许多芸薹属的青菜在越冬时是幼苗。过冬植物要特别小——只有4片叶子——这样可以减少寒冷和霜冻的侵袭。这些植物在冬天时不生长，待土壤解冻时才开始生长。

香菜叶在8月末种植，过冬后，春天长势葱郁——这一早期作物可以收获3～4次。

让种子在盛夏时发芽也是很有讲究的。土壤会迅速干涸，脆弱的幼苗会枯萎死去。盖一层麻布或一个小拱棚，在上面浇水来保持土壤和种子适度潮湿。掀起覆盖布确认土壤的湿度是否均匀。种子发芽时将其掀去，幼芽成长过程中保持菜园潮湿。将培育幼苗的盆子放在半阴凉的地方（9月份移植）。

霜冻期开始

这一天意味着夏季生长期的结束。霜冻期（或阴冷的秋季开始时）意味着你需要收获夏日最后的果实。夏季果实的质量会随着湿冷天气的到来而变差。真菌性病害也会随之而来。

种植秋冬蔬菜就要对你所在地域的霜冻期开始之日有精准的把握。7—8月种植的作物在秋末时就可以收获了。幼小的西蓝花或甘蓝秧苗在9月份时移植，冬天过后春天到来时它们会迅速生长。

微气候对各个地方霜降的早晚和变暖的先后有影响。观察霜穴和积雪持续时间最久的地方就可以判断出最冷的微气候。许多蔬菜可以承受轻微到重度的霜冻甚至是小雪。

在“保护”下生长

城市农民会用简易的保温设备保护植物、保持土壤温度。将植物罩起来可以维持热量；可以保护植物免受风雨、霜冻的破坏；也可以让蔬菜生长更久。

钟形玻璃罩

钟形玻璃罩是一种简易的器皿，它可以从各个角度最大限度地吸收阳光。钟形玻璃罩可以将内部的空气和土壤的温度提高3~6℃。

钟形玻璃罩是一种经典的季节延长器，是在19世纪末由巴黎市场园丁首次使用的。它是一种蜂巢形的玻璃或塑料钟，罩在每株植物上来保持土壤温暖，强化冬季微弱阳光的作用，保护植物不受霜冻。你可以很容易地自制出能够传递阳光的便宜钟形玻璃罩。比如：

- 将塑料牛奶壶的底部剪掉
- 将回收利用的窗户搭建成T字形
- 将塑料布沿着支架铺好，把边缘固定好
- 玻璃罩

拱形温室

拱形温室是一种微型的温室，它是由塑料、钢丝圈或小拱棚搭建而成的。这些形似隧道的拱形温室很容易建造。

用塑料管给一块约1米×2米的田地搭建一个拱形温室：

材料

由2~3米长的聚乙烯管制成的3个钢丝圈，3米×4米的温室塑料布或类似的透明的塑料布，6根约0.6米长的再加固桩子，9个钟形夹——用来将塑料固定在聚乙烯管子上，8块大石头或砖头——用来压住塑料。

1. 将桩子固定在各个角落和菜园的中间。保持与地面25~30厘米的距离。
2. 将聚乙烯管子搭在桩子上。
3. 将塑料搭下来拉紧。
4. 用3个钟形夹将塑料固定好，用石头和砖头将边缘固定住。为了增加稳定性，在钢丝圈顶部再绑上柱子或棍子。

用重轧钢丝、轻质塑料或小拱棚来搭建拱形温室，步骤如下：

材料

用2米的重轧钢丝（比如衣架）制成4~5个钢圈，

25厘米×35厘米的轻质透明的塑料或小拱棚，

12个或以上(晒衣用的)衣夹，用来固定塑料等。

大石头或砖头将塑料或者小拱棚压住。

1. 在菜园的每个角落及中间，将钢丝的一端插进地里30~45厘米。

2. 将钢圈均匀、有间隔地安置在菜园中。

3. 将塑料帘或小拱棚罩在钢圈上拉紧。

4. 每个钢丝圈用4个衣夹（晒衣用的）固定，将边缘用砖头或石块压好。

阳畦（保护幼苗的玻璃罩）

就保护植物免受寒冷天气的影响而言，阳畦兼具了钟形玻璃罩和温室的优势。阳畦是一种没有底部、四边结实的，有一个倾斜式盖子的盒子。阳畦很结实但是与钟形玻璃罩相比，由于它的尺寸和重量，所以不太灵活。用回收利用的材料和一些电动工具，你可以轻松地制作一个阳畦。

阳畦的用法多样，都可以用来保护庄稼，延长生长季。阳畦可以用来使生长于室内的春季幼苗茁壮成长以适应露天环境。将全部植物放到阳畦中，让它们在自然光照下生长，使它们适应户外的温度。通过掀盖子来调节温度。

将春季蔬菜或块根农作物播种在阳畦中。提前一周将阳畦放在将要播种的地方，使地温升高。将种子直接播种在阳畦中，盖上盖子。种子会在温暖的环境中迅速发芽、成长。当种子长好，天气更温暖时就可以把阳畦移开了。如果你愿意，可以用拱形温室或钟形玻璃罩将刚刚移植的幼苗保护起来。由于阳畦只有30厘米或45厘米高，只适用于幼苗。

温室

温室是终极版的延时工具。那些有地、有钱的人可以在加热的温室中全年种植。大多数的温室都像房子一样，由塑料、玻璃或特殊上釉覆盖使得光线能透过天花板射到地面。幼苗在温室里是经过自然光照成长的。一些温室有组合肋板，因此某些作物，如：番茄、辣椒或茄子可以生长一整季。对于那些气候寒冷、种植喜热植物具有挑战性的地方，温室是很有效的。未加热的温室也可以提供多种保护，可以用于培育幼苗，待温度适宜时移到菜园中。

其他保温方法

还有其他的方法也可以提升地温，保护植物免受冻害。

- 保温水袋是一种很受欢迎的延季工具。把它放在移植的秧苗周围，可以创造一种温暖的成长环境。你可以自制这种工具，将一升的瓶子装上水，把它们放在植物周围。
- 用红色和黑色的塑料薄膜平铺在菜园里使土地升温，待土地升温后再播种。
- 一个流动小拱棚可以将土壤和空气的温度提高3℃，也能够预防虫害。
- 由石头、砖块、回收利用的混凝土或者其他的保温材料垒砌的高地，会缓慢地释放白天吸收的热量，能进一步提升地温。
- 由于黑色材料吸热，所以在土壤中施黑色堆肥或者用由黑塑料覆盖的麻袋可以显著地提高地温。

当植物在钟形玻璃罩和阳畦中成长时，要特别注意温度、湿度以及土壤湿度。除了漫长的寒冷时段，其他时候要在白天时打开阳畦或钟形玻璃罩通风，夜晚时关上。通风有助于控制气温和湿度。给植物通风也可以预防虫害。

如果你用拱形温室，将两边的塑料掀起来就可以通风。在阴天或冷天时就不用通风了。在阳光灿烂的冬日，将隧道的两端打开，这样幼苗就不会被烤焦了。

打开阳畦的盖子通风、调整温度。阴天时，打开几厘米；晴天时，打开60厘米；天气暖和时，将盖子全部打开或者移走。由于空气受热会上升，一些塑料钟形玻璃罩顶部有小的通气孔可以调节温度、通风。

在“保护”下生长的植物需要浇水，因此，别忘了检查土壤的湿度。当钟形玻璃罩或阳畦封闭时，潮气会进入空气中，遇到玻璃时凝结成水滴后再湿润土地。在潮湿和阴天的时候，你可以减少浇水。当你给钟形玻璃罩或阳畦通风后，水分会蒸发，你需要多浇水。

掌握种植冬季菜园的诀窍需要实践。如果打造一个全新的冬季菜园任务太艰巨，你可以从覆盖作物开始。当青菜过季后，种粮食或豆类植物。这个可以作为你的最初的冬季菜园。下个季节，你将享受到收获的快乐。

全年享受城市农场的产物

储存农产品

储存食物是另一种让你的收获持久的好方法。城市农民经常会采用三种方法储存农产品——脱水（也叫晒干）、冷冻和罐装。不是所有的方法都适合各种蔬菜或水果。有些东西更适合晒干，另一些最好罐装。烹饪用的草本植物和水果可以晒干保存供以后使用。丰收的蔬菜可以焯后冷冻，冬天做汤喝。罐装的果酱和糖浆可以作为礼物送人或者在冬天时吃，它们是对夏天的甜蜜回忆。你会找到适合你的味觉和烹饪习惯的最好的储存方法。一定选用新鲜的、成熟的、最佳的农产品。口感和质地并不会随着加工提升。

晒干

晒干食物既有趣又简单。人类使用晒干的方式储存食物已有很久的历史了。简单地说，晒干就是把蔬菜或水果中所有的水分都蒸干。

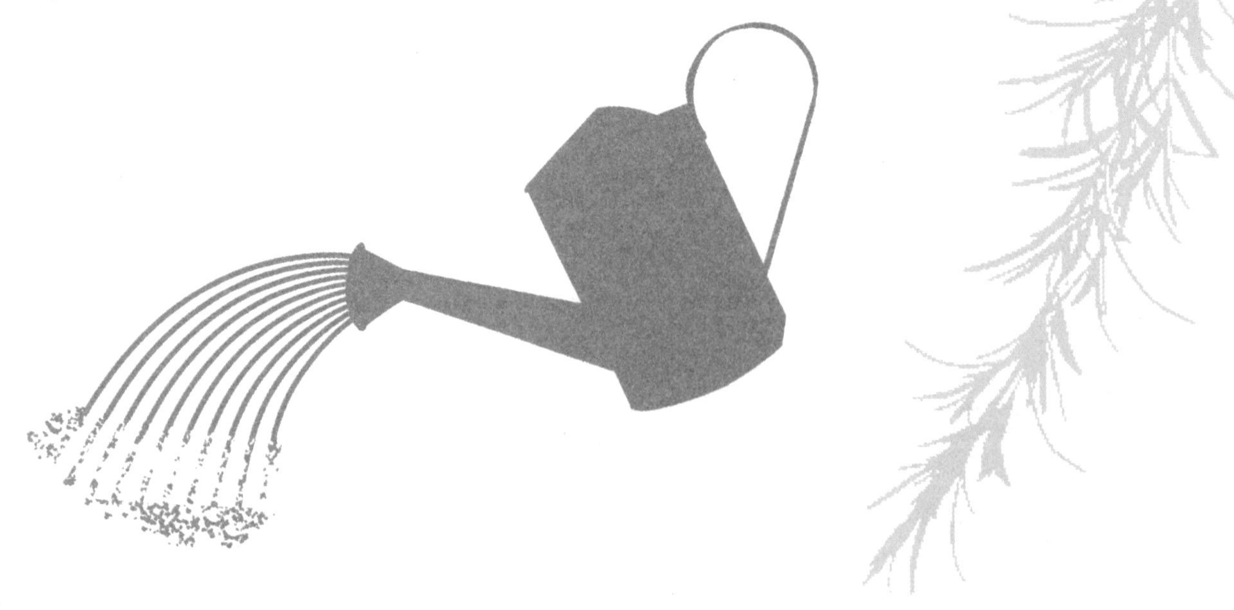

没有水分，它们就不会腐烂，因此可以保存很长时间。晒干食物非常有效，因为无需另费力气，食物就可以储存很久。

你可以将食物摊在报纸或硬纸盒里，也可以放在纸袋里或者纱窗上，之后，放在阳台上就能晒干了。

你也可以将农产品放在托盘上，放入微波炉中，用最低档加热脱水。

然而，食物脱水器是最理想的。食物脱水器底部有一个加热装置。有或没有风扇，热气都会烘烤托盘上的食物。一些机型有圆形的塑料机箱，里面有像甜甜圈一样堆叠的托盘；另一些是方型机盒，在热源的上方堆叠着一些筛盘。二手食物脱水器可以在杂货店、网上或其他地方都能买到。

晒干水果和蔬菜

晒干农产品来保存是一种技巧。下面是一些基本步骤：

- 用热水焯大多数蔬菜以防止发霉。
- 切成薄片——约0.3~1厘米，迅速晒干。
- 每日检查——食物要晒干，但是不能晒焦了。
- 将水果蘸些柠檬汁，可以防止它们氧化。
- 更换托盘位置——底部的托盘会很快脱水，但是顶部的托盘脱水较慢。
- 温度适宜——将温度保持在35~55℃之间，用温度计控制温度。
- 再水化——水果干、肉干可以直接吃。将其他蔬菜浸泡在沸水中或者炖20~30分钟就可以再水化。
- 将晒干的食物保持在10~15℃的凉爽地方——它们可以保存1年或更长。

给所有东西贴标签

每个季末，我都会在冰箱里找到几个不知装了什么的容器。因为我不知道它们放了多久了，所以只能把它们扔到堆肥箱或者给鸡吃——真是浪费。有时我会把芹菜当成叶用甜菜倒进菜里，结果味道和质感全变了。

东西没有贴标签，那你就尚未完成食品贮存。准备一卷胶带和一支水笔，给每个容器都贴上标签——即使没有罐装、晒干或冷冻也没关系。记录好装的东西是什么以及日期。这样就不会不知为何物或者浪费了。你也可以注明保质期，这样，你就知道什么该早点吃，什么能长久放。

冷冻

这是我最喜欢的储存方式。几年前，当我开始自己做饭吃时，我从家用电器回收者那里买了个立式的冰箱。最初，我只是储存果酱和水果，后来我发现菜园的作物也可以冷冻。我开始切菜，之后放进冰箱中以备做晚饭时使用。

不是所有东西都可以冷冻。生吃的蔬菜不

[食谱]
焯、冷冻蔬菜

1. 清洗蔬菜，将它们切成理想的形状。

2. 将现成的蔬菜放在过滤器上，然后浸泡在热水中。焯2~4分钟。

3. 然后将蔬菜放进冷水中，不要再继续煮。

4. 蔬菜中的水分用毛巾拧干。

5. 将它们放进塑料冷冻袋或放入双层冷冻袋中。抽空空气，给食物留一点空间，因为它们冷冻后体积会变大。

6. 给容器或袋子贴上标签。

能冷冻。需要烹饪的水果和蔬菜可以冷冻。像西蓝花、羽衣甘蓝和叶用甜菜等蔬菜冷冻后再烹饪会变得更有营养。

冷冻的缺点是需要有持续的电源来维持冷气，经历先冻后化食物就会变质。你可以自己拿一些生的菜或者已经做好的菜，做实验看看哪些菜冷冻不会变质。

直接放进冷冻柜

水果可以整个或切片后放进冷冻柜。洋葱、韭葱、青葱和蒜可以切成块、片或细末，放进冷冻柜冷冻袋中或直接放进冷冻柜。将葱类植物准备好，做饭时方便、快捷。

去皮

在加工前，迅速将番茄和核果去皮，核果包括：李子、桃子、油桃、杏。将它们浸泡在沸水中30秒或到它们起皮，之后用冷水洗。皮会很容易剥去。

酶在起作用

如果你在冷冻前没有焯，蔬菜会变得很难吃，像纸板一样。这是因为酶会分解维生素C，将糖转化成淀粉。在冷冻时，它们都处于休眠状态。当蔬菜解冻了，它们会变得活跃。在极高温度下，它们会被杀死。将蔬菜浸泡在沸水中2~4分钟，酶会被杀死，这时候冷冻最理想。焯过的冷冻蔬菜口感好，而且可以持续9个月。

罐装

罐装储存是农场用的经典做法。罐装大多数的蔬菜和肉需要特殊的设备。你可以自行罐装水果和高酸食品，不需要特殊工具。

在罐装食物时，要细心——肉毒杆菌在罐装过程中可能产生，而且致命。保持所有东西干净，用沸水煮来消毒。在罐装过程中，干净就相当于虔诚。严格遵守流程。一开始要清洗罐子、新盖子以及高质量的农产品等。

热水罐装

如果你从来没有罐装过食品，那么过程会显得很神秘、科学。其中有一些科学知识；你要确保不会造成肉毒中毒。为了安全起见，要严格遵守流程。只加工水果和高酸食品，而且要用沸水给所有东西消毒。

食谱上有具体的方法。下面是罐装的基本步骤：

1. 在用之前将玻璃罐、盖子及其他用具放在即将沸腾的水中煮；用炖锅或水壶烧水以备使用。保持所有东西干净。

2. 将热的液体和食物放进热的玻璃罐中。

3. 用木筷子或橡胶抹刀捅掉气泡，在顶部留0.6～1厘米的空间。

4. 用干净的热抹布擦干净边缘。用热盖子和收紧环将罐子封住。

5. 将罐子摆放在罐装架上，之后将架子放进装置罐头的容器中，用5厘米高的水覆盖罐子，如果需要再加些沸水。

6. 然后加热至沸腾。

7. 用罐子提起器将热的罐子取出，放在干净的毛巾上冷却。

8. 在盖子密封时，可以听到“嘭”的声音。如果未封好，将这些罐子放入冰箱中，尽快食用。

9. 将所有东西贴上标签，摆放在架子上供大家欣赏。

罐装工具

要罐装保存食物，你需要一些工具。在你的厨房中也许已经有一些工具了；另外的工具可以在杂货店、网上等地方买到。

- 大的、有架子的装置罐头容器
- 大的汤锅
- 1~2个炖锅
- 玻璃罐
- 新的盖子和拉紧环
- 装罐漏斗
- 罐子提起器
- 钳子
- 干净毛巾和洗碗布
- 标签和水写笔
- 防热手套和隔热垫

收获后存起来，每天都有新鲜菜

大丰收之后，通过恰当的存储，水果和蔬菜可以一直保持新鲜且不失风味。

下面是一些基本的存储建议：

冰箱温度保持在1~5℃之间，这样可以抑制细菌滋生，延缓蔬菜水果成熟腐烂。

- ■蔬菜和水果放入冰箱之前，不宜洗涤。过多的水分会使水果或者蔬菜的表面迅速变坏，加速其腐烂。应在处理或者食用前再清洗。
- ■把容易失去水分的菜放入塑料袋或者纸袋中。
- ■对于甜菜、胡萝卜、欧洲萝卜和樱桃萝卜，存储之前要把它们顶部的缨子去掉。这类根用蔬菜顶部缨子去掉后可以保存几周。如果顶部可以食用，则应在3~5日内食用。
- ■一些水果放进冰箱之前，应自然放熟。
- ■番茄或者其他采摘后才成熟的水果则不应放入冰箱中冷藏。
- ■把不太新鲜的青菜浸入一碗冷水中，然后放入冰箱中几个小时，就可以使之变得新鲜。

蔬菜、水果保鲜法

用最适合的方法来为你的劳动成果保鲜。下面就是关于蔬菜和水果如何晾干食用、冷冻食用、罐装食用或者新鲜食用的建议，此外还为经营城市农场的家庭和员工提供了一些很棒的菜谱。

蔬菜类

菜豆

新鲜食用：放入塑料袋中，置于冰箱内冷藏；限5日内食用完。

晾干食用：洗干净后按照所需尺寸切好，放在滚水中煮4分钟；晾干至酥脆；可以保存8个月。

冷冻食用：按照所需尺寸切好，放在滚水中煮3~4分钟；然后放毛巾上晾干；置于袋子中冷冻；可以保存1年。

罐装食用：将豆角热水罐装之后腌制成泡菜，放入压力罐中密封保存。

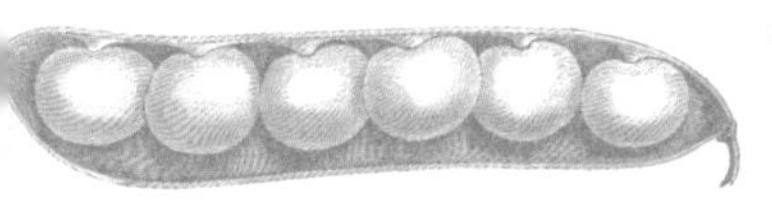

豌豆——去皮速冻甜豌豆

新鲜食用：放入塑料袋中，置于冰箱内冷藏；限5日内食用。

晾干食用：将豌豆去壳，放入沸水中煮2~3分钟，晾干至变硬起皱；可以保存8个月。

冷冻食用：将冷冻或者去壳的豌豆放入沸水中煮2~3分钟，置于袋子或者其他容器中冷冻；8个月内食用为宜。

罐装食用：只能放入压力罐中密封保存。

甜菜

新鲜食用：去掉甜菜顶部，将顶部和根部分别放入塑料袋中，置于冰箱内冷藏；顶部限3日内食用；根部限1~2周内食用。

晾干食用：去掉甜菜顶部，将根部放入沸水中直至变软；去皮，切成薄片或者0.6厘米的丁；晾干至变硬、酥脆；限8个月内食用。

冷冻食用：将甜菜煮熟后；去皮，切成丁或者片；放在袋子中冷冻；可以保存1年。

罐装食用：将甜菜制成泡菜，整个放入罐中；腌制成咸菜后可以经热水罐装处理，高压保存。

南瓜

新鲜食用：放在阴凉、干燥处；有柄的话可以存放2~3个月。

晾干食用：不建议晾干食用。

冷冻食用：在180℃的烤炉上将南瓜烘烤45分钟或者烘烤至南瓜变软，堆在容器中；可以保存1年。

罐装食用：放在压力罐中密封保存。

胡萝卜

新鲜食用：去掉胡萝卜顶部，将根部放在塑料袋中，置于冰箱中冷藏；可以保存几周。

晾干食用：将胡萝卜洗净，切成片，放入沸水中煮3~4分钟；晾干至表皮变硬；可以保存1年。

冷冻食用：按照所需尺寸切成片或者丁，放入沸水中煮3~4分钟；然后放毛巾上晾干，放入袋子中冷冻；可以保存1年。

罐装食用：放入压力罐中密封保存。

西葫芦

新鲜食用：放入有孔塑料袋中，再置于保鲜冷藏格中冷藏；限5~7天内食用。

晾干食用：切成0.3~0.6厘米的薄片，然后放入沸水中煮3分钟；晾干至坚硬如皮质；可以保存4个月。

冷冻食用：因为冷冻后西葫芦的口感变差，所以除了当做配菜，一般不建议将其冷冻。

罐装食用：不建议罐装食用。

黄瓜

新鲜食用：放入有孔塑料袋中，再置于保鲜冷藏格中冷藏；限7天内食用。

晾干食用：去皮，切成薄片，放在沸水中煮1分钟；晾至蜷曲；可以保存4个月。

冷冻食用：不建议冷冻食用。

罐装食用：将黄瓜放入盐醋液中，经热水罐装后制成泡菜，放入罐中密封保存。

番茄——樱桃番茄/切片番茄/做番茄酱

新鲜食用：在室温下晾开，不宜放入冰箱中冷藏。

晾干食用：把中等个头的番茄切成两半，将切口处放在架子上；晾干至坚硬如皮质；可以保存6个月。

冷冻食用：将番茄去皮，切成四份，烹至变软，置于容器中冷冻，限4个月内食用。由于冷冻后番茄的口感会发生变化，所以冷冻后的番茄只限在熟菜中使用。

罐装食用：热水浴后可以整个放入罐中做成酱料。

西蓝花和花椰菜

新鲜食用：放入塑料袋中，再置于保鲜冷藏格中冷藏；限5~7日内食用。

晾干食用：切成1厘米的条，在沸水中煮4分钟；将水排出晾干至酥脆，可以保存1个月。

冷冻食用：切成1厘米的条，在沸水中煮3~4分钟；将水排出晾干，放在袋子中冷冻，限2个月内食用。

罐装食用：不建议罐藏食用，但是可以和其他蔬菜一起腌制成泡菜。

樱桃萝卜

新鲜食用：去掉叶子，放入塑料袋中，再置于保鲜冷藏格中冷藏；限5日内食用。不建议晾干食用或者冷冻食用。

罐装食用：不建议罐装食用，但是可以和其他蔬菜一起腌制成泡菜。

[菜谱] 青番茄松饼

改编自 KTC COOKS，《美味十年——最爱菜谱》

- $1^1/_2$杯山核桃仁
- $2^1/_4$杯白糖
- 1杯融化黄油
- 3只鸡蛋
- 2勺香草
- 3勺面粉
- 1茶匙盐
- 1茶匙发酵粉
- 1茶匙肉桂
- $^1/_2$茶匙肉豆蔻
- $2^1/_2$杯窖制青番茄或者树番茄
- 1杯醋栗

1. 将烤箱预热至180℃。
2. 将坚果仁放到烤板上，在炉中烘烤8分钟。冷却并将坚果仁预留半杯做糕点装饰用。
3. 将白糖、化开的黄油、鸡蛋和香草搅拌均匀。
4. 用球形搅打器将所有的干调料，如面粉、盐、发酵粉、肉桂和肉豆蔻在大碗中充分混合。
5. 将这碗干调料放入鸡蛋混合物中，再搅拌均匀。
6. 放入一杯碎山核桃仁、番茄和醋栗，搅拌均匀。
7. 将混合物装入两只有松饼托的松饼杯中，装至杯子容积的3/4。把半杯碎山核桃仁撒在其顶部。
8. 烘烤40分钟；置于多用拉篮上冷却。

洋葱/韭葱

新鲜食用：洋葱适合存放在阴暗、干燥处，而不宜放入冰箱冷藏。把韭葱放入塑料袋中，再置于保鲜冷藏格中冷藏；限7~10日内食用。

晾干食用：去皮，洗净，将其切成薄片，无需水煮，直接晾干至酥脆，可以保存8~12天。

冷冻食用：按照所需尺寸，将洋葱或者韭葱切成薄片或者段，无需水煮。放在袋子或者容器中冷冻，可以保存8个月。

罐装食用：可以将小洋葱放入罐中密闭保存。

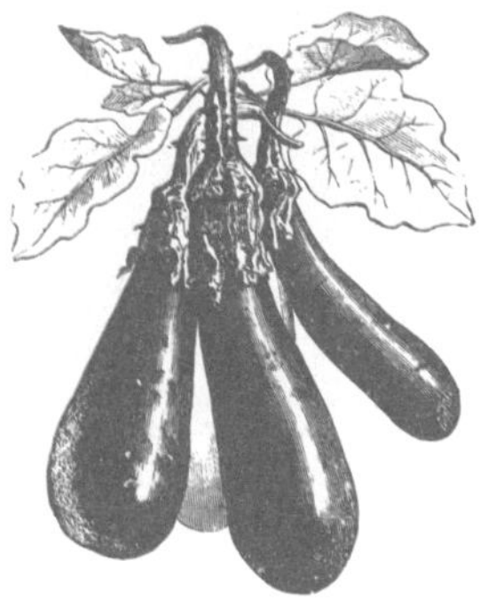

茄子

新鲜食用：放入塑料袋中，再置于保鲜冷藏格中冷藏；限7日内食用。

晾干食用：去皮，切成1厘米宽的小条；放入沸水中煮4分钟；晾干至坚硬如皮质，可以保存4个月。

冷冻食用：因为冷冻后做菜或者煎炒时口味最佳，所以适宜冷冻。将茄子去皮，切成1厘米宽的小条或者块儿，放入沸水中

[菜谱] 韭葱馅饼

改编自潘尼斯之家菜品
（潘尼斯之家是加利福尼亚烹调的发源地，提供由当地最新鲜的原材料做成的精美菜肴。）

3根中等或较大的韭葱或者6~8杯切好的韭葱
3勺无盐黄油
1/4茶匙干百里香或者一些新鲜百里香的嫩枝
水、肉汤或者白葡萄酒备用
单面烤好的油酥面团
1勺面粉
1/3杯山羊乳干酪
1个打好的鸡蛋
用来调味的盐和辣椒

1. 把韭葱的绿色顶部摘掉，纵向将韭葱切成两半，再切成0.6厘米宽的丝。在冷水中把泥土、沙子洗掉，将韭葱冲洗干净。

2. 在平底煎锅中将黄油融化；用中火将韭葱和百里香烹制10分钟，变得柔软，呈焦糖状。如果韭葱粘锅，加入少量水、肉汤或者白葡萄酒；然后关火。

3. 将烤箱预热至200℃。

4. 将油酥面团卷成约30厘米的圈，放在烤板上。

5. 将面粉和韭葱均匀地撒在油酥面团上，距离边沿3厘米。

6. 加上成块的山羊乳干酪。

7. 将油酥面团的边沿卷起来，形成一圈壳；刷上一层蛋糊。

8. 用烤箱最下面一层烤20~30分钟，直至表面变黄。如表面焦得太快，可以在表面罩上一层铝箔。面团底变黄变焦时，一个直径25厘米的馅饼就做好了。

煮4~6分钟。放入容器中冷冻，可以保存8个月。

罐装食用：不建议罐藏食用，但是可以和其他蔬菜一起腌制成泡菜。

辣椒——甜椒和辣椒

新鲜食用：放入塑料袋中，再置于保鲜冷藏格中冷藏；限7日内食用。

晾干食用：将辣椒晒至干焦；将甜椒去籽，切成条，不需放入沸水中煮，晾干至坚硬如皮质，两种都可以保存1年乃至更久。

冷冻食用：去籽，按照所需尺寸切成条，不需放入沸水中煮，放在袋子中冷冻，限6个月内食用。

罐装食用：辣椒不建议罐装食用；可以把甜椒放在高压罐中，密封保存。

[菜谱]

青椒玉米卷饼酱汁

由克里斯汀娜·米娜特和格拉和安·高巴夫提供

4~5个中等个头青椒（墨西哥椒或其他类似品种）

1/4杯碎洋葱

2~3杯树番茄

3杯鲜奶油（或者是全脂牛奶和鲜奶油的混合物）

盐和胡椒少许

1. 将青椒放在烤盘上烤，直至表皮变黑起泡。把青椒翻过来使两面都能烤到。

2. 仔细把青椒的皮剥掉。去柄，去籽，剁碎。

3. 中火加热深平底锅，将洋葱和树番茄放入其中嫩煎，直至变软。

4. 加入青椒，再煎几分钟。加入鲜奶油，使之升温但不沸腾，1升酱汁就诞生了。

玉米

新鲜食用：带苞叶放入冰箱中；宜尽快食用。

晾干食用：去掉玉米苞叶；使整个玉米棒风干至干脆；将玉米整个储存或者把玉米籽剥下来放进罐中，限8个月内食用。

冷冻食用：将整个玉米棒放入沸水中煮6~8分钟；整个冷冻或者将玉米籽剥下来冷冻，限一年内食用。

罐装食用：将玉米籽剥下放入高压罐中，可以做成奶油玉米。

芝麻菜

新鲜食用：放入塑料袋中，再置于保鲜冷藏格中冷藏，限2~3日内食用。

晾干食用：切成5厘米长的条，放在沸水中煮1分钟，摊在托盘上，厚度不要超过1厘米。晾干至酥脆，可以保存2~3个月。

冷冻食用：切成5厘米长的条，放在沸水中煮1分钟，排出多余的水分；放在袋中冷冻，可以保存1年。

罐装食用：不建议罐装食用。

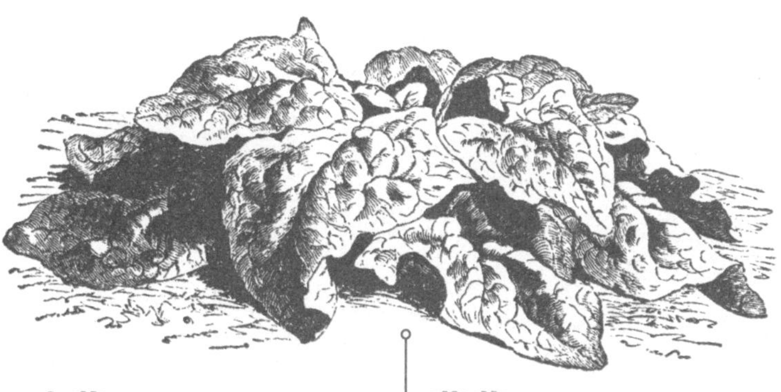

生菜

新鲜食用：放入塑料袋中，再置于保鲜冷藏格中冷藏；限5~7日内食用。

不建议**晾干食用，冷冻食用或者罐装食用**。

小贴士：将生菜叶子洗净并除去水分，放入塑料袋中，再置于保鲜冷藏格中冷藏。需要的时候用几片叶子即可。如果生菜在放入冰箱之前，水分被彻底除去，可以保存5~7天，做成即食沙拉。

菠菜

新鲜食用：放入塑料袋中，再置于保鲜冷藏格中冷藏，限5日内食用完。

晾干食用：切成5厘米长的条，放在沸水中煮2分钟，摊在托盘上，厚度不要超过1厘米。晾干至酥脆，可以保存2~3个月。

冷冻食用：切成5厘米长的条，放在沸水中煮2分钟，排出多余的水分，放在袋中冷冻，可以保存1年。

罐装食用：只能放入高压罐中密封保存。

叶用甜菜

新鲜食用：放入塑料袋中，再置于保鲜冷藏格中冷藏，限5~7日内食用。

晾干食用：切成5厘米长的条，放在沸水中煮2分钟，摊在托盘上，厚度不要超过1厘米。晾干至酥脆，限3个月内食用。

冷冻食用：切成5厘米长的条，放在沸水中煮2分钟，排出多余的水分，放在袋中冷冻，可以保存1年。

罐装食用：只能放入高压罐中密封保存。

羽衣甘蓝

新鲜食用：放入塑料袋中，再置于保鲜冷藏格中冷藏，限5~7日内食用。

晾干食用：切成5厘米长的条，放在沸水中煮2分钟，摊在托盘上，厚度不要超过1厘米。晾干至酥脆，可以保存长达4个月。

冷冻食用：切成5厘米长的条，放在沸水中煮2分钟，排出多余的水分，放在袋中冷冻；可以保存1年。

罐装食用：只能放入高压罐中密封保存。

[菜谱]

青菜、石榴和榛子酱料

由拜伟·哈姆提供

1勺橄榄油

2瓣大蒜，切碎

半个白洋葱或黄洋葱，剁碎

2~4勺香草醋

1个甘蓝，洗净，去柄，切成长条

1颗叶用甜菜，洗净，去柄，切成1厘米宽的长条

1/3杯的榛子，烘烤，切碎

1个石榴，去籽，加入适量盐

1. 在一只平底锅中放入油和大蒜，中火加热，翻炒2~3分钟至金黄。

2. 加入洋葱，小火翻炒2~3分钟。加入意大利黑醋，用文火慢炖，接着加入甘蓝和叶用甜菜，盖上锅盖，炒至洋葱出水。

3. 加入榛子、石榴籽一起翻炒。

4. 加入盐，立刻起锅。

可供4~6人食用。

草本植物

可以直接从菜园中拔香草类植物来食用。在生长季节里将香草晾干储存。这比在商店里买一小瓶要方便而且实惠得多。香草经冷藏或者罐装处理后，可以放到其他菜肴中。罗勒、欧芹和香菜用橄榄油制成浓浆，冷冻做成即食沙司。

欧芹

新鲜食用：择好并放入水罐中，放入冰箱可以保存7天。

晾干食用：放在有除水剂的架子上，把欧芹用纸包好，放在通风处晾干；将干叶子揉碎放入罐中或袋子里，在这种条件下可以保存8个多月。

冷冻食用：加橄榄油和少许柠檬汁搅拌成泥，放在制冰格中冷冻并放在袋中，可以保存6个月。

鼠尾草

新鲜食用：放在有孔塑料袋中，并置于冰箱冷藏，可以保存7天。

晾干食用：放在有除水剂的架子上，用纸包好，放在通风处晾干，将干叶子揉碎放入罐中或袋子里，在这种条件下可以保存8个多月。

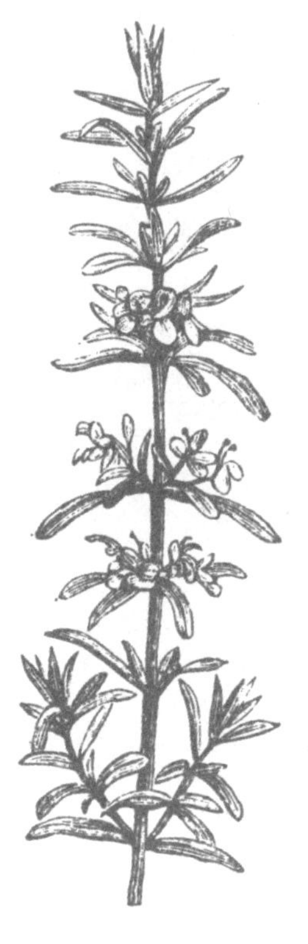

迷迭香

新鲜食用：放在有孔塑料袋中，并置于冰箱冷藏，可以保存7天。

晾干食用：放在有除水剂的架子上，用纸包好，放在通风处晾干，将干叶子揉碎放入罐中或袋子里，在这种条件下可以保存8个多月。

百里香

新鲜食用：放在有孔塑料袋中，并置于冰箱冷藏，可以保存7天。

晾干食用：放在有除水剂的架子上，用纸包好，放在通风处晾干，将干叶子揉碎放入罐中或袋子里，在这种条件下可以保存8个多月。

牛至

新鲜食用：放在有孔塑料袋中，并置于冰箱冷藏，可以保存7天。

晾干食用：放在有除水剂的架子上，用纸包好，放在通风处晾干，将干叶子揉碎放入罐中或袋子里，在这种条件下可以保存8个多月。

冷冻食用：加橄榄油和少许柠檬汁搅拌成泥，放在制冰格中冷冻并放在袋中，可以保存6个月。

香菜

新鲜食用：择好放入水罐中，置于冰箱内冷藏，可以保存5天。

晾干食用：放在有除水剂的架子上，用纸包好，放在通风处晾干，将干叶子揉碎放入罐中或袋子里，在这种条件下可以保存6个多月。

冷冻食用：加橄榄油和少许柠檬汁调和成泥，放在制冰格中冷藏并放在袋中，可以保存6个月。

罗勒

新鲜食用：把菜茎放入水罐中，再放入有孔塑料袋中，于室温下或者冰箱中保存，可以保存3天。

晾干食用：放在有除水剂的架子上，用纸包好，放在通风处晾干，将干叶子揉碎放入罐中或袋子里，在这种条件下可以保存8个多月。

冷冻食用：加橄榄油和少许柠檬汁搅拌成泥，放在制冰格中冷藏并放在袋中，可以保存6个月。

香葱

新鲜食用：把菜茎放入一罐水中，再放入有孔塑料袋中，于室温下或者冰箱中保存，可以保存3天。

晾干食用：切成小条，放在有除水剂或者报纸的架子上，于干燥通风处晾干；放在瓶子或者袋子中，可以保存6个月。

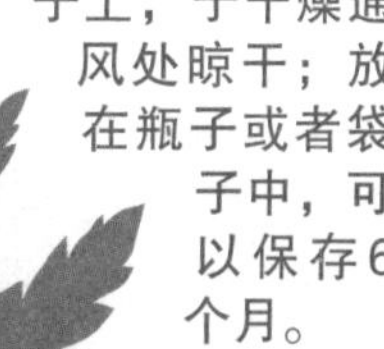

花卉

大多数食用花卉要在摘下几小时之内使用。有些可以应用于插花，几天之后才枯萎。其他花卉保存方法与草本植物类似。

金盏花

新鲜食用：将新鲜花瓣摘下用作沙拉装饰；可以用作插花；也可放在清水中，能保存4~5天。

晾干食用：将花朵从花茎上摘下，晾干；使用整只花或者把花瓣取下食用。

[菜谱]

金盏花药膏

将金盏花浸入葡萄籽油中，用来自制药膏。

1. 将花放入小瓶中，倒满油。
2. 盖起来放在架子上1天，然后再放入冰箱中冷冻1周。
3. 将油滤出，药膏可用于晒伤、刮擦伤和疹子。可以在冰箱中放置长达2个月。

矢车菊和石竹类植物

新鲜食用：将新鲜花瓣摘下用作沙拉装饰；可以用作插花；也可放在清水中，能保存4~5天。

旱金莲

新鲜食用：新鲜时可用于沙拉或者三明治中。这些花很精致但不易保存，所以要尽快食用。

向日葵

新鲜食用：非常适合作为插花，可以保存超过一周。

晾干食用：把花朵放进纸袋或者架子上，放在干燥通风处晾干。去籽放入瓶中或者袋子中。

琉璃苣

新鲜食用：可以在沙拉、蛋糕或者小冰块中使用。花朵精致但不宜保存，所以要尽快食用。

木本果实

从城市农场收获的东西中，水果用途可谓是最多的了。水果可以生吃，晾干了吃，做成冷冻馅饼，或者做成罐头。干燥之前，把水果条或者半风干的水果快速放入稀释的柠檬汁中，一匙柠檬汁兑2升水，以防止果肉变成棕色。将水果条冷冻或者放入甜溶液中冷冻；或者用热水罐装做成沙司、黄油、果酱，放入罐中密封保存，或者成条放入低度糖浆中。

苹果

新鲜食用：放入冰箱的保鲜储藏格中冷藏，可以保存一个月。

晾干食用：去皮，去核，切成薄片，浸入柠檬水中，晾干至坚硬如皮质，可以保存2年。

冷冻食用：将去皮切好的苹果片浸入柠檬水中，放在容器中，可以冷冻做成沙司、黄油或者果酱，6个月内食用。

罐装食用：或者用热水罐装做成沙司、黄油或者果酱，放入罐中密封保存。

樱桃

新鲜食用：放入有孔塑料袋中，再置于冰箱的保鲜储藏格中，5天内食用。

晾干食用：去核，切成两半，浸入柠檬汁中，干燥至坚硬如皮质，1年内食用。

冷冻食用：洗净，去籽，浸入柠檬水中，放入袋子或者容器中冷藏，6个月内食用。

罐装食用：热水罐装后，整个放入糖浆中做成罐头。

梨子（欧洲和亚洲）

新鲜食用：在室内自然放熟，然后装入塑料袋中放冰箱冷藏，5天内食用。

晾干食用：去皮，去核，切成薄片，浸入柠檬汁中，干燥至坚硬如皮质，可以保存6~9个月。

冷冻食用：因为冷冻过程中梨子会失去色泽，口感和味道也会变，所以不建议冷冻食用。

罐装食用：热水罐装后，放入罐中，做成沙司。

[菜谱]

姜梨汁

由劳拉·玛塔提供

3.6~4.5千克成熟梨子

1茶匙维生素C或者柠檬汁

1~2升水来稀释维生素C汁或者柠檬汁

做成糖浆还需要：

2杯糖

4杯水

3茶匙柠檬汁

1/3杯切碎的蜜姜

1. 去皮，去核，梨子切成块。

2. 将一茶匙维生素C溶入0.5升水中或者一茶匙柠檬汁溶入2升水，然后进行冷水处理，以防脱色。

3. 浸入水至少20分钟；冲净沥干。

4. 用姜和柠檬汁来做低度糖浆。将2杯糖、4杯水、3茶匙柠檬汁和1/3杯碎蜜姜混合煮至沸腾，且保持低温沸腾。

5. 将沥干的梨子放入热苹果汁或者刚做好的柠檬姜糖浆中5分钟。

6. 将热梨子片放入热罐子中，一直放到距离顶部1厘米。将煮沸的糖浆浇到梨子上，用筷子或者橡胶小铲搅拌，排除空气。调整罐子盖子。

7. 具体在焯梨子的过程中，要依据当地海拔情况而定。

8. 用提罐器取出热水中的罐子，放在毛巾上自然冷却。封住罐口，放置12个小时。检查罐子的封口，并将那些没有封严的放入冰箱之中。可以做出3~4升的姜汁梨子。

小贴士：可以用肉桂条来代替生姜，在装罐之前，从糖浆中去掉肉桂条。

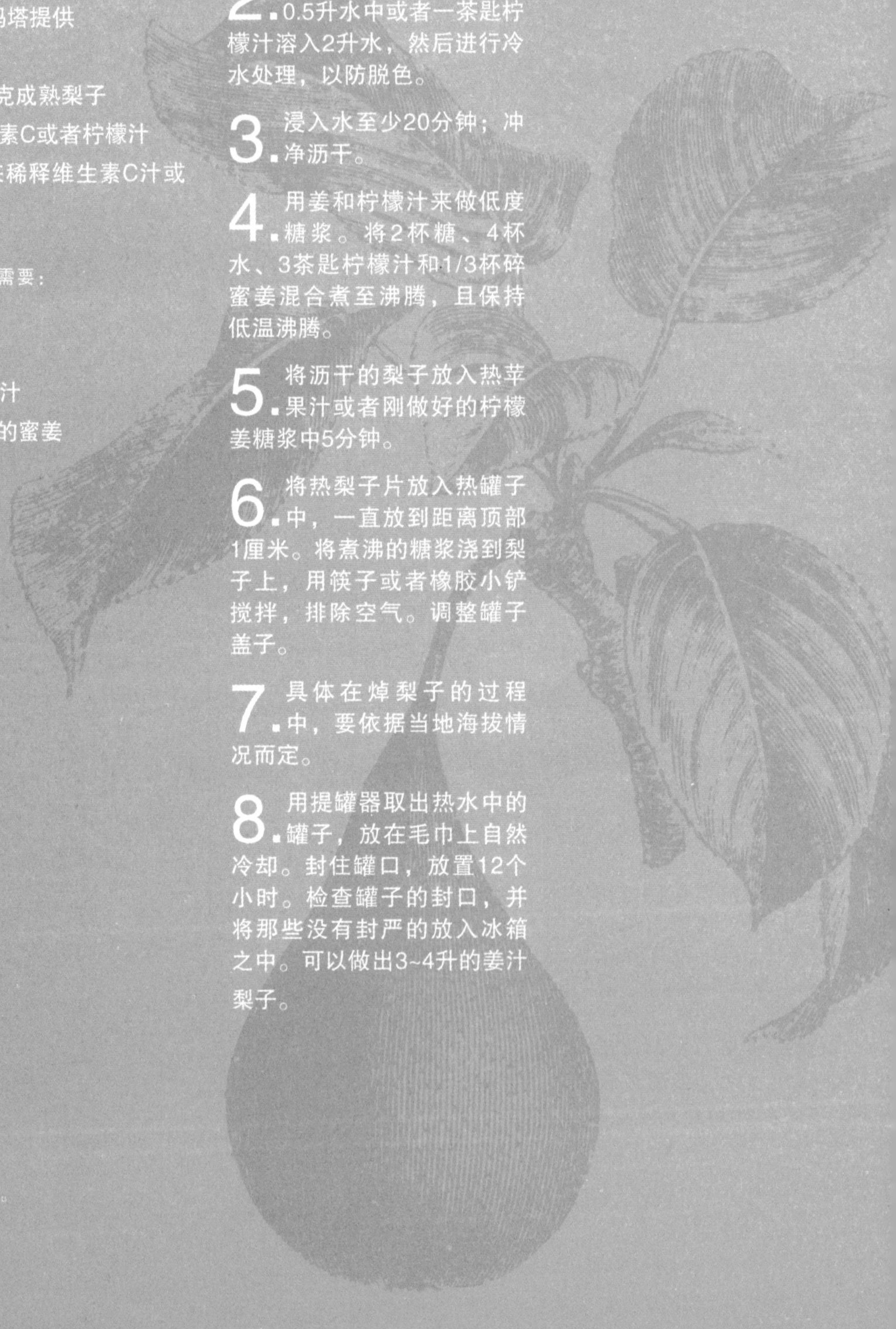

李子

新鲜食用：在室内自然放熟，然后装入塑料袋中放入冰箱冷藏，5天内食用。

晾干食用：去核，切成半个，浸入柠檬汁中，晾干至坚硬如皮质，可以保存1年或者更久。

冷冻食用：去皮，去籽，切成半个（也可以搅拌成泥），置入低度糖浆中冷藏，可以保存6个月。

罐装食用：热水处理后，把李子放入罐中，可以用来做沙司或者果酱。

桃子/油桃

新鲜食用：在室内自然放熟，然后装入塑料袋中放入冰箱冷藏；5天内食用。

晾干食用：去籽，切成薄片，浸入柠檬汁中，晾干至坚硬如皮质，限1年内使用。

冷冻食用：去皮，去籽，切成半个。因为这类水果很容易变黄或者在冷冻后失去口感，所以将桃子片或者半个桃子浸入柠檬汁中，和低度糖浆一起搅拌，放入防冻容器中，可以保存6个月。

罐装食用：热水加工后，切片罐装或者做成果酱储藏。

杏

新鲜食用：在室内自然放熟，然后放入塑料袋中置入冰箱冷藏；5天内食用。

晾干食用：去核，切成薄片；浸入柠檬汁中；晾干至坚硬如皮质；可以保存1年多。

冷冻食用：去皮，去籽，切成半个，置入低度糖浆中冷冻；向每个容器中加入几个杏核以改善口味，限6个月内使用。

罐装食用：热水加工后，切片罐装或者做成果酱储藏。

灌木类水果

无花果

新鲜食用：放入纸袋或者有孔塑料袋中，置入冰箱冷藏，限3~5天内食用。

晾干食用：切成两半，晾干至坚硬如皮质，1年内食用。

冷冻食用：将整个或者半个放入柠檬汁中，限4个月内食用。

罐装食用：热水处理后，把无花果放入罐子中，可以用来做沙司或者果酱。

木浆果

新鲜食用：木浆果不易存储，收获当天就得处理。因为它的皮和籽略微有毒，所以不能立刻食用。

晾干食用：将木浆果从枝上摘下，干燥至变脆易碎状态，可以保存1年多。

冷冻食用：做糖浆，烹至柔软，然后去蒂，挤出汁液，加糖后放入容器，可以保存4~6个月。

罐装食用：热水处理后，把木浆果放入罐子中，可以用来做沙司或者果酱。

蓝莓

新鲜食用：随意放在碗中或者篮子里，置冰箱内冷藏，限3日内食用。

晾干食用：把蓝莓从茎上摘下，晾干至坚硬如皮质，限8个月内食用。

冷冻食用：放入冰箱内托盘中，冷冻后用袋子或者容器装起来，可以保存6个月。

罐装食用：热水处理后，把蓝莓放入罐子中，可以做成果冻或果酱。

醋栗

新鲜食用：放入塑料袋或者浅口容器中，置冰箱内冷藏，限3天内食用。

晾干食用：摘下，晾干至坚硬如皮质，限8个月内食用。

冷冻食用：放入冰箱内托盘中，冷冻后用袋子或者容器装起来，可以保存6个月。

罐装食用：热水处理后，把醋栗放入罐子中，可以做成果汁或果酱。

草莓

新鲜食用：放入塑料袋或者浅口容器中，置冰箱内冷藏，限2~3日内食用。

晾干食用：摘下，切成两半，浸入柠檬汁中，晾干至坚硬如皮质，可以保存6个月。

冷冻食用：放入托盘中，或用糖浆搅拌，然后放入冰箱中。将冷冻后的草莓放入袋子或者其他容器中，可以保存6个月。

罐装食用：热水处理后，放入罐子中，可以做成果冻或果酱。

茎果

树莓

新鲜食用：放入塑料袋或者浅口容器中，置冰箱内冷藏，限2～3日内食用。

晾干食用：不建议晾干食用。

冷冻食用：放入托盘中，或用糖浆搅拌，然后放入冰箱中。将冷冻后的树莓放入袋子或者其他容器中，可以保存6个月。

罐装食用：热水处理后，放入罐子中，可以做成果酱、果冻或糖浆。

黑莓

新鲜食用：随意放在碗中或者篮子里，置冰箱内冷藏，限3日内食用。

晾干食用：不建议晾干食用。

冷冻食用：放入托盘中，或用糖浆搅拌，然后放入冰箱中。将冷冻后的黑莓放入袋子或者其他容器中，可以保存6个月。

罐装食用：热水处理后，放入罐子中，可以做成果酱、果冻或糖浆。

蔓生果

葡萄

新鲜食用：放在有孔塑料袋中，并置于冰箱冷藏，可以保存5~7天。

晾干食用：摘下后晾干至坚硬如皮质，限8个月内食用。

冷冻食用：冷藏可以增加甜味，置托盘内冷冻，然后放入袋子或者其他容器中，可以保存6个月。

罐装食用：热水加工后，可以做成糖浆、果酱或者果汁，然后罐装密封保存。

"四季如夏"

你可以通过延长收获季，以及在7—8月种植秋季蔬菜或甜菜等喜寒作物，最大化地利用你的城市农场。你还可以通过冷冻、晾干或者罐藏技术，在全年享用到你私家菜园中的珍馐。为冬季来临之时储藏食物，不仅经济实惠，而且在万物俱寂的冬季，也可以让你在厨房感受到夏季收获的喜悦。

第十一章

城市农场中的动物

许多城市农民种了几年蔬菜之后，开始增加他们的食物品种，将经营范围扩大至饲养动物，包括饲养蜜蜂、小山羊，甚至鸭子。在这一章中，你将会学会如何在城市农场中饲养鸡、鸭、兔子、山羊和蜜蜂。

把家畜融入到你的城市农场

为什么要饲养动物?

在你的城市农场里饲养动物的理由有很多，比如说它们可以为你提供食物，例如鸡蛋、牛奶、肉和蜂蜜。有些动物以毛发的价值著称，例如安哥拉羊毛、马海毛和山羊绒。农场动物对菜园的发展也有帮助。鸡、鸭、兔子和山羊消耗菜园的残渣废弃物，排泄出来的粪肥对菜园的植物很有益处。蜜蜂可以给花朵传授花粉，增加作物的产量。另外，城市农场动物通常惹人怜爱，可以陪伴你，让你享受长时间的愉悦。

你适合饲养农场动物吗？

在进入动物饲养业这行业之前，先做足功课吧。在你考虑购买幼崽之前，你要学习所有相关动物的知识。你要调查住房和照料需求、饲养幼崽和收获动物产品等信息。鸡、鸭、山羊和兔子需要日常的呵护和喂食。在生长季，蜜蜂每周需要照护和监察。同样的，你还要熟悉顽固的或者严重的疾病，熟悉处理这些疾病的方法。

确定饲养家畜的目标。你是把动物当宠物还是把它们当成是毛皮的来源或者食物的来源？你的农场适合饲养哪种动物？

挑选一本你感兴趣的饲养动物的说明指南。报名上课，你需要和城市中饲养农场动物的人们交流交流。如果你能和饲养家畜的新手交流，学习相关动物的缺点和饲养难处，那就更好了。你可以找到你所在区域的专家或者发烧友，他们会帮助你选定适合饲养的动物和供应商。

在你开始饲养动物之前，你可以参加城市中有关饲养家畜的活动。你可以去一位养蜂人或者其他城市农民那里做学徒。在你进入奶制品或者肉制品行业之前，你可以亲手帮一头山羊挤奶。

我能省下钱来吗？

大部分农场动物的售价都不贵，但是装备、畜舍还有饲料等会大大提高成本。除非你正开始一个很大的运营项目，否则仅靠鸡蛋或者蜂蜜，你是存不下多少钱的。几年之后，当你收回本钱了，你仍旧没什么利润，因为你得付出很多时间和金钱来照顾和喂养动物。许多饲养动物的城市农民并不那么关注是否有利润，他们饲养动物是因为动物有趣，因为自己家产出的鸡蛋的质量是最棒的，而且城市里的人还可以享受做农民的快乐。

宠物还是肉？

许多人把饲养动物当成一个既可以产出东西，又给人新鲜感的事情，例如作为家庭一分子的几只生蛋的母鸡或者鸭子，它们可以为城市农场增色不少。这些动物是不会被屠宰食用的。如果没有被捕食者吃掉或者生病而亡，这些动物将会活到它们的自然寿命，直到它们被捕食者吃掉，或者生病，或者年老而亡。

某些城市农民把饲养动物当做一种肉制品来源。鸡、鸭和兔子可以提供足够的蛋白质，两个月内就能拿到市场上去卖了。在艰难时期，这是一个诱人的方法。在你开始以肉制品为目标而饲养它们之前，你得做些屠宰、放血、拔毛、去内脏的工作，要不然，到头来，你的农场会住满你甚至都无法杀来吃的家畜，但你却无法把它们屠宰食用。最重要的是，在你处理家禽肉的时候，你得使用特殊的卫生设备。

下面是一些照料城市家畜的基本需求。

家畜：有关家畜的基本知识

如果你是个饲养动物的新手，养鸡是个不错的开始。它们价格不贵，饲养4～5个月就可以生蛋。建好鸡舍之后，它们只需要一点日常照料。

好处

饲养鸡可以获得鸡肉、鸡蛋和高质量的肥料。尽管每年都有一些人饲养鸡是为了吃鸡肉，但是大部分的城市农民饲养鸡是为了获得鸡蛋、肥料和无尽的乐趣。

鸡是出色的耕种者；它们喜欢在菜园里挖挖翻翻；给土地透透气；吃吃昆虫、鼻涕虫和蠕虫；为土壤增加肥料。你可以修建一个鸡拖拉机，也就是一个没有地板的移动式的鸡舍，然后把它们安置在你想要母鸡挖土的地方。鸡的粪便对于菜园来说有很大的好处。母鸡是一个出色的回收再生者，它们会吃掉菜园中的杂草和老化植物，还有厨房中的剩菜剩饭，这些会成为高质量的肥料，以便来产出更多的食物。

再者，自家出产的新鲜鸡蛋甚至比超市里卖的鸡蛋品质还要好。它们的蛋黄是深深的琥珀色，它们在你的煮锅里可以高高立起来，蛋白黏黏的，不会散开。尝起来口味新鲜醇厚。

基础照料

你每天需要去1～3趟鸡棚。每天早晨，你要给小鸡喂食，让小鸡走出母鸡棚去外面逛逛。每天晚上，你需要收集鸡蛋，并给它们喂食。如果你的鸡舍构建良好，能够防止其他动物进入，那你每天就只需去看一次母鸡棚，捡捡鸡蛋，喂喂食。

母鸡没有公鸡也能下蛋，这样的鸡蛋是没有受精的。每只母鸡每年能产下250~288个鸡蛋，但是两年之后，产量就减少了。每当同伴产下一个鸡蛋时，母鸡群中都会有一阵喧闹。

不同年龄的鸡吃的饲料是不同的。在前六周，小鸡一般吃混合饲料，一直喂养到20周大（在混合饲料吃完之后，它们也会很好地适应生产型的饲料）。5个月后，鸡可以吃生产型饲料了。鸡的饲料要么是捣碎了（粉碎）要么弄成颗粒。我发现颗粒饲料往往浪费比较少。

一个小的鸡群（大概3~4只）每天要吃掉500~1000克的饲料，但是它们还想吃更多的饲料。作为补充，应该给鸡提供便于食用的厨房剩菜剩饭作为补给饲料。这些对于鸡来说是很容易获得的，例如米饭或者面食，还有鸡蛋壳来提供必要的钙质。给鸡喂食一些蒲公英或者其他绿色植物，这样，鸡蛋的蛋黄会呈现深深的琥珀色。不要给鸡喂颗粒较大较硬的剩菜剩饭，例如洋葱皮或者西蓝花，这些东西鸡是不会吃的，还会引来老鼠。

冬天照料

给鸡窝垫上充足的干净的稻草，晚上关好鸡舍门抵御严寒。你要打碎冰层，确保水源的供应。在极其寒冷的天气下，为了给鸡舍供热，你可以隔绝你的鸡舍或者添加一只60瓦的灯泡来供热。

鸡舍

为了抵御恶劣天气的侵害，需要把鸡安置在一个构建良好的鸡舍内。你需要一个鸡舍和一片白天的活动区域。在鸡舍里面，有一个巢箱，这是放置鸡蛋的巢箱。鸡舍和活动区域被称为鸡笼。你得保证鸡笼最少能给每只小鸡提供0.3~0.4平方米的地面空间。同时你得确保你的鸡舍通风良好，保证每只小鸡都有0.1~0.2平方米的空间。为了方便从外面收集鸡蛋，巢箱安装在鸡舍上面，从外面可以很容易收集鸡蛋。鸡舍的门应该宽敞点，这样比较方便清洗旧的草垫。

你得确保你的鸡笼有足够的亮光，因为鸡需要亮光来刺激鸡蛋产量。为了防止捕食者吃掉你的鸡，你需要在鸡笼外面围上家禽网或者钢丝网，这样鸡就能够不被捕食者吃掉。从鸡笼外部，沿着鸡舍的边缘，掩埋一根30厘米深的金属线或者折弯一根30厘米的网，然后埋在10~13厘米深的泥土里。这可以防止捕食者在你的鸡舍下面挖挖翻翻。在鸡舍和鸡笼里修建一根栖木，这样鸡就能够在这里栖息了。为了保持健康，鸡需要洗灰尘澡，所以你得确保总有一块干燥的泥土区以供母鸡们使用。

在早期你应该做好规划，你是把鸡关在笼子里还是允许它们在院子里四处游荡。如果你的母鸡们尝到了一点自由的甜头，它们对于围墙会感到不满的，无论围墙有多大或者多豪华。每次当

典型鸡舍

你走过鸡笼时，它们就会大声地向你抗议。

鸡喜欢空间，它们只想去探索，身后留下肥沃的肥料。它们是地栖昆虫、鼻涕虫和幼虫的杀手。它们爱吃草坪中飘来飘去的三叶草和蒲公英，不过如果你随意地让它们闲逛的话，它们可能会毁了你的菜园。如果你的鸡自由地逛来逛去，你得用栅栏隔开你的栽培床。

饲养小鸡

大多数人一开始会从饲料店购买或通过邮件订购刚出生几天的小鸡。小鸡需要一直保持温暖，直到长出羽毛为止。一个装满木头屑的大盒子和一只60瓦的灯泡，这些就足够提供热量了。你要使用一只大型的塑料箱子，约为45厘米×100厘米，而不是一只纸板箱，因为塑料箱子更容易清理，而且大小足够容纳几周大的小鸡。1个月之后，把你的小鸡们转移到一个临时的围栏里，把温度控制在约24℃。

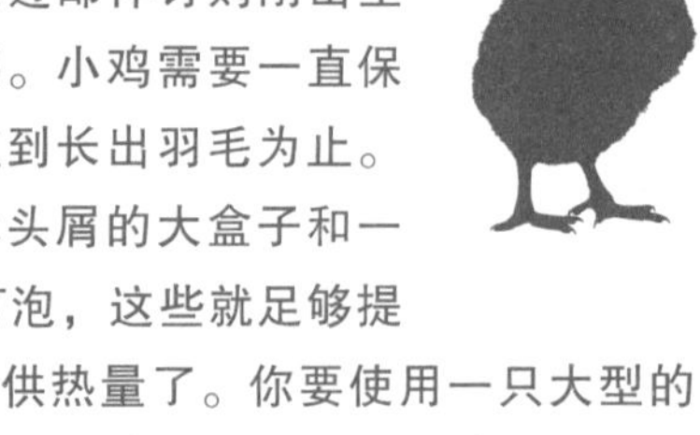

小鸡在成长过程中需要保持温暖。第一周，盒子里的温度应该保持在35℃，以后每周递减15℃，直到与当地温度一致，或者天气足够暖和，使得雏鸡们能够走出来。通过提高或者降低盒子里的亮光来调整温度。使用一根温度计来检测温度或者观察小鸡们。如果太冷了，它们会在灯光下簇拥在一起，微微发抖。如果太热了，它们会待在离电灯最远的那一头。如果盒子太大太冷的话，在远离灯光的那一端放一条毯子，这有助于维持空间的温度。你还要确保小鸡不受其他家庭宠物的欺凌。

将水和雏鸡饲料混合，分散在饲喂器里，不间断地提供给小鸡。为了砂囊的生长，鸡需要砂砾状的食物。当小鸡们两周大时，在它们的食物中加入一把泥土或者一些蠕虫及垃圾箱里的残渣，这样有助于砂囊的生长。小鸡们能

够从蠕虫堆肥中受益，它们会长得又壮又健康，并且能够抵御疾病的侵袭。

母鸡在20周或者24周大的时候开始下蛋。第一个月，鸡蛋产量不太稳定，但是等到母鸡30周大的时候，每只母鸡能3天产下两个鸡蛋。1只母鸡第一年通常能产下240个蛋；第二年，母鸡能产下192~216个蛋。到了第三年和第四年，产量急剧下降。当1只母鸡到了5岁时，1个星期可能只产1个蛋。母鸡通常在6岁之前就老死了。

某些时候，饲料的成本可能高出鸡蛋的价值和肥料的产出。许多商业运营公司不会饲养超过两岁大的母鸡。在某些农场，一只老母鸡只能被宰来吃了，但是许多城市农民一直把鸡饲养到自然死亡。一本优秀的家畜指南将会告诉你如何屠宰、拔毛和剥皮，过程很麻烦，需要很多劳力，但是并不复杂。

每个秋天，鸡都要换羽毛。换羽毛的过程要持续两个月，在这段时期内，鸡蛋产量有所下降，有时母鸡可能会停止下蛋，因为它需要积聚所有的力量来长出新的羽毛。冬天由于日照时间变短，鸡蛋产量也会下降或者停止。你可以在鸡舍里添加一只40瓦的灯泡，以使母鸡整个冬天能持续下蛋。冬天许多城市农民喜欢给母鸡一段休息的时间，尊重鸡的自然周期。

收获鸡蛋、鸡肉和粪肥

你每天都要收集鸡蛋。用刷子把鸡蛋刷干净，去除上面的粪便。保持巢箱中的稻草是干净的，这样鸡蛋也会是干净的。当你准备要吃鸡蛋时，用温水把它们洗净。生鸡蛋放置在一个鸡蛋纸箱中，安放在冰箱的最上层，保质期有四个星期。拿笔在每个鸡蛋的末端写上日期，记录鸡蛋的新鲜程度。

有时候，你会在鸡笼角落里发现一个鸡蛋，这样你就无法得知它到底是多久之前产下的。你

得把鸡蛋放入一碗冷水里测试鸡蛋的新鲜度。如果鸡蛋是新鲜的，它会沉下去。新鲜的鸡蛋里没有多少空气；随着鸡蛋里的湿气蒸发后，空间就多出来了，所以一个不新鲜的鸡蛋就会浮起来。如果一个鸡蛋浮起来了，就说明它太老了，不能吃了。

常见问题

噪音、灰尘、苍蝇和臭气是在城市饲养动物的主要不利条件。鸡下蛋的时候，会踢起灰尘，并发出很大的噪音。有些母鸡会模仿公鸡，以公鸡啼鸣的方式向早上的太阳问好。除非你很注重鸡粪的清理，要不然会招来苍蝇和臭气。任何一只从鸡笼逃跑的鸡都会毁坏你的菜园。母鸡最后会停止生蛋，这就意味着你要么给它们安排一个养老屋，要么把它们屠宰食用。公鸡不能生蛋，所以对于城市农场来说不是最好的选择。

鸡无法夜视，而且极易被捕食者抓走。你的鸡舍应该建得能够抵御狗、猫头鹰、蛇、黄鼠狼、狐狸、鼬鼠和负鼠的侵袭。猫通常不是一个威胁，但是老鼠喜欢吃鸡的食物，蛇晚上会溜进鸡舍啃食母鸡的脚。

有一些疾病会影响城市的鸡。雏鸡可能会患很多病（成年母鸡也会患病），会突然死亡。检查你的鸡是否有不寻常的举动，立刻隔绝生病的鸡。每次处理和照顾生病的动物之前和之后都得洗手。

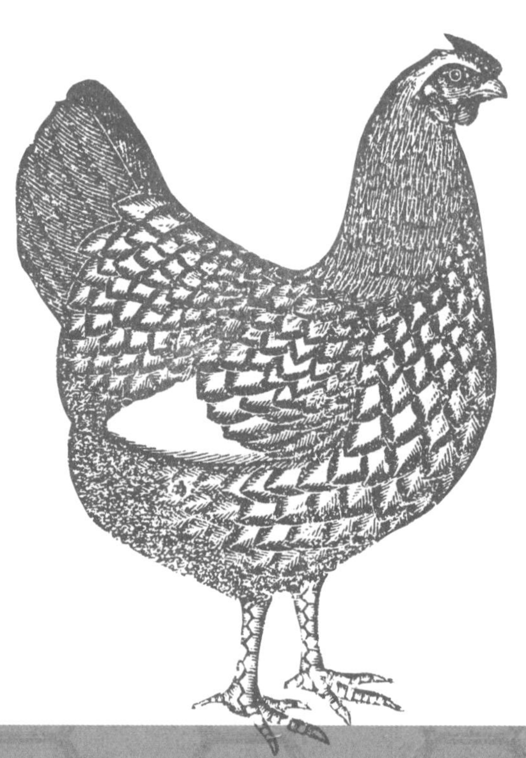

给鸡群添点新成员

几年之后，鸡的产蛋量锐减。因为捕食者和疾病等原因，你可能会损失小部分的鸡。不管什么理由，你可能想要在鸡群中加入一些新鸡。禽鸟中存在等级，这是个真实又残酷的事情。把小鸡仔放入完全成熟的母鸡当中，会被啄死的。即使是半成年的鸡也会被啄伤。

你得分开饲养新的小鸡，直到它们的鸡爪和鸡冠完全成熟。使用塑料网眼或者一面金属丝墙，把你的鸡笼一分为二。在新成员那边，给它们安置一个巢箱、水和食物。这可以使原有的鸡群有时间来慢慢适应新的鸡群。几周之后，在新鸡的鸡爪和鸡冠长成之后，把金属丝制的墙拆掉，看看情况如何。

鸭子

城市农民饲养鸭子是为了获得鸭蛋、鸭肉，还可以控制院子里害虫的数量。照料一群鸭子的方法和饲养一群鸡的方法类似，只有些小区别。

好处

生蛋的鸭子可以提供稳定的鸭蛋来源。鸭蛋在世界范围内都算是一种主食，但是尝起来和鸡蛋不一样，很多人不能适应鸭蛋浓烈的味道。煎一下的话，它们会变得很硬，但是适合烘烤。如果你想知道你是否喜欢这种味道，可以尝一些鸭蛋试试看。

鸭粪很湿，清洗起来比较困难。在鸭子的栖息处铺些草垫可以增加你的堆肥量或者可以用作覆盖物。鸭子可以很好地帮助你控制院子里的害虫。它们喜欢吃鼻涕虫、蜗牛和其他地面昆虫。它们也会吃你种的植物，但与鸡不同的是，它们不会挖翻土壤或者撕碎东西。

基础照料

鸭子比鸡更顽强，但是需要更多的空间。它们并不需要有池子（不过如果有的话它们会很喜欢池子的），但是它们确实需要水来清洗头部。确保在一个宽敞的低水槽里或者桶里一直有持续的水源供应。为了使它们能够抵御恶劣的天气，干净的住房和高质量的食物是必备的。晚间，需要把鸭子关在棚里，以防被捕食者抓住。你得确保棚舍有足够的空气流动，否则不能良好地通风。

给你的鸭子喂食水禽所吃的食物混合物（在关键时刻可以用鸡的饲料代替）。因为鸭子不会啄食在地面上的食物，所以应该把食物放在一个浅碗里。它们也会吃厨房的剩菜剩饭，你可以做实验得出它们最爱吃哪种食物。

冬季照料

鸭子在冬天不需要额外的照料。确保鸭棚里和院子中有足够的干草垫。鸭子喜欢待在地上，它们不喜欢像鸡那样栖息在窝中。如果它们住的地方因为粪便而变得潮湿，它们的脚会冻得结冰粘在地上。

住房

饲养鸭子的主要成本在鸭棚和鸭院。即使你是一个专家级的清道夫，你也得花费不少钱来搭建你的鸭棚；如果你还想围起一块再大点的地方，你还要花费更多的钱。

鸭棚应该为每只鸭提供1.2~1.5平方米的空间，外加一个大院子或者空地。即使是肉用品种鸭，每年也会产下不少蛋（不少于100个），所以你得在你的鸭棚里放置一个巢箱。和鸡不一样，鸭子的巢箱不需要一个顶盖，所以一只陈旧板条箱就够了。

鸭子会不停地拉出如水般的粪便，粪便可以很快使一片草坪变成一块湿地，一个1.5米×2.4米大的鸭棚，加上一个约37平方米的鸭院，这就足够提供给5只鸭子活动了。和鸡笼一样，你的鸭棚和院子应该建得能够抵御捕食者和老鼠的入侵。

池子不是必备物，但是如果你能够提供一个池子，那么你需要确保水质是干净的，不是污浊的。如果你有一大块空地的话，白天鸭子可以在那里闲逛和觅食。如果你白天在工作，你的鸭子们在自由闲逛，你要在你的空地外围安装一根电线，把鸭子圈起来，不让捕食者进来。某些农民把鸭子的翅膀绑起来，不让它们飞，这其实没有必要，因为你可以很轻易地训练它们养成等着主人来喂食的习惯，而不是四处游荡觅食。

饲养雏鸭

在一个大型塑料盒子里饲养雏鸭，或者饲养在一个1.2米的儿童泳池里，泳池四面装有1米的纸板墙。就像照顾小鸡一样，你需要保持环境的温暖。一开始把温度设置在32℃，以后每隔7~10天把温度调低12℃。当小鸭4周大且羽翼丰满时，就可以把它们放养在外面了。

常见的鸭舍

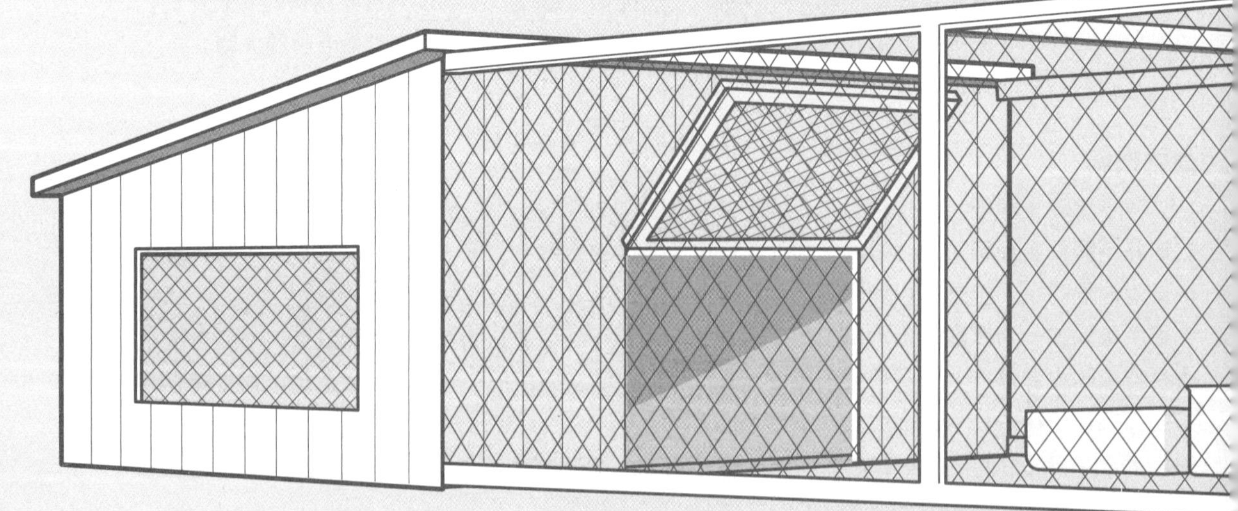

收获鸭蛋和鸭肉

鸭蛋需要每天收集，记录新鲜程度，放置在冰箱里。如果把它们放在纸箱里冷藏在冰箱的最底层，可以存放四周。肉用品种饲养7~10周就能达到投放市场的标准了。和屠宰鸡一样，屠宰鸭子要么是拔毛要么加热除去羽毛。一本优秀的家畜指南可以指导你如何屠宰、拔毛和剥皮，过程比较麻烦，属于劳力密集型活动，但是并不复杂。

常见问题

鸭粪和鸭院会成为一块泥泞的混乱之地。如果你在一块小点的空地里养鸭，使用15~20厘米的卵石作为地面。粪便可以轻易地渗透到卵石下面。

鸭子总是不停地嘎嘎叫着。大多数公鸭比较安静，但是母鸭一般比较吵闹。洋鸭是一个“沉默”品种：母鸭安静，公鸭发出安静的嘶嘶声。

一个小的鸭群，鸭子一般不会得病；但是，你需要隔离生病的鸭子。保持鸭舍清洁，提供高质量的食物，观察鸭子任何奇怪的表现。

适合城市农民饲养的种类

小鸭子的价格不贵，但是它们比小鸡难寻。在你所在的地区内寻找鸭子饲养者，或者通过邮件从有信誉的孵化场里购买。鸭子被分为肉用品种和生蛋品种。生蛋的鸭子个头比较小，重1.8千克，非常适合城市农场。

兔子

兔子可以为你的城市农场增色不少。兔子安静，容易照料，是非常温驯的宠物，兔子也可以帮助你除去杂草，例如黑莓和繁缕。它们也会给你的院子提供丰富的肥料。兔子不需要过多的空间或者额外的照顾。

好处

兔子把家畜多重用途的特性发挥到了极限，对于小型农场来说是非常完美的选择。饲养兔子可以获得兔毛、兔皮、堆肥和兔肉。传统上饲养兔子是为了获得兔肉，兔子是极佳的家庭宠物。为了获得兔毛和粪肥而饲养兔子，兔子不会被宰来吃掉。安哥拉兔子会产出最畅销的兔毛。

基础照料

兔子不需要特殊的照料。它们每天晚上需要喂食，每天得检查健康问题。必须提供水。确保它们笼子里的地面是干净和干燥的。潮湿的稻草或者粪便会滋生真菌，这会使兔子的脚产生不适，而且容易滋生疾病。

笼子需要定期进行清理。把兔子取出笼子，使用一根电线刷子清除稻草或者清洗粘在电线上的毛。使用温和的漂白剂清洗笼子（4升水加入1匙漂白剂）。用水把笼子冲洗干净，等笼子干了再把兔子放回笼子。

用小颗粒混合物喂养兔子，可以提供百分之百的营养物质，同时用散乱稻草作为补充物。和其他家畜一样，保持饲料的干净、干燥，远离老鼠。可以用带有紧盖的电镀罐头来完美地储存饲料。

给你的兔子提供一天可以吃完的饲料，大概是1/4到3/4杯，用量取决于兔子的种类。食物和水可以放置在一个小碗或者罐头里，但是这样容易洒出来，被粪便和稻草弄脏。所以，你得在笼子外面装一个带有喂食器的水瓶和颗粒分散器。为每一个笼子配一个盐盘，提供矿物质，还要有一块干净的木头供兔子咀嚼，保持兔子的口腔健康。

冬季照料

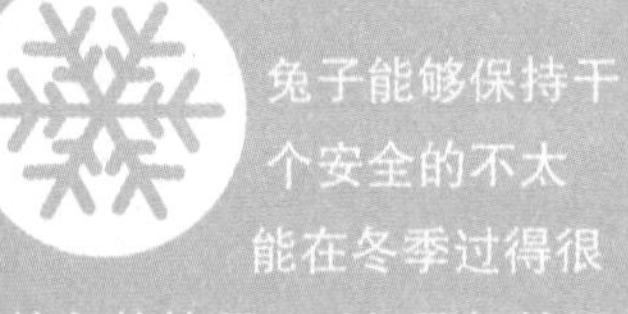

只要你的兔子能够保持干燥，并待在一个安全的不太透风的地方，就能在冬季过得很好。你可以隔离你的兔笼的顶，以便更好的调节冷热。在结冰的北方，兔笼可以被转移到一个凉爽的车库里或者棚里，用一根加热电缆给水加热，防止水冻结成冰。观察兔子，如果它们有需要，就给它们提供补给的热量。

笼舍

应该把兔子安置在一个隐蔽的场所里，避免阳光直射和风吹雨打。确保兔笼安置在一个受到保护的地方，例如在一个车库里或者车棚里或者在牲口棚里。笼子可以用木质框架构建，自己动手建一个电线围墙。给笼子建一个防水的顶，还有一个凸起的外檐，特别是对于居住在多雨地带的城市农民来说，笼子需要一个防水的顶和一个凸起的外檐。笼子的入口应该容易进入。门应该容易打开，并且足够宽大以便清理笼子。

笼子的地板应该是金属制的或者钢丝制的。笼子可以放置在混凝土上或者泥土上或者架在地面上。不推荐使用木质地板，因为它们会吸收尿液，散发出臭味，造成不健康的环境。如果你准备饲养兔子的话，你需要一个水源分散器，一个食物漏斗，一个稻草饲料槽和一个巢箱。

每一只笼子提供给兔子的空间应该足够它们转身才行。中等品种或者小型品种的笼子大小一般是75厘米×90厘米，这个空间对于雌兔和它的幼崽来说足够大了。一个安放巨型品种的笼子应该是75厘

典型的兔笼

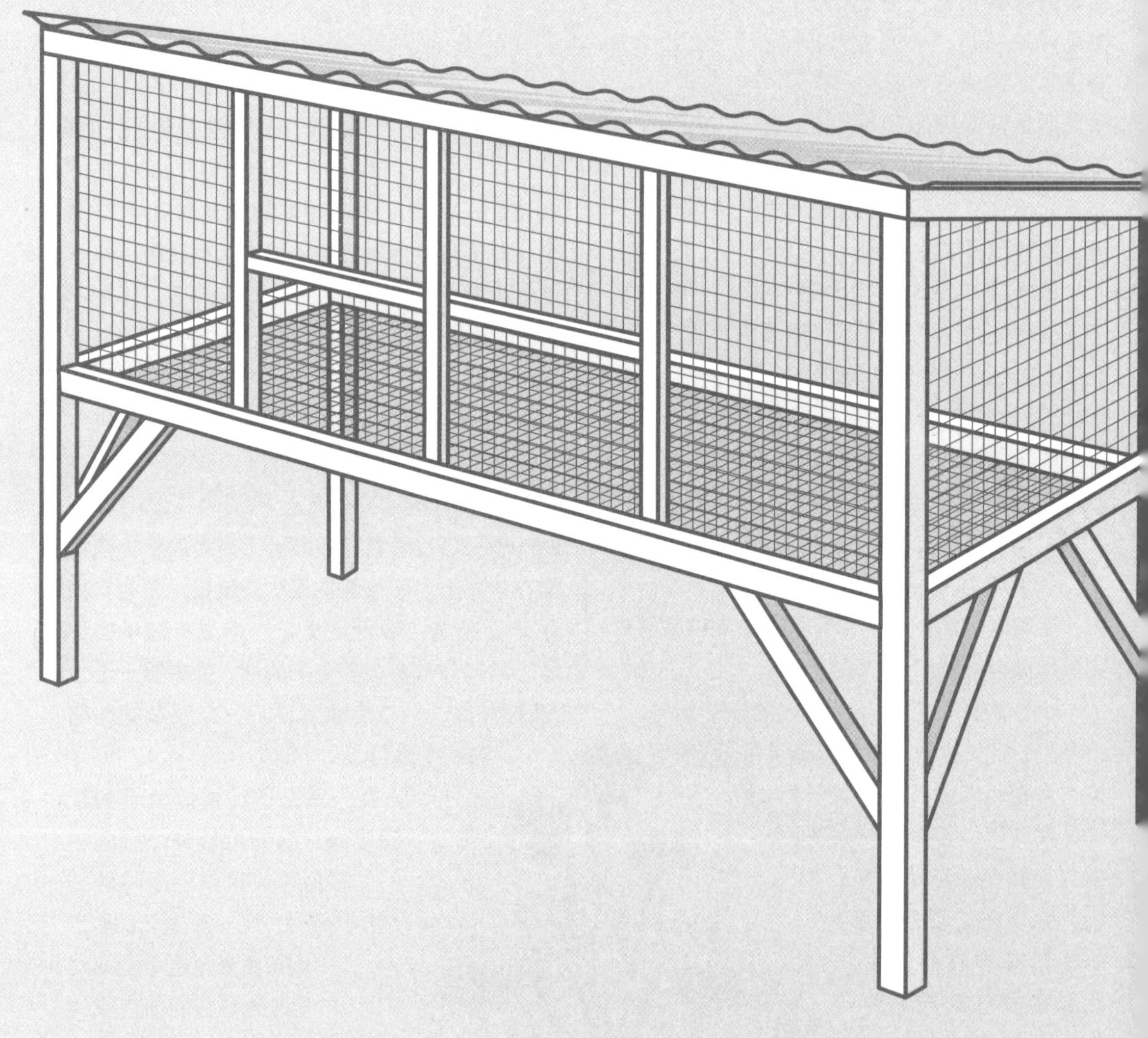

米×120厘米。

如果你要修建自己的笼子，你要使用3厘米×5厘米网格的焊接铁丝栅栏做笼子的地板，而不要使用铁丝网做笼子的地板。铁丝网是由交织的镀锌铁丝制成的，这个粗糙和尖锐的表面会伤害兔子的脚。排泄物和兔毛容易粘在铁丝网上，造成不健康的环境，从而滋生疾病。

兔子也可以养在屋内，训练它们使用一个垃圾箱。选择一个生物可降解的、无添加防腐剂的垃圾箱。不要使用雪松刨花，因为它们在堆肥中的分解速度很慢，雪松油是腐蚀性的，可能会使兔子皮肤过敏。

饲养兔子

如果你购买小兔子，你需要给它们断奶，培养它们独立生活的能力，给它们提供食物（每只重约0.5千克的兔子每天食用28克食物），确保水的持续供应。如果你正在给兔子配种，雌兔可以给它的幼崽们喂奶，能够睁开眼睛之后，幼崽就可以吃兔子饲料，在笼子里跑来跑去了。在8周时间里一只雌兔和它的孩子会吃掉约45千克的饲料。笼子的大小应该有75厘米×90厘米，在把它们屠宰食用之前，笼子应该能够容纳雌兔和它的孩子。

收获兔肉、兔毛和粪肥

一本优秀的兔子饲养手册会告诉你如何屠宰兔子获取兔肉。相对于给鸡和鸭子拔毛来说，处理兔子的过程比较简单。当然，不一定每个人都会把兔子宰来吃了。你也可以使用肉用品种的兔子毛发制作成手工品。

毛用兔子按照脱毛的时间来拔毛或者刮毛。安哥拉兔子每年脱4次毛。当长出新毛之后，旧的毛发比较松散，你可以用你的手指给你的兔子理毛或者拔毛。你也可以用尖锐的织

适合城市农民饲养的兔子品种

世界上有许多兔子品种。兔子种类由大小和体重决定，有4个种类：大型、中型、小型和侏儒型。通常饲养的种类是中型体重的兔子，如加州兔子和新西兰白兔，它们通常是肉用品种，因为它们富含丰富的蛋白质，很快能达到屠宰的重量。有几种安哥拉兔品种出产高价值的兔毛。安哥拉兔子天性温顺，是作为室内宠物的最佳选择。

小兔子的价格不贵，但是纯种兔子的价格比较高。请从一个信誉良好的饲养者那里购买兔子。切除一只兔子的卵巢或者阉割一只兔子要花费不少钱。查询一下在你所在的区域里是否有可以为兔子切除卵巢的营救机构或者兽医。

物剪刀剪毛，你得仔细剪，但是兔毛毛发会很快使剪刀变钝。安哥拉兔子每年可以生产约0.5千克的毛发。安哥拉兔毛比羊毛暖和七倍。安哥拉兔毛的市场很广阔，生毛发可以用作纺织产品或者成束卖出。

对于城市农民来说，兔子粪肥非常有价值。氮气含量相对比较低，在没有固氮植物的情况下，可以立即撒到院子里。许多工业化城市农民使用兔子粪肥作为蠕虫生长的食物来源，或者用做堆肥。

常见问题

只要把兔子饲养在干净干燥的笼子里，疾病便不会找上城市兔子的。每天都观察兔子的健康状态。看看它们的腿上有无溃烂，疾病通常从腿上开始蔓延。隔离生病的兔子。在你每次处理兔子之前和之后，你都要洗手。

兔子容易受惊。它们在一个笼子里，不能随意跑动，因此有时候会弄伤自己，或者死于恐惧。笼子应该放在一个能够免受狗或者其他有威胁性的动物侵害的地方。笼子安置在距离地面0.9~1.2米的空中，这个距离可以方便照料兔子和保护兔子免受惊吓，以防有迷路的狗冲进你的院子。

老鼠会吃兔子的食物，或者杀死尚在襁褓中的小兔子。每天给兔子喂食刚刚能够吃完的量，保持笼子的干净，监督笼子内是否有鼠类活动。为了额外的保护，在笼子的外围添加一个8厘米的钢丝网。如果你要为笼子的底部添加钢丝，确保笼子的地板和钢丝网之间有一定的距离，这样兔子的脚就不会搅进尖锐的钢丝网里。

兔子肉

兔肉逐渐成为一种受欢迎的蛋白质来源。兔子肉美味好吃，富有营养。相比于鸡肉、牛肉、羊肉、鸭肉、火鸡肉和猪肉来说，兔肉富含高蛋白质，并且低脂肪、低热量和低胆固醇。兔子很快就能长到可供油炸的大小，屠宰和清洗都比较简单。

相比于鸡和鸭，兔子能更有效率地把食物转变成蛋白质。在一块只有1.5米×1米大的地方，你就可以为全家人提供足够的肉。你需要两个笼子的空间，一个笼子给雄兔，一个笼子给雌兔。一只雌兔每年可以生下7只幼崽。8周大的小兔子就能达到上市出售的标准（1.4~1.8千克）。精明的城市农民把兔肉卖给当地厨师或者餐厅，以此来抵消饲料的成本。

山羊

饲养山羊是一项很艰巨的任务，因为需要花费很多时间。山羊需要大量的空间，奶山羊每天必须挤两次奶。在你购买一只山羊前，你要阅读一本好的手册，并和饲养山羊的人们聊聊天。

好处

山羊是一种极具娱乐精神但又淘气的动物。山羊是群居性动物，那些被人们驯化了的山羊和家庭宠物狗差不多。它们友好安静，性格温驯。在骑士时代，人们将山羊和马关在一起，这样马会变得平静。“谁动了你的山羊”这句话有个典故：敌军曾经偷偷溜进营地，偷走了山羊。于是遭到遗弃的马匹们都陷入了恐慌中。

有些人饲养山羊，把它们当做四条腿的除草机器使用。城市人使用这些羊来清理机器无法进入的区域。饲养除草的山羊群需要的空间比大部分城市能够提供的空间要大。

大部分城市农民饲养山羊是为了获得羊奶。迷你型奶山羊正在成为一种受欢迎的城市家畜选择。奶山羊出产的羊奶品质上乘。新鲜的羊奶质量比在超市出售的羊奶好得多，比牛奶也要好很多。羊奶容易消化，可以直接喝，也可以做成奶酪和黄油。

基础照料

奶山羊是一种难伺候的动物。它们需要一个小屋来遮风避雨，需要日常的食物和水，还需要一个大型的院子来度过一整天。它们需要每天早晚各挤一次奶。每天早晚各需要花费半个小时来挤奶、喂食和清洗羊栏。每个星期还需要一个小时的时间来处理其他琐事。给山羊挤奶比较简单，但是你得练习一到两周，才能成为一个熟练的挤奶工。如果你打算出游，你需要安排一位合格的山羊看护员。

山羊可以吃各种各样的植物、灌木和木头材料。可以给它们喂食高质量的苜蓿干草和口粮。山羊不吃放置在地面上的东西，所以要把干草放在一个凸起的饲料槽里。给每只成年山羊提供至少30厘米的饲料槽空间。两只奶山羊每月将吃掉90千克的苜蓿颗粒和半捆干草。哺乳期的山羊每天需要几杯粮食谷物。确保水源时刻充足。

羊棚

给山羊提供的住处需要能够抵御太阳、风、雨和雪。山羊需要一个简单的棚子，这样在恶劣的天气下，它们也能够出来。山羊需要一个干燥的庇护处，它们讨厌雨，不能忍受通风气流或者潮湿。一只潮湿的山羊淋了雨会得肺炎死去。你的山羊棚应该是一个简单的三面具有单坡屋顶的棚或者可以从老棚子和车库改装而来。保证棚顶是防水的，找好位置，确保敞开的区域远离强劲的风。

你需要给每只山羊提供1.5平方米的空间。一个约2米×3米的棚可以给两只母羊和羊崽们提供足够的空间。准备好充足的干净的草垫，例如稻草、木屑或者锯屑来吸收尿液。地板应该是泥土的或者混凝土的，如果你的羊棚地板是木制的地板，你得使用许多草垫来吸收尿液，还得勤换草垫。每天每只山羊能为你的院子产生0.5千克的肥料。你的山羊也需要户外空间或者院子。不要用绳子把山羊拴起来，因为它们容易被缠在一起，以致受伤或者勒住。给每只成年山羊提供一块20平方米的户外空间。如果你正在饲养侏儒类品种，每只侏儒类山羊需要1平方米大的室内空间和12平方米的户外空间。山羊是专业的逃跑大

冬季照料

在山羊的棚里准备充足干净的草垫，在恶劣天气下，隔绝羊棚。你为山羊建造的羊舍应该是舒适温暖的；山羊不像绵羊一样顽强。关闭窗户，塞住空洞，避免通风。确保水源充足。

典型的羊棚

适合城市农民饲养的山羊

有很多受欢迎的奶山羊品种适合在城市农场里饲养。迷你型品种包括阿尔卑斯（Alphines）、欧博哈斯里斯（Oberhaslis）、吐根堡山羊（Toggenburges）、萨能山羊（Saanens）、拉曼恰斯（LaManchas）和努比亚（Nubians）。这些品种的成年母羊重量达45~55千克。尼日利亚侏儒奶山羊是相当小的，长大了也只有14~23千克。你至少得需要两只山羊，因为山羊是群居动物，如果它们有另一只山羊作伴的话，它们会更开心更容易饲养。狗和猫不是合适的伙伴，一只就足够了。你最好购买能繁殖的小母羊。纯种的母羊价格会比较高。

你得从一个有信誉的饲养者那里购买健康的动物。了解相关山羊的历史，包括它们的脾性、奶制品和产羊的难易度。山羊腿应该是直的，山羊应该能够容易走动。检查它们的腿，确保它们没有烂蹄。眼睛应该是明亮的，皮肤是柔软的，毛是光滑的。乳房应该长得好，柔软圆润，没有伤疤或者受过伤。乳头大小一致。确保牙齿健康，下巴齐整。如果你的山羊进食不顺的话，它就不会产出很多的羊奶。

师，难以管制，所以你需要一个稳固的1.5米高的栅栏来围住你的山羊。区域内的任何植物或者树木都会被山羊吃掉。山羊还需要一个阴凉处，喜欢攀爬东西，老旧的狗房或者娱乐装置都可以用来装点山羊的院子。

饲养小羊

山羊每年繁殖一次，通常会产下两只小羊。当母羊10个月大时，它们就可以繁殖了，受孕期为5个月。山羊是可以自己分娩的，但是分娩时有时会出差错，所以有个帮手在旁边看着会比较好。你可能会选择给你的山羊去角，这样的话，羊角就不会长大，避免伤害其他山羊。你得找一个有丰富经验的山羊饲养者来帮助你。6周大的时候，每只雄羊需要被阉割。当小羊8周大时需要断奶，为送到新家做准备。

如果你想保持母羊的产奶量，你得用瓶子给小羊喂奶。或者，你白天允许母羊给小羊喂奶，晚上把小羊和母羊分开，然后每天早上给母羊挤一次奶，再把小羊送去和母羊团聚。

收获羊奶和羊毛

奶山羊每天需要挤两次奶。它们10个月能产出850升的羊奶，或者每天2~6升的羊奶。你需要在一个相当干净的地方挤奶。臭气会影响羊奶的味道，你可以建一间特定的挤奶间。一间理想的挤奶间要远离灰尘、苍蝇和蜘蛛网，地面始终保持干净。放置一个挤奶台会使挤奶变得容易些。你可以拿废弃的木头制作一个挤奶台，或者购买挤奶台。当你正在挤奶的时候，给你的母羊提供口粮，并且最好在它感到厌烦，想要离开站台前，快速结束挤奶工作。

安哥拉和开士米山羊出产高质量的羊毛。出产羊毛的山羊看上去像带着角的鬃毛粗浓杂乱的狗。它们通常需要在春天和夏天各修剪一次毛。

常见问题

奶山羊需要靠繁殖来生产羊奶。你得好好想想你的繁殖计划。你需要锁定一头合适的公羊，确保你对羊崽们有个计划。小山羊是奶制品运营计划不可或缺的一部分。为了防止疾病，屋子要保持干净，动物要好好喂养。山羊可能会遭受寄生虫和蛔虫之苦，你要向兽医咨询蠕虫问题。哺乳期的山羊可能会患上乳腺炎，检查处于哺乳期的山羊，确保它们的乳头没有被感染。如果你观察到任何不寻常的情况，马上咨询兽医。

山羊术语

山羊是反刍动物，具有独特的称谓，称谓取决于它们的年龄和性别。

小山羊
雄性或雌性的小山羊

阉羊
阉割过的雄羊

小母羊
年幼的母羊

母羊
成年的母羊

公羊
成年的公羊

蜜蜂

增加城市农场产品的另一种方式是饲养蜜蜂，饲养蜜蜂是为了获得蜂蜜和蜂蜡。建造一间蜂房比较容易，花费的时间也比较少。尽管如此，你还是需要好好了解一下关于饲养蜜蜂的知识。每周的维护和监察对于保持蜜蜂的健康是有必要的，所以你要挑选一本优秀的手册，报名上课，或者在你生活的地方找个养蜂人，跟他学习如何搭建蜂房。

好处

蜜蜂可以给90%的水果和蔬菜农作物授粉。饲养蜜蜂增加了农场里的授粉者，这样会增加果实产量。你可以收获蜂蜜和蜂蜡，还可以把多余的蜂蜜和蜂蜡当做礼物送人或者和朋友们分享。

基础照料

饲养蜜蜂的方法有两种：朗氏蜂箱饲养和上梁式蜂箱饲养。

朗氏蜂箱饲养是饲养蜜蜂最常见的方法。你在田野的尽头可以看见这些典型的白色箱子。这些蜂箱像悬挂着的文件柜。每个框架有一个平板膜，在这个平板膜上，蜜蜂开始修建它们的蜡蜂巢。朗氏蜂箱需要特殊的装备，徒手制作是非常困难的，所以大部分养蜂人购买预先做好的蜂房组件。

上梁式蜂箱对于养蜂人和城市农民来说更容易上手。你只需要一点点基础的建造技巧，就可以把废弃物或者旧的木制箱子制成上梁氏蜂箱。上梁式蜂箱技术含量低。对于那些想要饲养蜜蜂的人来说，修建一个上梁式蜂箱是比较简单和便宜的。这种饲养蜜蜂的方法逐渐受到欢迎，通过网购的方法就可以获得蜂箱供应。许多养蜂人同时使用这两种方法。

不管你使用哪种方法，你需要保护性的服装，包括手套、帽子、面罩和浅色工作服。你需要一个烟熏器、一个蜜蜂刷子和一个蜂箱工具，你可以从当地养蜂人那里购买一批蜜蜂。观察蜜蜂，确保它们的健康，健康的蜜蜂应该可以轻易地移动和飞翔，并且不会有螨虫滋生（观察侧边）。

把蜂箱放置在一个安静的、阳光充足的、不挡路的地方。蜂箱入口前面的地方应该是开阔和干净的。蜜蜂有一个常用的飞翔路径进入它们的蜂箱，所以你得确保开口面远离道路、路径或者人行道。因为在春天和夏天时节，你的蜂箱每周都需要检查，把它安置好了，你就可以轻松地在蜂箱周围工作了。

瓦螨、破坏者、螨

在过去的几十年中，蜜蜂的日子过得不太顺利。饲养者注意到了他们群体的衰落。瓦螨使得蜜蜂筋疲力尽。这个破坏性的瓦螨是一种寄生虫，以蜜蜂、幼蜂和成年蜂为食。它们身形比较小，颜色略带微红，呈椭圆形，在成年蜜蜂身上可见。通过一个放大镜观察，它们看上去像螃蟹。

因为蜜蜂的流动性、蜂房回收和蜂群受感染等原因，一个健康的蜂房会滋生瓦螨。如果你饲养蜜蜂，你很有可能招来瓦螨，所以你该知道你要找的是什么，你应该怎么做。养蜂新手应该尽量防止瓦螨的蔓延。在流蜜期，每周你都得检查蜂房，检查螨的数量，使用直接控制的方式来减少螨的数量。

使用杀螨药的最初目的是用来杀死瓦螨的，但是杀螨药对于新品种瓦螨来说效果不大，因为新品种对于化合剂的控制具有了抵抗力。养蜂人对于监视和减少瓦螨侵害发现了新的方法。如果你开始饲养蜜蜂，你得了解这个可恶害虫的生命周期，这样你才能使用有机方法控制住它。

制作一个上梁式蜂箱

上梁式蜂箱由结实的木箱制成，有直面的也有斜面的。有两个蜂箱的品牌，一个是肯尼亚的斜面蜂箱，另一个是坦桑尼亚的直面蜂箱。这两个品牌的产品都不错，直面箱制作起来要更容易些。所有结实的木箱子都可以制作成上梁式蜂箱。在你的蜂箱的一端或者一面上钻出6～10个直径约13厘米的小孔，方便蜜蜂进出。给你的蜂箱装上腿，使之离地约1~1.2米。确保你的蜂箱不漏水，并给它涂上三层外用漆。

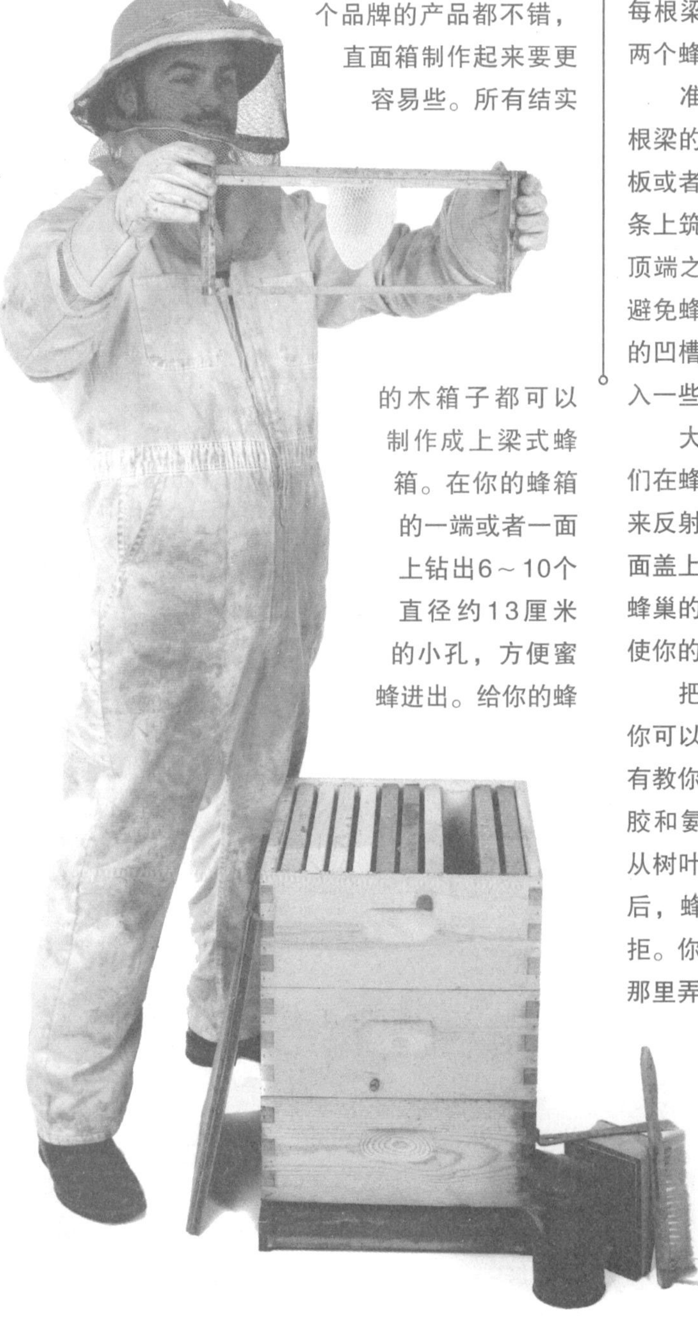

等你做好了蜂箱，就得把上梁切割好做准备了。上梁横跨在蜂箱上，每根梁上都挂上蜂巢。上梁的宽度和两梁之间的间距十分重要，每根梁都得在3.2~3.8厘米宽，这样才能使每两个蜂巢之间留下合适的空间。

准备好上梁后蜜蜂们才能在上面筑巢。每根梁的中间都有一个凹槽，将一片硬木、纤维板或者蜂蜡插入槽中，蜜蜂们就开始在这根木条上筑巢了。在蜂箱的侧面与木条或者蜂蜡的顶端之间留出一个约5厘米的距离，这样能够避免蜂巢黏附到蜂箱的内侧。可以在上梁中间的凹槽中塞入一粗条蜂蜡，也可以在凹槽里滴入一些熔化的蜡。

大多数养蜂人都会给蜂箱盖上一个顶，他们在蜂箱的上面盖上拱形的漆成白色的金属顶来反射热量，或者波浪形的塑料顶，然后在上面盖上砖。如果你选择金属的顶，确保它架于蜂巢的上方，这样的话金属传导的热量才不会使你的蜜蜂们过热。

把蜜蜂们引进你的蜂箱然后开始养蜂吧。你可以先买些包蜂来开启你的蜂群，外包装上有教你如何引蜂的说明。在蜂箱的内壁涂上蜂胶和氨水可能会吸引到蜜蜂们。蜂胶是蜜蜂从树叶表面采集的黏性物质——等氨水干了之后，蜂胶的味道对于蜜蜂们而言根本无法抗拒。你可以从当地的养蜂人或者养蜂场承办商那里弄到蜂胶。

随着季节的推移，蜜蜂们开始筑巢，你每周都得打开蜂箱观察。穿上防护衣，点根烟，看看蜂群是如何建成的。当你在蜂群周围工作的时候，放慢脚步，静下心来。用一点烟雾来逼退蜜

典型的条形顶部蜂箱

蜂，揭开顶板，用起刮刀撬松蜂箱顶端正对着进入孔的上梁，小心地拿起来保持水平，确保脆弱的蜂巢不会被碰坏。

上梁蜂蜜属于“全巢丰收”，这表示你不需要像朗氏蜂箱那样提取蜂蜜。你要从蜂巢里把蜂蜜从蜂巢挤出来，这个步骤能使蜂蜜的味道更浓郁。将蜡融化并经纸巾过滤，流到水里。

在与蜜蜂打交道的时候，你很可能被蜇伤。但大多数养蜂人对此并不在意，因为这是养蜂不可避免的。如果你害怕被蜇或者对此过敏的话，你可能不适合养蜂。如果你不幸被蜇，用信用卡或者指甲把毒刺刮掉，而不是捏住毒刺直接拔掉，这样只会导致更多毒液进入皮肤。

基础护理

大多数成年蜜蜂在产蜜高峰期只能存活6个星期。在夏季快结束时化蛹的工蜂会在蜂箱里过冬，而其他大多数工蜂和雄蜂会死掉，蜂王一般可以存活2～3年。

春季和夏季是蜜蜂的活跃期，它们忙着采集食物，在生长期快结束的时候还会有一次流蜜的最高峰。到时候勤奋的小蜜蜂们会把整个蜂箱堆叠得水泄不通。出现这种情况的时候，需要在蜂箱顶部加上更多的上梁和架子，这样能够扩大储蜜的空间，提高蜂蜜产量。

蜜蜂们需要充足的食物过冬，所以你得确保给它们留下一半的蜂蜜。你可以将进入孔堵住来保暖，也可以在冬季把蜂箱隔离起来。跟当地的养蜂人沟通，向他们学习过冬御寒的技巧。

收获蜂蜜

你会发现蜂巢里填满了蜂蜜并被蜂蜡覆盖。当大部分巢室都装满蜂蜜的时候，你就可

以收获了。这时你需要一种装置，可以将上梁和蜂巢挂在外面，这样你就可以观察蜂巢了。这种装置很好制作，只需要把粗钢丝安装在一块宽厚的木板上即可。

常见问题

蚂蚁和其他昆虫可能也想分享你的甜蜜。把蜂箱的腿放入水罐里来防止昆虫爬进蜂箱里。至于那些大型的动物，请教当地的养蜂人关于害虫防治的办法吧。

农场上的动物们

在城市里饲养家畜是一项全家动员的大项目，同时也让你在自家门口就能获得更多种类的食物。饲养家畜，不仅要搞清楚你自己的目标，而且得确保你有充足的时间和空间为你的小动物们提供最好的照料。

第十二章

农场工具及农场样本

搜集你所在社区里能帮助你种植的一切资源。和种菜的朋友邻居们聊天，看看他们都在种些什么，搞清楚你自家的菜园适合种些什么。运用日益发达的网络是了解城市农场的绝佳途径。试着把你学到的知识用在自己的农场上吧。

工具

你应该购买哪些工具呢？你不必把所有的小玩意都收入囊中——最新款的小工具并不能为你的园子锦上添花。你得准备一些高质量的工具，它们能给你提供优良的服务。下面是一些你需要购买的工具：

掘土叉：

这个工具上的齿呈正方形或者三角形，有助于插入土壤，翻松土壤。

掘锹：

一个掘锹或者扁铲，铲身扁平，铲头微圆。用来挖掘菜园床并使其保持边缘垂直。

美式铲：

手柄较长，铲头较尖的多功能铁锹。适用于挖洞和堆放东西。

掘土刀：

多功能的日式手工刀，是一把全功能的手用工具，可以去除杂草或者为植物挖掘犁沟。

手握泥铲：

它看上去像一个小铲子。

钢耙：

用于播种前，将土壤铲平并将菜园床中的石头铲除。齿短而弯曲，连接在水平的金属片上。

树叶耙子：

形状呈三角形，由铝、竹子等可弯曲的材料制成，用于清扫落叶。

干草叉：

有一堆干草需要被移走？你要转移肥料堆吗？干草叉齿间距较大，齿身细长圆滑，齿尖锋利。切勿使用干草叉在泥土里挖掘。

修枝剪刀：

选择斜切剪，它可以切断茎。修枝剪刀有不同的型号，所以在购买之前，你得在一个苗圃里一一试过。

截枝大剪刀：

斜切截枝大剪刀和修枝剪刀的功能相似，但它能修剪更大更远的枝干。修枝剪刀的拇指原则是指你不应该修剪任何比你大拇指更粗的树枝。截枝大剪刀可以修剪更粗的枝干，长手柄可以帮助你在一棵苹果树上修剪更高处的枝叶。

剪刀：

园艺必备，小到莴苣叶大到麻绳都能剪断。确保购买的是短刃剪刀以避免剪到不该剪的叶子。不锈钢刀片不会生锈。

推式锄：

锄头形状不固定；有圆形、金属马镫形，或者相交于顶端的两翼形。前后推动时用于表面或浅层除草。适用于小径或者周围有浅根植物的路径。

其他手用工具

勺铲：

它像一把雪铲，可以帮助你铲起大量的松散材料，例如木屑片或者盆栽土。

丰收篮或者浅底篮：

选择的材料为金属材质或者耐用木质，如雪松。你可以在户外洗涤槽里，用金属制丰收篮子漂净农产品。

独轮手推车或者园地小车：

如果你的园地里有足够的空间，用它转移大量的泥土或护根就比较便利。独轮手推车有3个轮子，

如果装载物不平衡容易倾翻；具有4个轮子的园地小车更加平稳。

土壤温度计：

现在是时候种下这些豆种了吗？一个土壤温度计是一个方便的工具，当你准备播种的时候，它可以帮你制订计划。

杂草修剪机：

适用于不适合割草机的残余草坪。

砂纸、钢丝球、一次性塑料手套、防尘口罩：

这些供应品能够让你的园艺工具一应俱全。

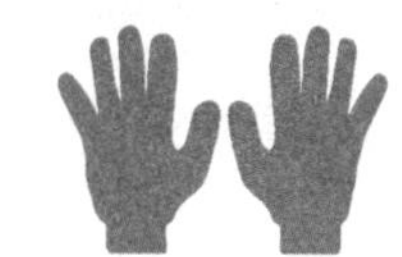

亚麻籽油：

从亚麻中提取，用于保养木质手柄以及清洁金属制刀片，以防刀片生锈。

磨刀石和锉刀：

保持修剪刀和铁锹的刀刃锋利。

购买工具时的小建议

■选择那种从顶端到把柄都由一片实心金属锻造而成的工具，而不是由两片金属焊接而成（后者往往易损）。由一片金属锻造而成的工具虽然价格上更加昂贵，但是可以持续使用多年。

■包裹在工具把柄底端的金属由包头钉固定——两组包头钉会更牢固。

■不锈钢材质的掘土叉或铲子不会生锈，也不易粘上泥土。

■选择短柄还是长柄的工具完全由你自己决定，你的身高决定了何种长度的工具使用起来更加方便舒适。把柄较长能发挥更好的杠杆作用，但如果你是小个子，把柄太长反而会碍事儿。

■D型手柄的工具在把柄顶端有个手把儿，方便你更好地控制和操作。

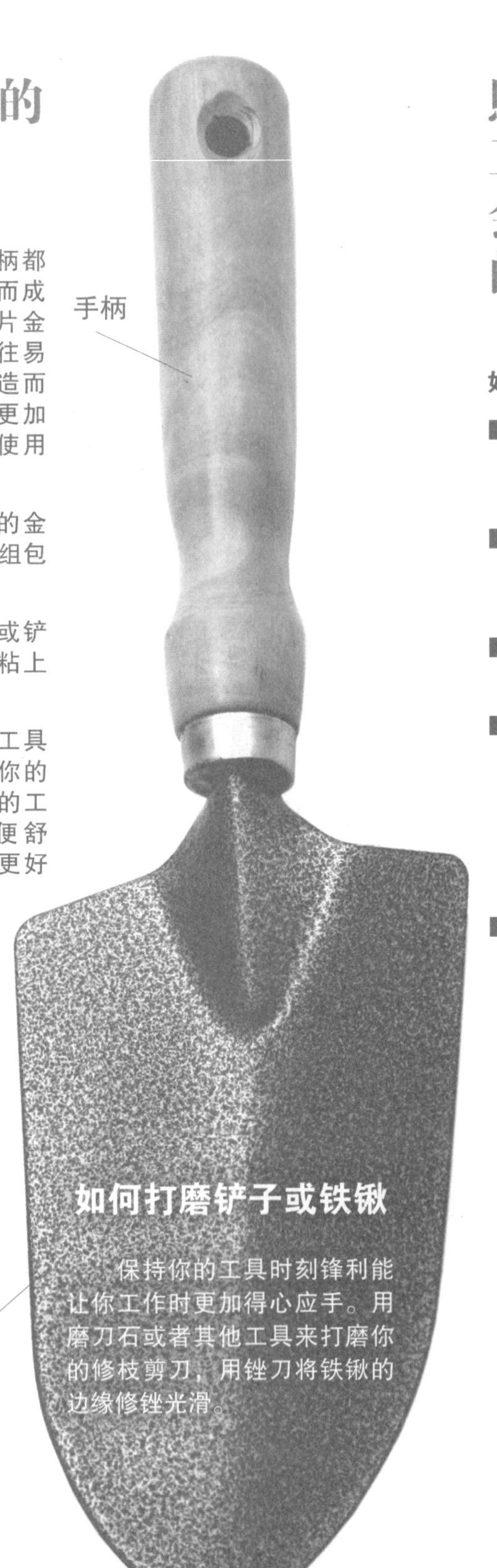

如何打磨铲子或铁锹

保持你的工具时刻锋利能让你工作时更加得心应手。用磨刀石或者其他工具来打磨你的修枝剪刀，用锉刀将铁锹的边缘修锉光滑。

照顾好你的工具，它们会照顾好你的菜园

如何清洁你的工具：

■当工具粘上泥土的时候，要将其擦拭或者冲洗掉。

■在收起工具前，要将工具的金属上端和把柄擦干。

■确保工具放置在干燥处，避免淋雨。

■在季末（或者在耕种之后收获之前的这段间隙中），要将工具清洁干净、打磨锋利、上油润滑，然后好好保管。

■在冬季，将你的铲子、铁锹和掘土叉保存在装有20升沙子的桶中，并在桶中加入2升亚麻籽或矿物油（10：1的比例）。用砂纸将木质手柄打磨擦净，并覆盖薄薄的一层矿物油（如有过量请擦拭干净）。

正确使用工具避免背部受伤

教你一些操作工具的小技巧

■铲土时从身体的一侧移至另一侧。握住铁锹或者干草叉，将泥土绕过身体移至独轮手推车中，而不要将工具拿得离身体太远。

■如果你弯曲膝盖，就不会伤到腰背。当你挖土或者抬土的时候，注意保持背部挺直并弯下膝盖。

■当你使用掘土叉或者铲子挖土的时候，不要猛地将它们插入土中，要用双手扶稳工具，再让你的腿来帮忙。

■控制握力，转动或上下抽动小铲子以保护你的手腕。

农场样本

露台上或院子里的容器摆放

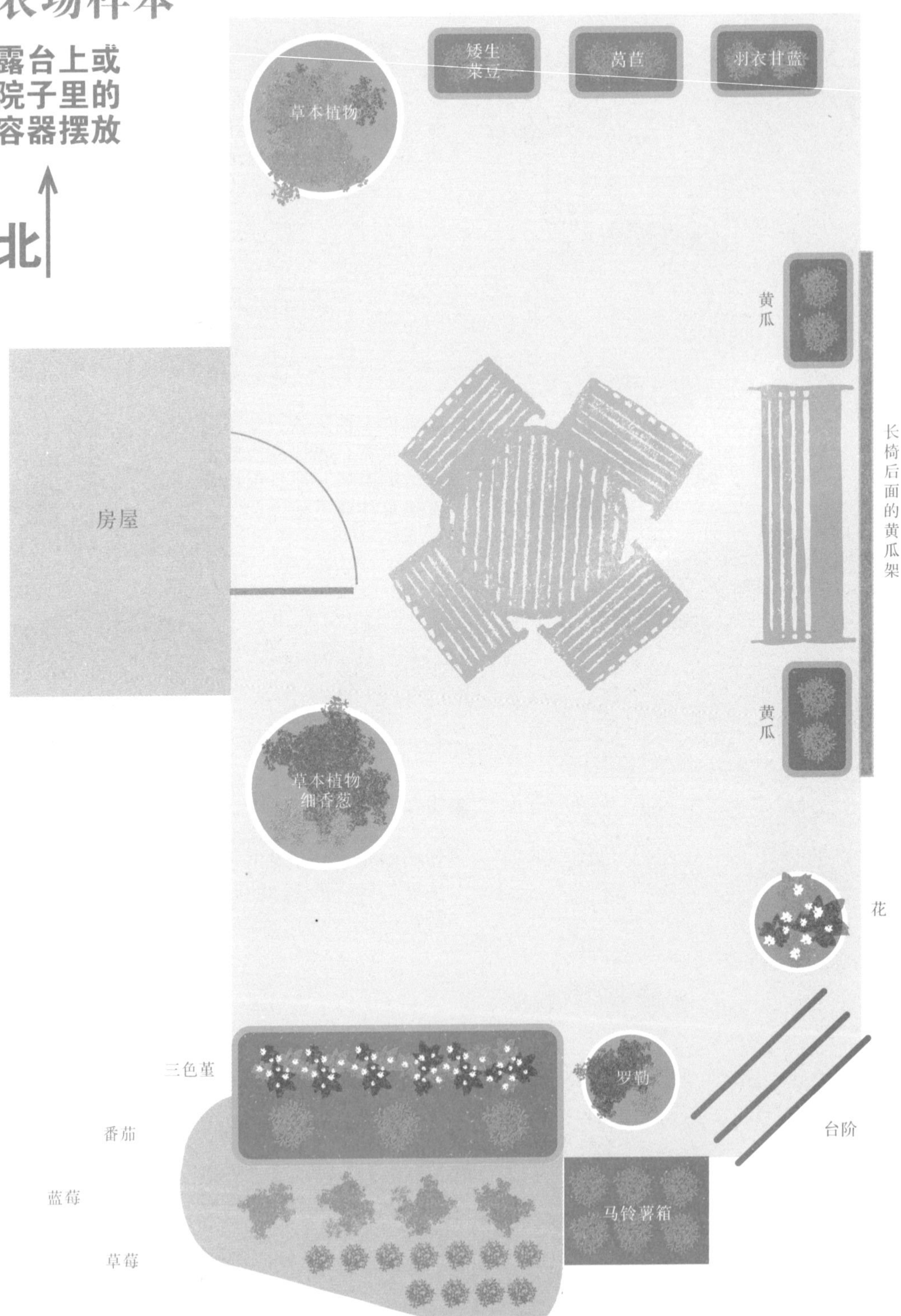

高位栽培床

北

3.6米

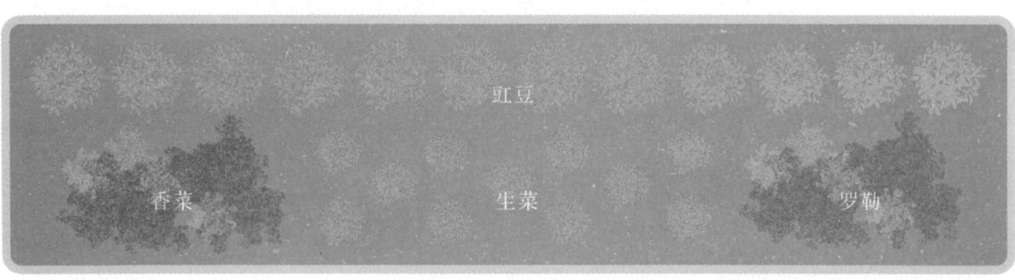

高状植物

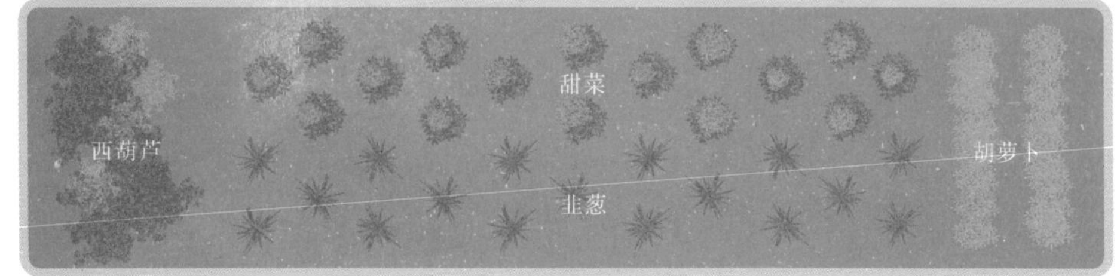

矮状植物

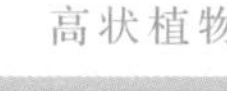

高状植物

0.9米

覆盆子

蓝莓

草莓

3.6米

矮状植物

郊区大农场样本
（1000~8000平方米）

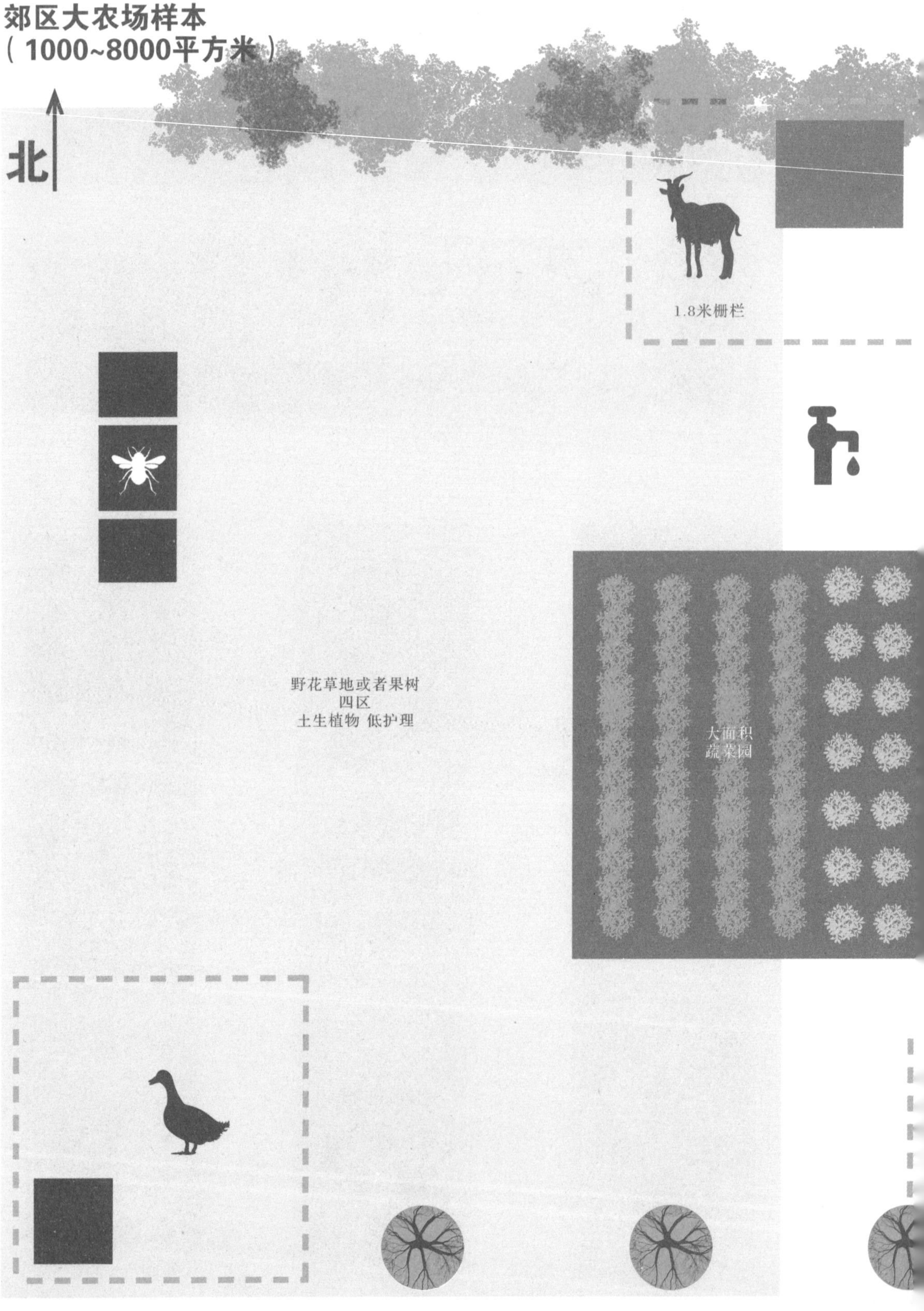

北

1.8米栅栏

野花草地或者果树
四区
土生植物 低护理

大面积
蔬菜园

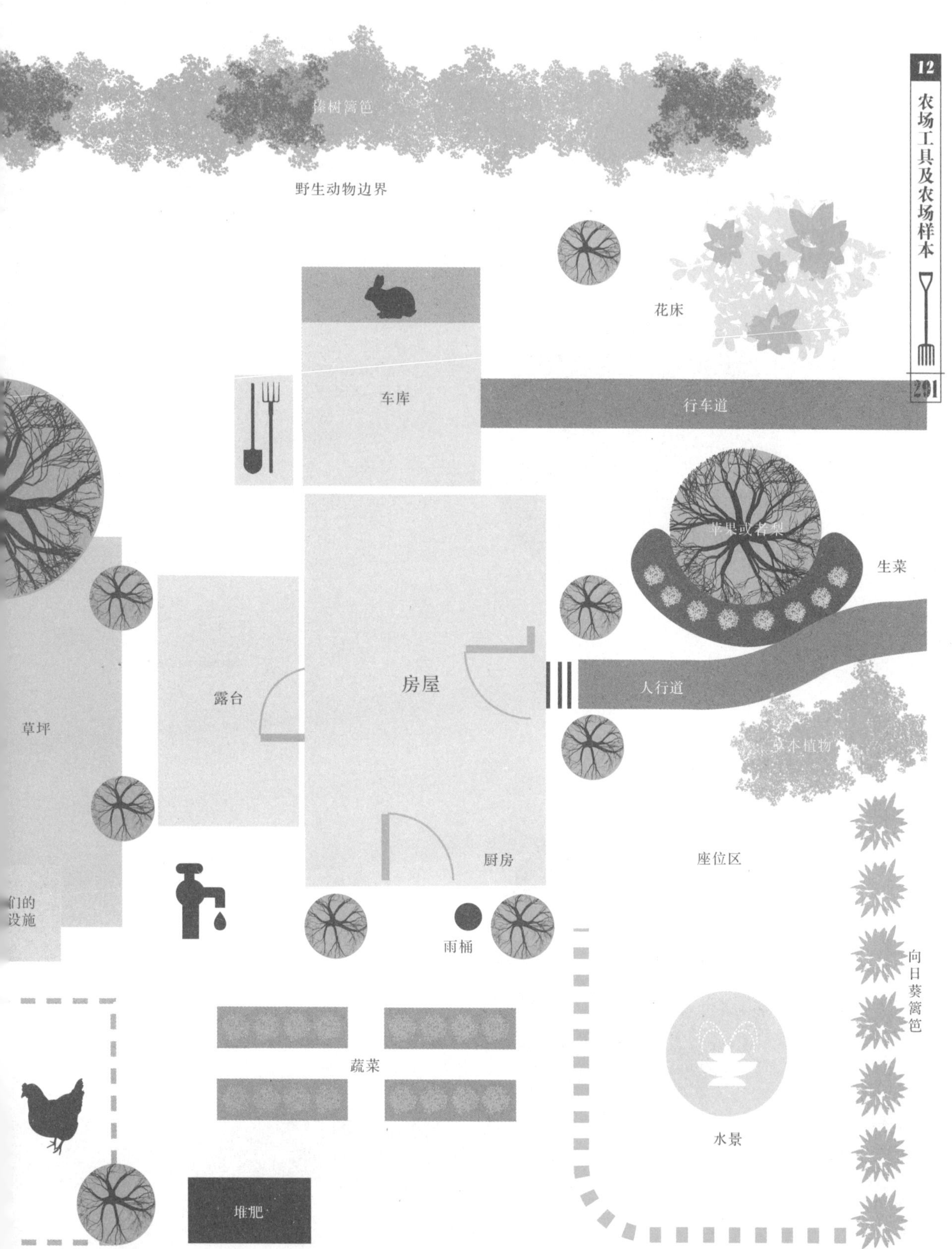
榛树篱笆
野生动物边界
花床
车库
行车道
苹果或者梨
生菜
草坪
露台
房屋
人行道
草本植物
厨房
座位区
们的
设施
雨桶
向日葵篱笆
蔬菜
水景
堆肥

典型的市区农场（600~800平方米）出发点

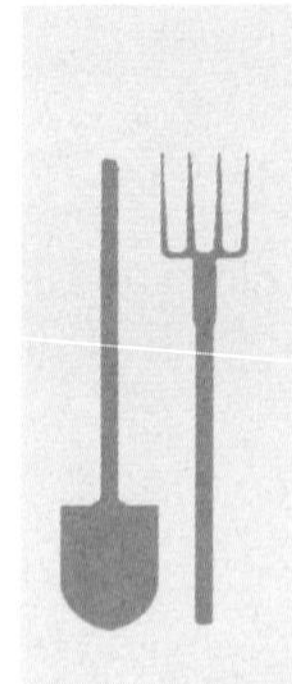

厨房

侧柏篱笆

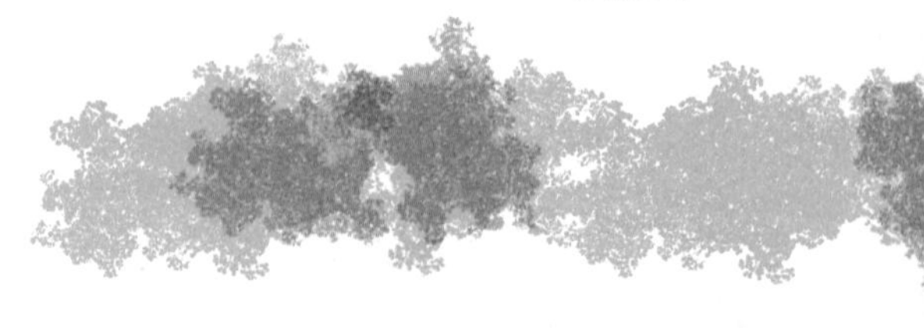

行车道
灌木丛
园景树
房屋
人行道
灌木丛
石南灌丛

典型的市区农场（600~800平方米）初期问题

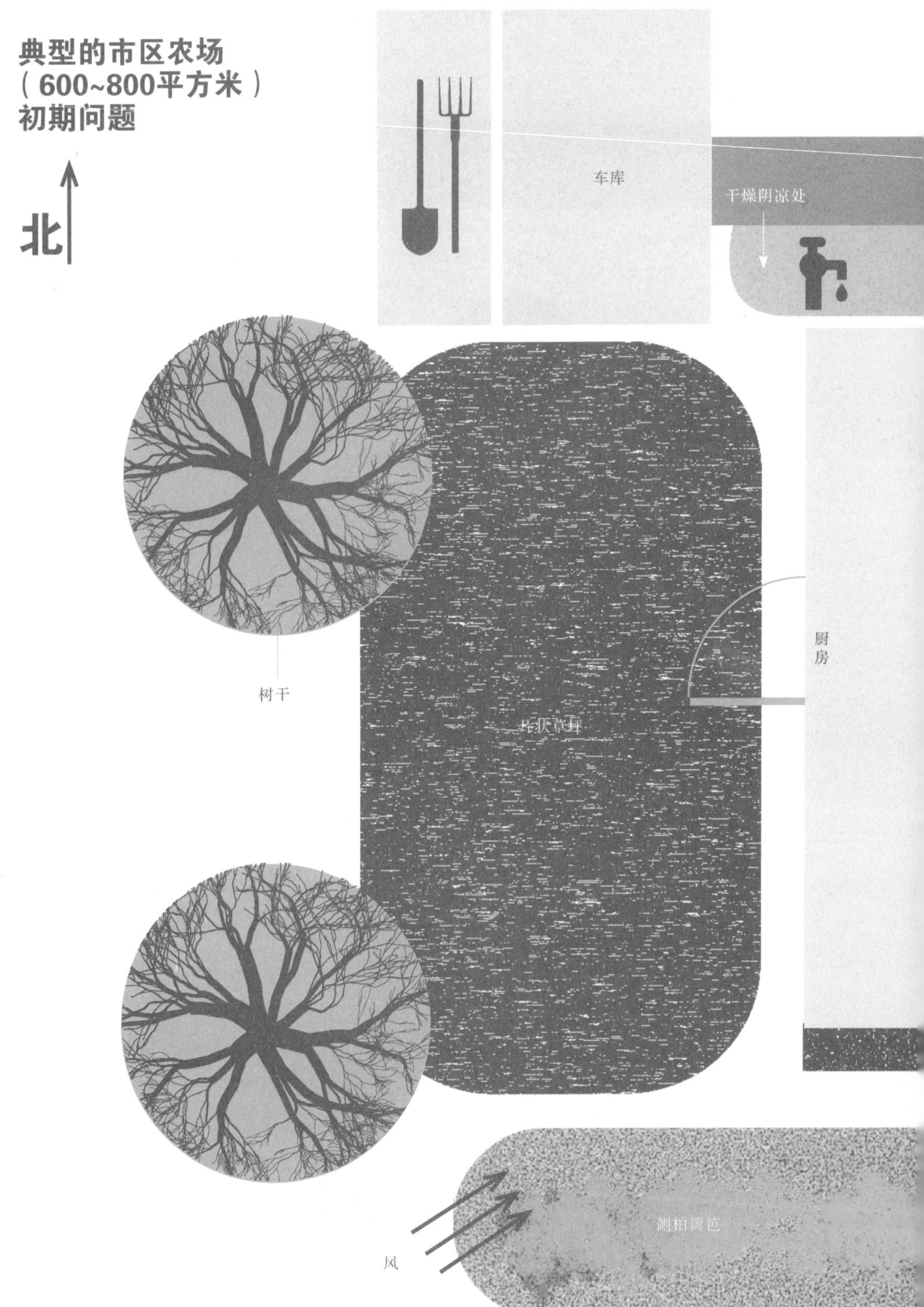

疏密不均的草坪
灌木丛
园景树
房屋
灌木丛
雨季期间浸水
石南灌丛
树皮屑
沙砾以及油漆剥落
近地表长满粗壮树根的废弃土壤

典型的市区农场（600~800平方米）区域分布

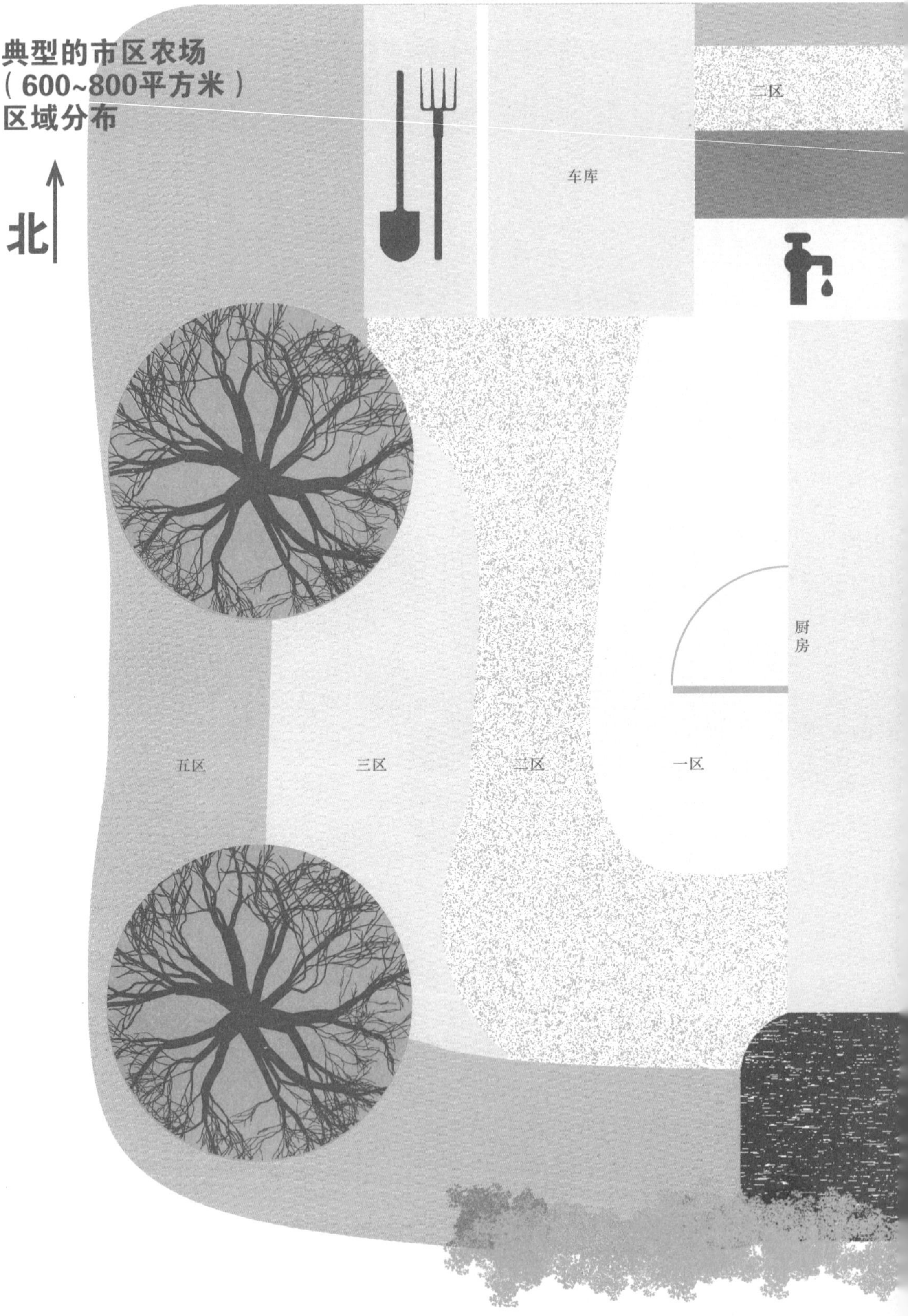

北

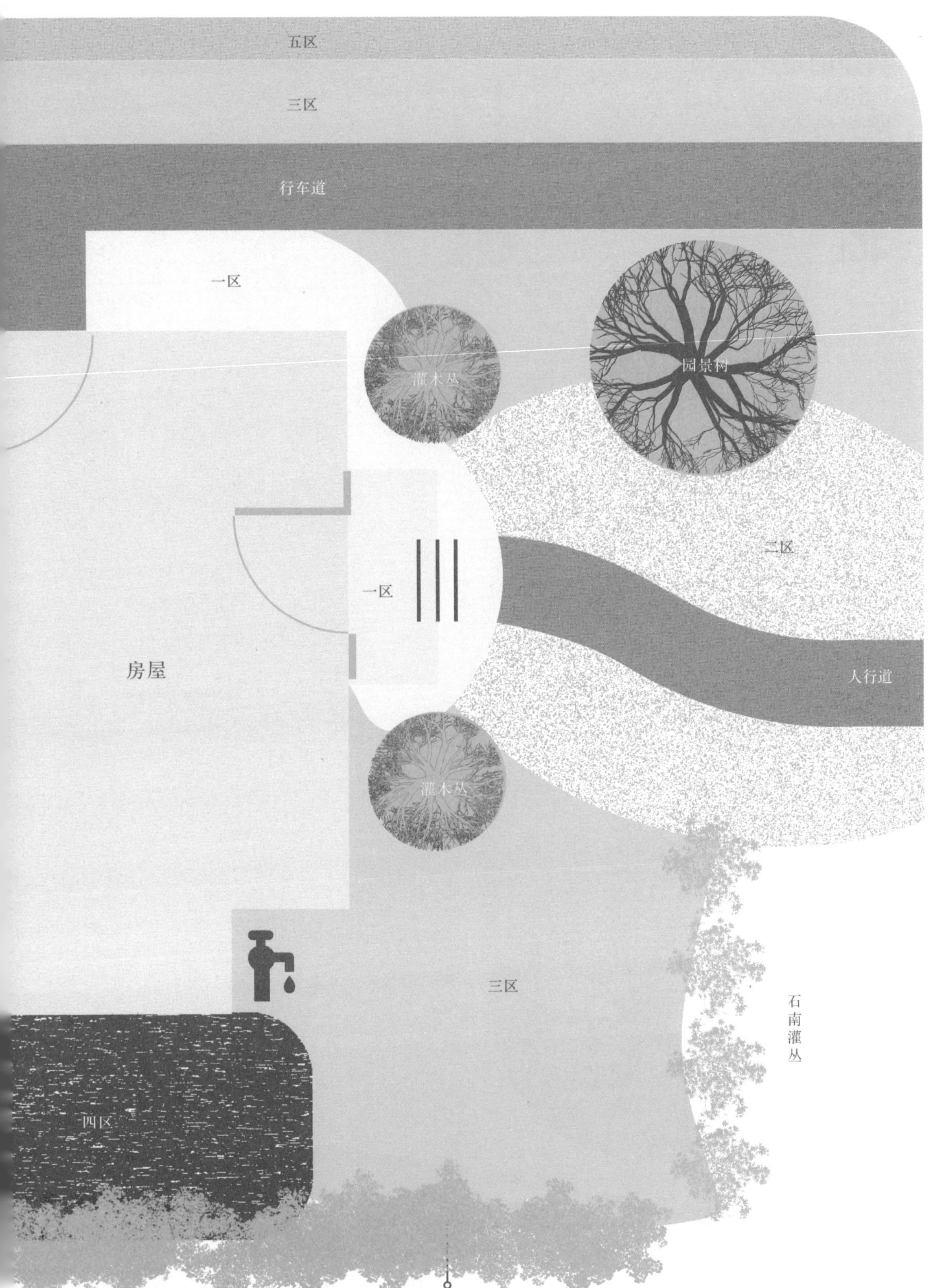
五区
三区
行车道
一区
灌木丛
园景树
一区
二区
房屋
人行道
灌木丛
三区
石南灌丛
四区

典型的市区农场（600~800平方米）阳光分布图

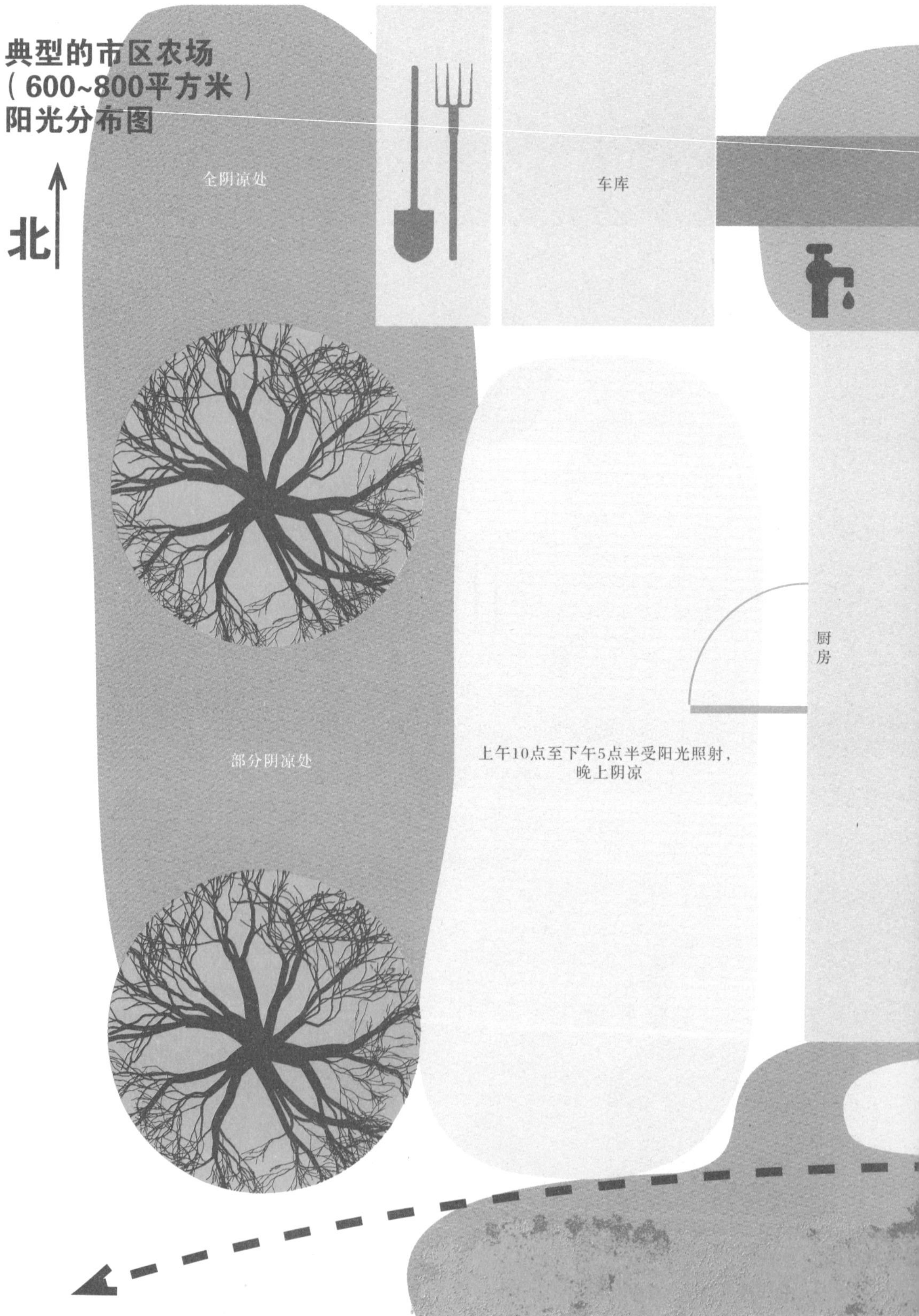

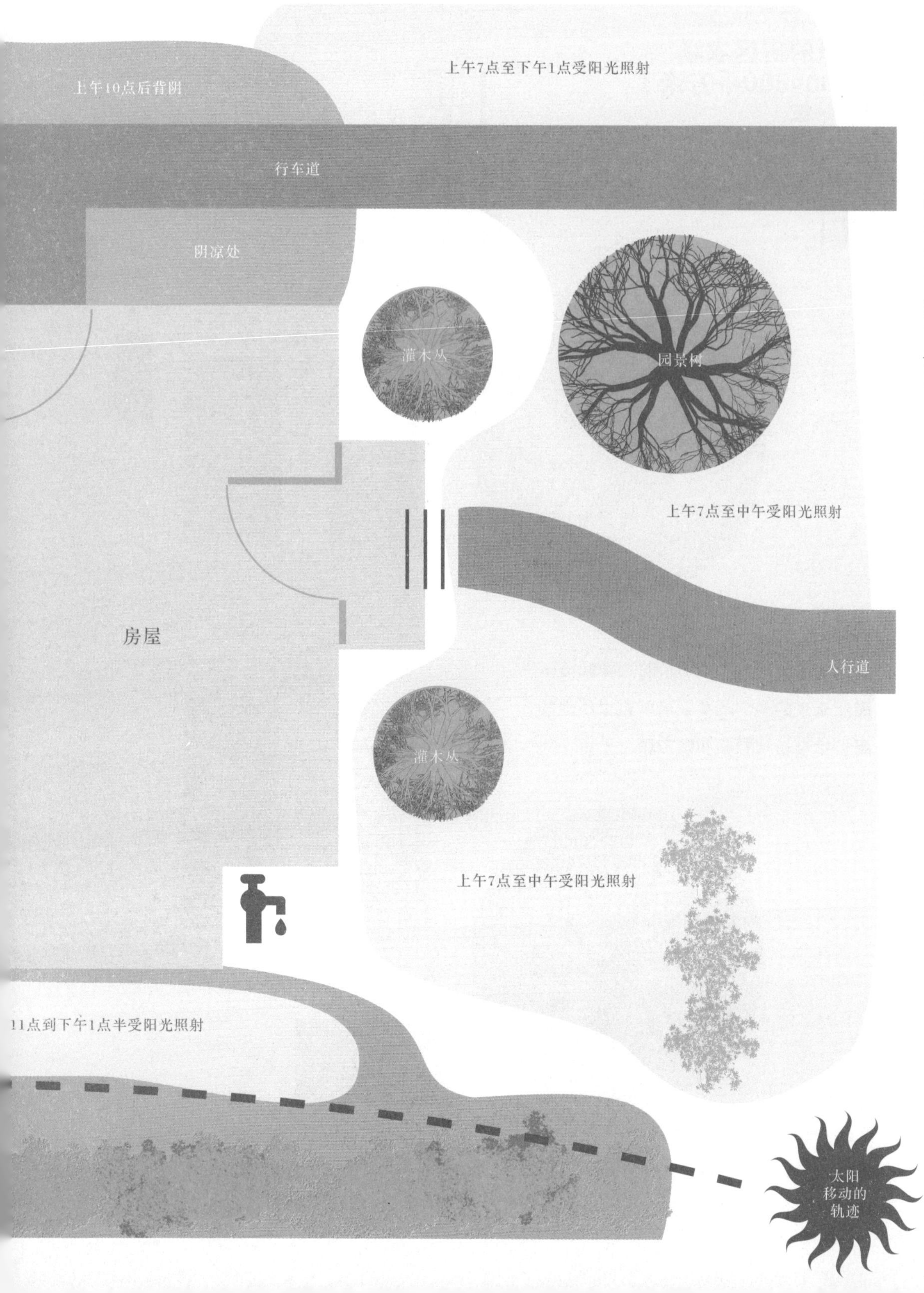
上午7点至下午1点受阳光照射
上午10点后背阴
行车道
阴凉处
灌木丛
园景树
上午7点至中午受阳光照射
房屋
人行道
灌木丛
上午7点至中午受阳光照射
11点到下午1点半受阳光照射
太阳
移动的
轨迹

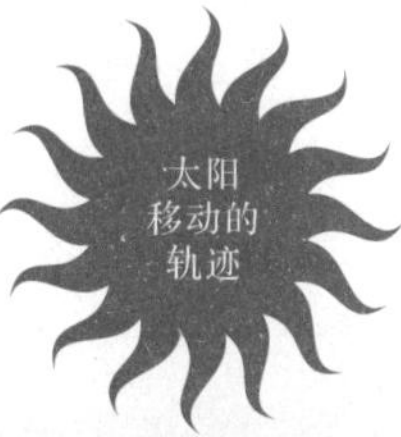

典型的市区农场（600~800平方米）第一年

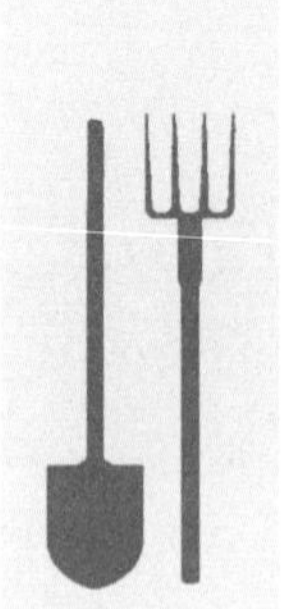

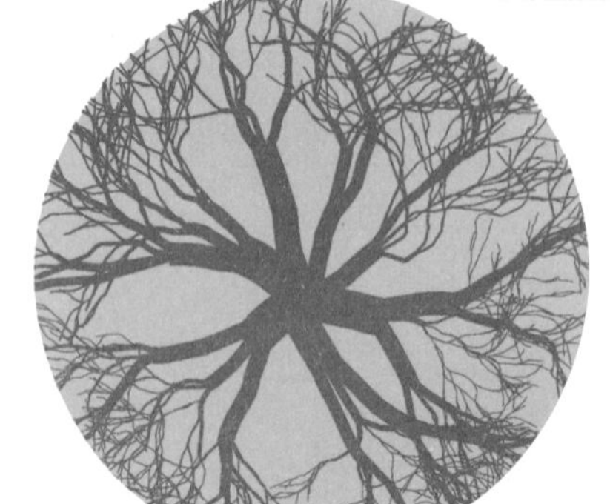

后院：

- 添加两个约1米×2.5米的蔬菜栽培床
- 给未来的两个蔬菜栽培床盖上覆盖物
- 开始准备堆肥箱和蠕虫箱

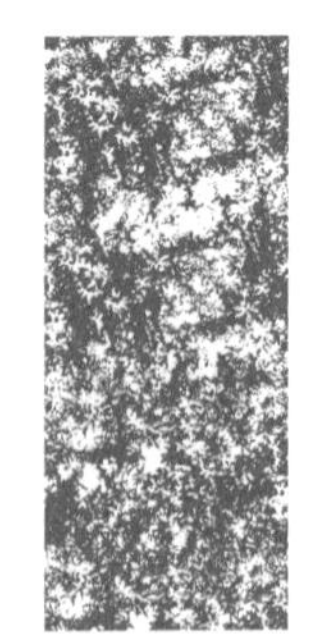

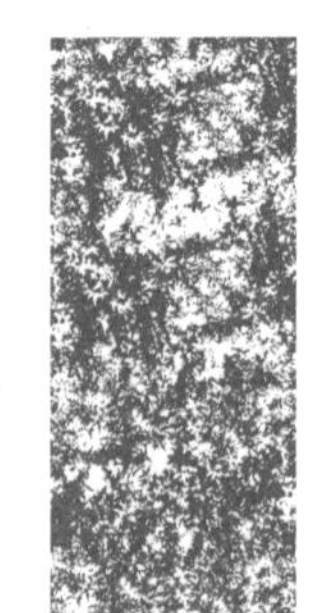

前院：

- 建一个草本植物种植园
- 添加两个大型号的莴苣种植容器
- 添加两个大型号的食用花种植容器

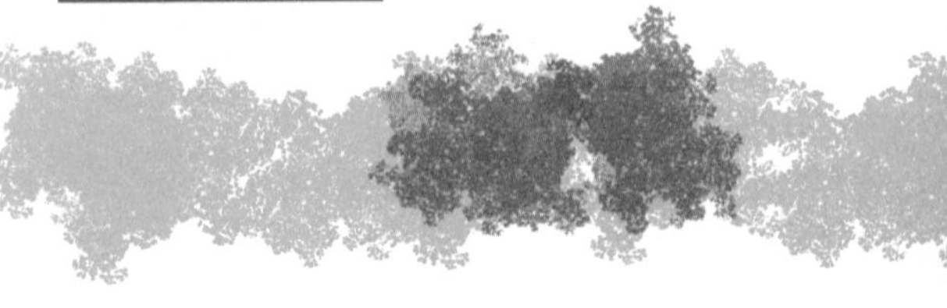

灌木丛
园景树
花卉
莴苣
草本植物
房屋
灌木丛
篱笆平均约2米

典型的市区农场（600~800平方米）第二年至第三年

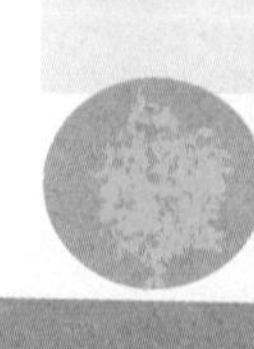

第二年：

- 栽培两个新的蔬菜栽培床（在第一年内以护根覆盖）
- 给后院的大树盖上肥料
- 在大型号种植容器里栽培两株葡萄
- 在房屋前以及南面开辟一条种满三叶草的小径

第三年：

- 添加雨桶的数量
- 将石南灌木挖出，种上草本和花卉，增大花床并种上园景树
- 将前门南面的灌木挖出，为传粉昆虫建一个花床
- 在“传粉花床”上添加踏脚石
- 将前院的园景树和行车道北面的区域以护根覆盖

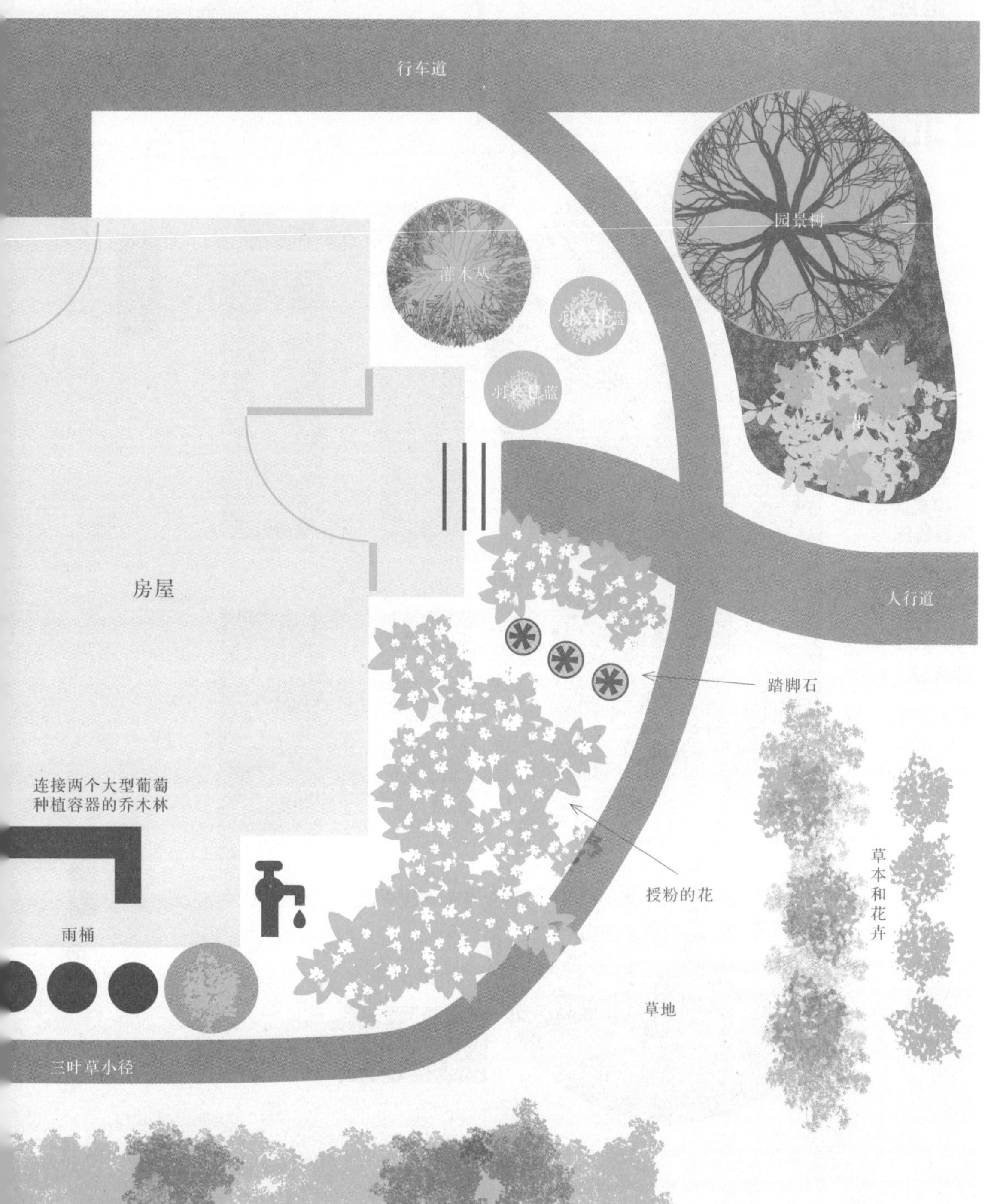
覆盖物
行车道
园景树
灌木丛
羽衣甘蓝
羽衣甘蓝
房屋
人行道
踏脚石
连接两个大型葡萄
种植容器的乔木林
草本和花卉
授粉的花
雨桶
草地
三叶草小径

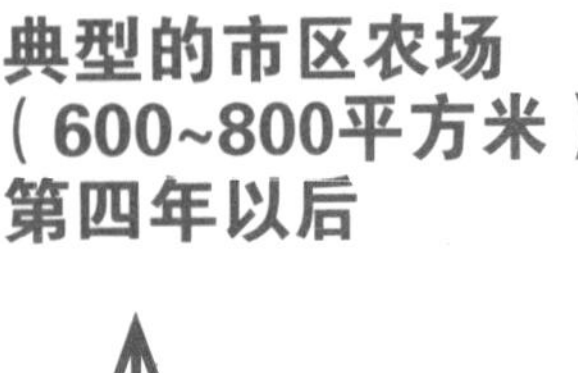

典型的市区农场（600~800平方米）第四年以后

车库

蠕虫箱

厨房

草地

蔬菜

堆肥

第四年：

- 建一个带有小池塘和小鸟池的喷泉
- 将前门北面的灌木挖掉，建成大型带孔蔬菜栽培床
- 栽种苹果树篱笆或“警戒线”
- 添加蜂箱和鸡笼（或者兔笼）
- 扩大香草和花卉栽培床

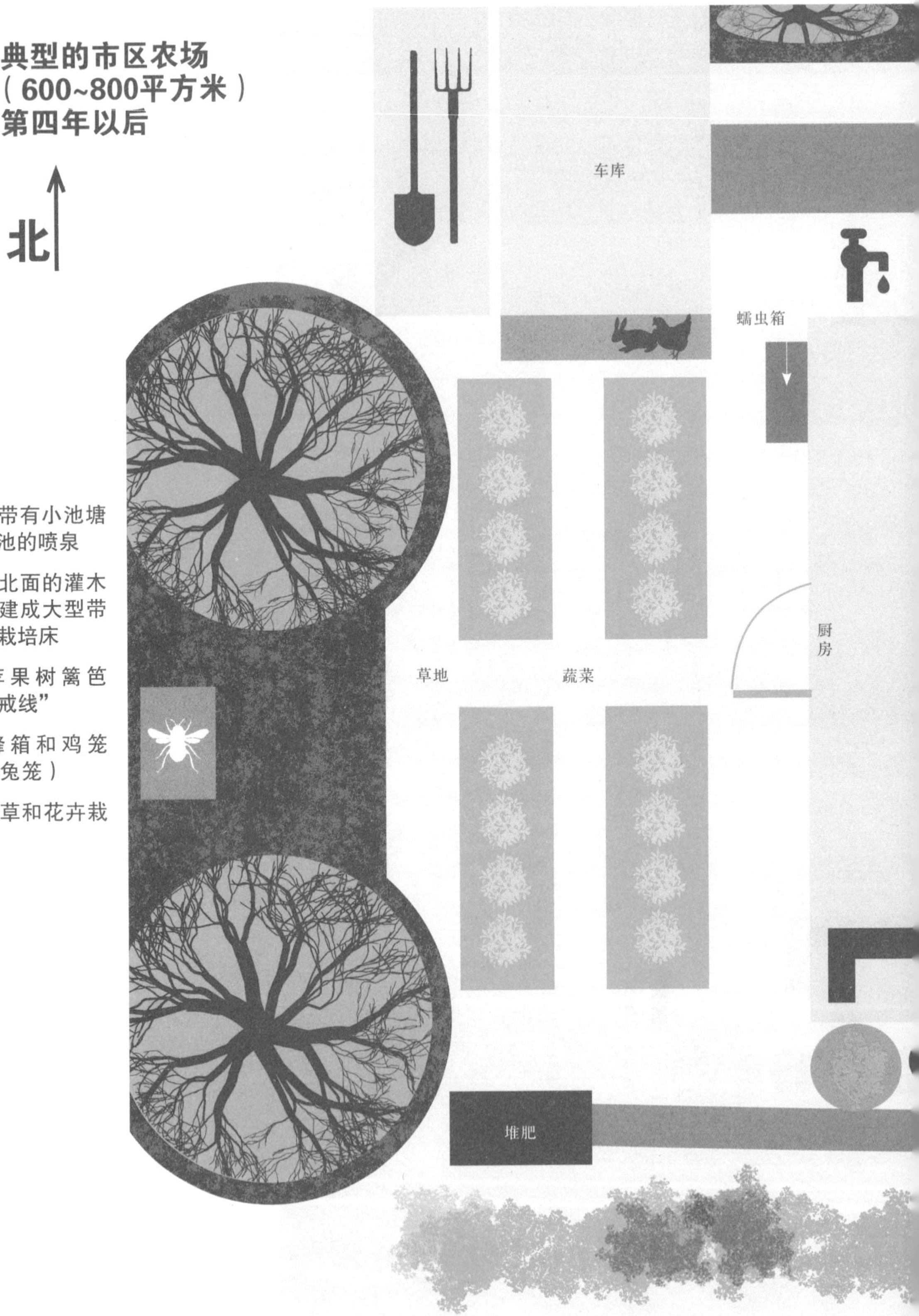

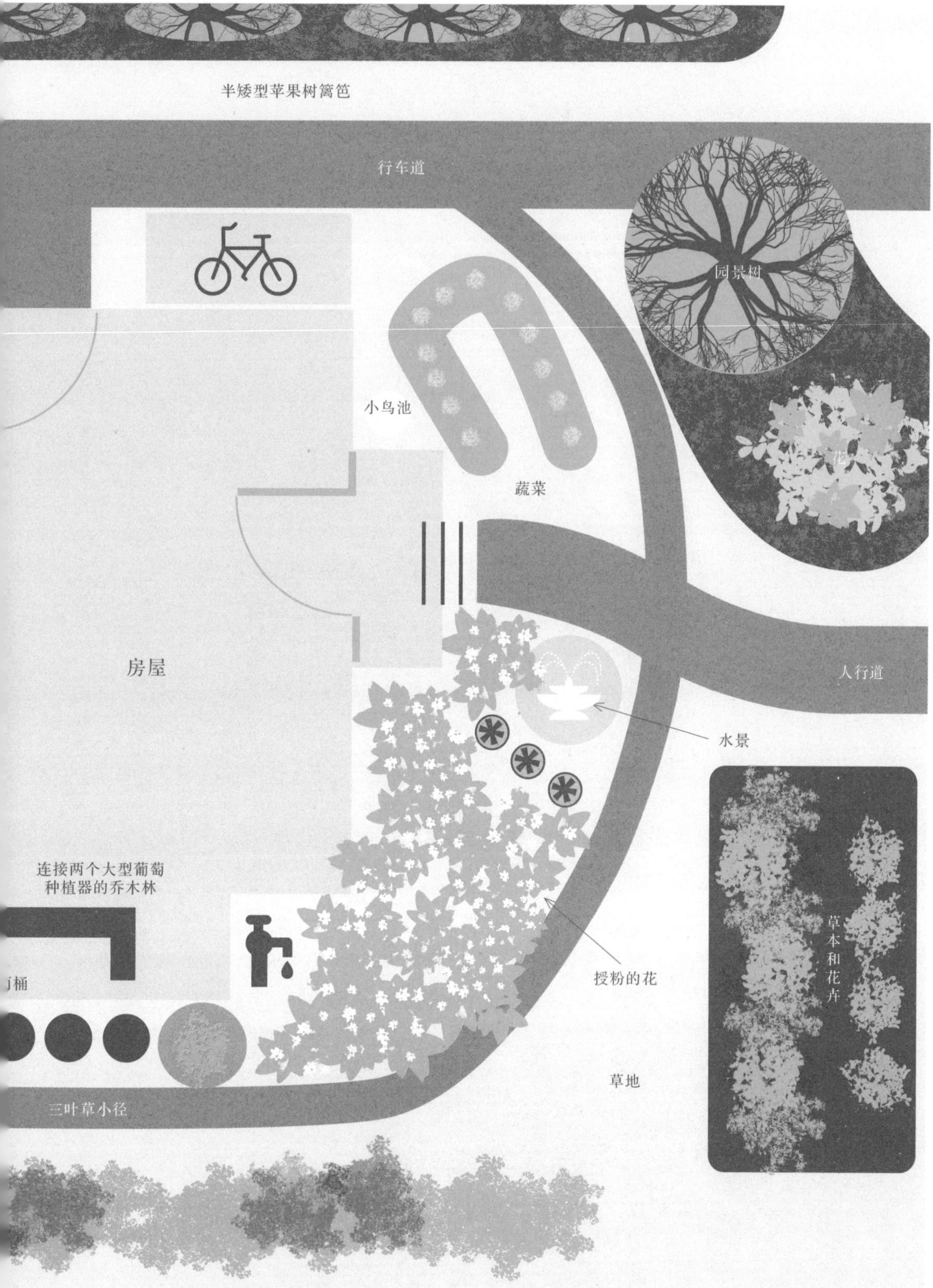

半矮型苹果树篱笆

行车道

园景树

小鸟池

花

蔬菜

房屋

人行道

水景

连接两个大型葡萄
种植器的乔木林

草本和花卉

授粉的花

桶

草地

三叶草小径